产教融合信息技术类"十三五"规划教材　　西普教育研究院 IT 前沿技术方向校企合作系列教材

虚拟化与网络存储技术

顾军林 徐义晗 ◎ 主编
米洪 朱晓彦 林雪纲 ◎ 副主编

Virtualization and Network
Storage Technology

人民邮电出版社
北京

图书在版编目（CIP）数据

虚拟化与网络存储技术 / 顾军林，徐义晗主编. --北京：人民邮电出版社，2019.8
产教融合信息技术类"十三五"规划教材
ISBN 978-7-115-50694-8

Ⅰ. ①虚… Ⅱ. ①顾… ②徐… Ⅲ. ①计算机网络－信息存贮－高等学校－教材 Ⅳ. ①TP393.0

中国版本图书馆CIP数据核字(2019)第117835号

内 容 提 要

本书较为全面地介绍了虚拟化技术、Qemu-KVM、Libvirt、Virt-Manager、网络虚拟化、传统的存储技术（RAID、LVM、NFS、ISCSI）、常见的分布式存储（HDFS、GlusterFS、Lustre、MooseFS、Ceph）、Docker 技术。除第 1 章外，每章都配有详细的实验案例，内容设计丰富，便于读者理解和掌握。

本书可以作为计算机相关专业的教材，也可以作为云计算基础入门的培训班教材，还适合云计算相关从业人员和广大计算机爱好者自学使用。

◆ 主　　编　顾军林　徐义晗
　　副 主 编　米　洪　朱晓彦　林雪纲
　　责任编辑　左仲海
　　责任印制　马振武

◆ 人民邮电出版社出版发行　北京市丰台区成寿寺路 11 号
　　邮编 100164　电子邮件 315@ptpress.com.cn
　　网址 http://www.ptpress.com.cn
　　固安县铭成印刷有限公司印刷

◆ 开本：787×1092　1/16
　　印张：17.25　　　　　2019 年 8 月第 1 版
　　字数：519 千字　　　 2024 年 8 月河北第 10 次印刷

定价：56.00 元

读者服务热线：(010)81055256　印装质量热线：(010)81055316
反盗版热线：(010)81055315
广告经营许可证：京东市监广登字20170147号

前言 FOREWORD

云计算是一种融合了多项计算机技术,以数据及其处理能力为中心的密集型计算模式,其中以 KVM 虚拟化、SDN 软件定义网络、分布式数据存储、分布式并发编程模型、大规模数据管理和分布式资源管理技术最为关键。经过 10 多年的发展,云计算技术已经从发展培育期步入快速成长期,越来越多的企业开始使用云计算服务。与此同时,云计算的核心技术也在发生着巨大的变化,新一代的技术正在改进甚至取代前一代技术。Docker 容器虚拟化技术以其轻便、灵活和易于快速部署等特性给传统的基于虚拟机的虚拟化技术带来了颠覆性的挑战,正在改变着基础设施即服务(IAAS)平台和平台即服务(PAAS)平台的架构和实现。

本书由北京西普阳光教育科技股份有限公司牵头,组织拥有多年云计算、大数据课程教学经验的教师共同编写而成。本书详细分析了主流的 KVM 虚拟化技术、SDN 技术、传统的存储技术、主流的分布式存储技术、Docker 容器技术等,包含了基础概念分析和详细的实验操作过程,使得学生能全面掌握虚拟化及网络存储相关知识点,为后续学习云计算基础架构平台——OpenStack 开源项目打下坚实的基础。

本书遵循以项目为驱动、任务为目标的编写思路。每个实验项目分为 3 个子内容,第 1 部分提出具体的任务要求,明确做什么;第 2 部分分析任务相关的知识及内容;第 3 部分介绍完成任务的具体操作步骤,做到基础知识介绍有针对性,任务目标操作具体化。

本书的参考学时为 64 学时,建议采用理论实践一体化教学模式,各章的参考学时如下。

章节	课程内容(基本实验+拓展实验)	学时
第 1 章	虚拟化技术	2
第 2 章	Qemu-KVM	6
第 3 章	Libvirt	10
第 4 章	Virt-Manager	8
第 5 章	网络虚拟化	10
第 6 章	传统的存储技术	8
第 7 章	常见的分布式存储	8
第 8 章	Docker 技术	10
	课程考评	2
学时总计		64

本书由淮安信息职业技术学院的顾军林、徐义晗担任主编,南京交通职业技术学院米洪、安徽工业经济职业技术学院朱晓彦、北京西普阳光教育科技股份有限公司林雪纲担任副主编,北京西普阳光教育科技股份有限公司的工程师参与了本书实验内容的测试工作,在此表示衷心的感谢。本书配套的 PPT 课件、基本实验和拓

展实验详细步骤视频等资源,读者可以联系北京西普阳光教育科技股份有限公司获得,或登录人民邮电出版社教育社区(www.ryjiaoyu.com)下载使用。

由于作者水平有限,书中疏漏和不足之处在所难免,殷切希望广大读者批评指正。同时,恳请读者一旦发现错误,于百忙之中及时与编者联系,以便尽快更正,编者将不胜感激,E-mail:junlin82@qq.com。

编者

2018 年 10 月

目录 CONTENTS

第 1 章

虚拟化技术 ··· 1
1.1 虚拟化技术分类 ··· 1
1.1.1 CPU 虚拟化 ·· 2
1.1.2 服务器虚拟化 ··· 3
1.1.3 存储虚拟化 ·· 5
1.1.4 网络虚拟化 ·· 6
1.1.5 应用虚拟化 ·· 7
1.2 Xen 虚拟化技术简介 ··· 7
1.2.1 Xen 的历史 ··· 7
1.2.2 Xen 功能概览 ·· 8
1.2.3 Xen 虚拟化技术的优点 ·· 9
1.2.4 Xen 虚拟化技术的缺点 ·· 9
1.3 KVM 虚拟化技术简介 ··· 9
1.3.1 KVM 的历史 ··· 9
1.3.2 KVM 功能概览 ··· 10
1.3.3 KVM 的优势 ·· 11
1.3.4 KVM 虚拟化技术的未来 ··· 11
1.4 Red Hat RHEV 虚拟化系统简介 ·· 12
1.4.1 RHEV 简介 ·· 12
1.4.2 RHEV 支持的功能 ··· 12
1.4.3 RHEV 与 KVM 的区别 ··· 12
1.4.4 RHEV 的组成 ··· 13
1.4.5 RHEV 架构 ·· 14
1.4.6 RHEV 中的资源 ·· 15
1.4.7 RHEV 虚拟化技术的优点 ·· 16
1.4.8 RHEV 虚拟化技术的缺点 ·· 16
1.5 其他虚拟化技术介绍 ·· 16
1.5.1 VMware ·· 16
1.5.2 VirtualBox ··· 17
1.5.3 Hyper-V ·· 17
1.6 本章小结 ··· 18

第 2 章

Qemu-KVM 19

- 2.1 KVM 原理简介 19
  - 2.1.1 KVM 工作流程 19
  - 2.1.2 KVM 架构 19
  - 2.1.3 KVM 模块 21
- 2.2 Qemu 原理介绍 22
  - 2.2.1 Qemu 架构 22
  - 2.2.2 Qemu 模块 22
  - 2.2.3 Qemu 的 3 种运行模式 23
  - 2.2.4 Qemu 的特点 23
- 2.3 KVM 和 Qemu 的关系 24
- 2.4 Qemu 工具介绍 25
  - 2.4.1 Qemu-img 25
  - 2.4.2 Qemu-KVM 28
  - 2.4.3 Qemu-GA 31
  - 2.4.4 Qemu-IO 31
  - 2.4.5 Qemu-NBD 31
- 2.5 Qemu 支持的硬盘格式介绍 32
- 【实验 1】 Qemu-KVM 虚拟化环境搭建 33
- 【实验 2】 Qemu-img 生产虚拟机硬盘 41
- 【实验 3】 Qemu-KVM 命令创建虚拟机 41
- 2.6 本章小结 45

第 3 章

Libvirt 46

- 3.1 Libvirt 简介 46
- 3.2 Libvirt 简单架构原理介绍 47
  - 3.2.1 Libvirt 架构 47
  - 3.2.2 Libvirt 运行原理 48
- 3.3 Libvirt API 介绍 49
  - 3.3.1 Libvirt API 简介 49
  - 3.3.2 与 Hypervisor 建立连接 51
- 3.4 Libvirt 工具集介绍 54

	3.4.1	Libvirt 安装	54
	3.4.2	Libvirt 的配置	56
	3.4.3	Libvirtd 的使用	58
	3.4.4	Virsh	59
3.5	Libvirt XML 配置文件介绍		62
	3.5.1	客户机 XML 配置文件格式示例	62
	3.5.2	CPU、内存、启动顺序等基本配置	65
	3.5.3	网络的配置	67
	3.5.4	存储的配置	69
	3.5.5	其他配置简介	70
【实验 4】	使用 virsh 创建虚拟机		72
【实验 5】	virsh 命令行工具虚拟机的管理		78
【实验 6】	virsh 命令行工具网络的管理		81
【实验 7】	virsh 命令行工具存储池的管理		88
【实验 8】	virsh 命令行工具存储卷的管理		92
3.6	本章小结		95

第 4 章

Virt-Manager …… 96

4.1	Virt-Manager 简介		96
4.2	Virt-Manager 安装		97
	4.2.1	环境准备	97
	4.2.2	检查 Qemu-KVM、Libvirt 服务	97
	4.2.3	检查 VNC 服务的运行	97
	4.2.4	安装 Virt-Manager	98
4.3	Virt-Manager 使用介绍		98
	4.3.1	打开 Virt-Manager	98
	4.3.2	连接至远程 Virt-Manager	99
4.4	WebVirtMgr 介绍		101
	4.4.1	WebVirtMgr 管理平台介绍	101
	4.4.2	WebVirtMgr 的主要功能	101
【实验 9】	使用 Virt-Install 安装虚拟机并使用 Virt-Viewer 连接桌面		102
【实验 10】	使用 Virt-Manager 创建虚拟机（在 KVM 上安装 CentOS 7 虚拟机）		105
【实验 11】	使用 Virt-Manager 管理存储和网络		109
【实验 12】	WebVirtMgr 安装		123
【实验 13】	WebVirtMgr 使用		123

4.5　本章小节 ··· 124

第 5 章
网络虚拟化 ·· 125

5.1　网络虚拟化的驱动力与关键需求 ··· 125
　　5.1.1　网络虚拟化的驱动力 ··· 125
　　5.1.2　网络虚拟化的关键需求 ··· 126
　　5.1.3　软件定义网络 SDN ·· 127
5.2　软件 Overlay SDN 网络，L2/L3 网络 ··· 128
　　5.2.1　Open vSwitch ··· 128
　　5.2.2　Overlay L2/L3 数据流 ·· 129
5.3　硬件 Underlay SDN 网络 ·· 130
5.4　软件化 L4～L7 网络功能 ·· 131
　　5.4.1　L4～L7 网络功能 ·· 131
　　5.4.2　OpenStack Neutron 的 L4～L7 控制面 ··· 132
5.5　网络虚拟化端到端解决方案 ··· 132
　　5.5.1　端到端关键需求 ··· 132
　　5.5.2　端到端解决方案 ··· 133
【实验 14】 Open vSwitch 安装部署 ·· 133
【实验 15】 Net Namespace 综合实验 ·· 138
【实验 16】 OVS 创建 VLAN 虚拟二层环境 ·· 141
【实验 17】 OVS 创建 GRE 隧道网络 ··· 146
【实验 18】 Brctl 搭建 Linux 网桥 ··· 150
5.6　本章小结 ··· 151

第 6 章
传统的存储技术 ·· 152

6.1　传统存储技术的分类 ·· 152
　　6.1.1　概述 ·· 152
　　6.1.2　存储区域网络 ··· 152
6.2　硬盘结构及接口介绍 ·· 155
　　6.2.1　硬盘结构 ··· 155
　　6.2.2　硬盘的读写 ·· 156
　　6.2.3　硬盘接口 ··· 157
6.3　RAID 技术介绍 ·· 160

6.3.1　RAID 基础知识 160
　　6.3.2　RAID 的实现方案 161
　　6.3.3　RAID 技术术语 161
6.4　RAID 技术的特点 163
【实验 19】　mdadm 工具创建软件 RAID 170
6.5　硬盘与分区 178
　　6.5.1　硬盘分区概述 178
　　6.5.2　Linux 的分区规定 178
　　6.5.3　Linux 文件系统类型简介 180
【实验 20】　硬盘的分区及格式化 181
6.6　逻辑卷技术介绍 186
【实验 21】　逻辑卷组及逻辑卷的管理 187
【实验 22】　搭建 NFS 服务器 193
【实验 23】　搭建 ISCSI 环境 194
6.7　本章小结 195

第 7 章

常见的分布式存储 196

7.1　分布式系统介绍 196
7.2　HDFS 分布式存储 197
　　7.2.1　HDFS 架构 197
　　7.2.2　HDFS 如何读数据 199
　　7.2.3　HDFS 如何写数据 200
【实验 24】　HDFS 搭建和使用 201
7.3　GlusterFS 分布式存储 209
　　7.3.1　GlusterFS 系统概述 209
　　7.3.2　GlusterFS 架构 210
【实验 25】　GlusterFS 搭建和使用 212
7.4　Lustre 分布式存储 217
　　7.4.1　Lustre 架构 217
　　7.4.2　Lustre I/O 特点 218
　　7.4.3　Lustre 读写数据 219
【实验 26】　Lustre 搭建和使用 220
7.5　MooseFS 分布式存储 225
　　7.5.1　MooseFS 架构 225
　　7.5.2　MooseFS 读写数据 226

【实验 27】 MooseFS 搭建和使用 227
7.6 Ceph 分布式存储 228
　　7.6.1 Ceph 架构 228
　　7.6.2 Ceph 读写数据 229
　　7.6.3 Ceph 客户端 230
【实验 28】 Ceph 搭建和使用 230
7.7 本章小结 231

第 8 章

Docker 技术 232

8.1 Docker 的基本原理 232
　　8.1.1 Docker 的起源 232
　　8.1.2 Docker 引擎 232
　　8.1.3 Docker 的核心概念 233
【实验 29】 Docker 安装部署 235
【实验 30】 Docker 命令行操作 239
8.2 Dockerfile 247
　　8.2.1 Dockerfile 简介 247
　　8.2.2 Dockerfile 指令详解 247
【实验 31】 Dockerfile 创建 PHP 镜像 250
8.3 Docker Registry 257
　　8.3.1 Docker 仓库简介 257
　　8.3.2 私有仓库 257
【实验 32】 Docker Registry 的搭建和使用 258
8.4 Kubernetes 容器云 263
　　8.4.1 Kubernetes 简介 263
　　8.4.2 Kubernetes 的核心概念 264
　　8.4.3 Kubernetes 架构 264
【实验 33】 Kubernetes 搭建和使用 265
8.5 本章小结 266

第 1 章 虚拟化技术

▶ 学习目标

① 熟悉常见的虚拟化技术。
② 了解 Xen 虚拟化技术及其优缺点。
③ 了解 KVM 虚拟化技术。
④ 了解 Red Hat RHEV 虚拟化系统。

基于内核的虚拟机是开源的系统化模块，从 Linux 2.6.20 内核之后，它集成在 Linux 的各个主要发行版本中。它使用 Linux 自身的调度器进行管理，相对于 Xen 核心代码量少。其中 KVM 是目前云计算 OpenStack 架构底层实现的主要技术来源。本章主要介绍虚拟化技术分类、Xen 虚拟化技术、KVM 虚拟化技术、Red Hat RHEV 虚拟化系统及其他公司典型的虚拟化产品。

1.1 虚拟化技术分类

虚拟化是一个广义的术语，是指计算元件在虚拟的基础上而不是真实的基础上运行，是一个旨在简化管理、优化资源的解决方案。

如图 1-1 所示，我们可以将一般的计算模型抽象成一定的物理资源和运行于其之上的计算元件，它们之间通过定义的物理资源接口进行交互。随着计算机硬件技术的发展，物理资源的容量越来越大，价格越来越低。在现有的计算资源基础之上，物理资源已经产生了很大的闲置与浪费。为了充分利用新的物理资源，提高效率，一个比较直接的办法就是更新计算元件以利用更加丰富的物理资源。但是，人们往往出于对稳定性和兼容性的追求，并不情愿频繁地对已经存在的计算元件做大幅度变更。虚拟化技术则另辟蹊径，通过引入一个新的虚拟化层，对下管理真实的物理资源，对上提供虚拟的系统资源，从而实现了在扩大硬件容量的同时，简化软件的重新配置过程。

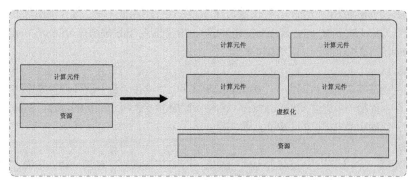

图 1-1 虚拟化逻辑元

为了表述虚拟化的一般概念，图 1-1 使用了资源一词。在实际的应用中，资源可以表现为各种各样的形式。如果把操作系统及其提供的系统调用作为资源，那么虚拟化就表现为操作系统虚拟化。Linux 容器虚拟化技术就是在同样的一个 Linux 操作系统之上，虚拟出多个同样的操作系统。如果将整个 X86 平台包括处理器、内存和外设作为资源，那么对应的虚拟化技术就是平台虚拟化，在同一个 X86 平台上面，可以虚拟出多个 X86 平台，每个虚拟平台都可以运行自己独立完整的操作系统。

虚拟化从本质上讲是指从逻辑角度而不是物理角度来对资源进行配置，它是一种从单一的逻辑角度来看待不同的物理资源的方法。作为一种从逻辑角度出发的资源配置技术，虚拟化是物理实际的逻辑抽象。

对于用户，虚拟化技术实现了软件跟硬件分离，用户不需要考虑后台的具体硬件实现，只需要在虚拟层环境上运行自己的系统和软件。而这些系统和软件在运行时，也似乎跟后台的物理平台无关。下面我们简单介绍一下几种常见的虚拟化技术。

1.1.1 CPU 虚拟化

虚拟化在计算机方面通常是指计算元件在虚拟的基础上而不是真实的基础上运行。虚拟化技术可以扩大硬件的容量，简化软件的重新配置过程。简单来说，CPU 的虚拟化技术就是单 CPU 模拟多 CPU 并行，允许一个平台同时运行多个操作系统，并且应用程序可以在相互独立的空间内运行而互不影响，从而显著提高计算机的工作效率。

纯软件虚拟化解决方案存在很多限制。"客户"操作系统很多情况下通过虚拟机监视器（Virtual Machine Monitor，VMM）来与硬件进行通信，由 VMM 来决定其对系统上所有虚拟机的访问。（注意，大多数处理器和内存访问独立于 VMM，只在发生特定事件时才会涉及 VMM，如页面错误。）在纯软件虚拟化解决方案中，VMM 在软件套件中的位置是传统意义上操作系统所处的位置（如处理器、内存、存储、显卡和网卡等的接口）模拟硬件环境。这种转换必然会增加系统的复杂性。

CPU 的虚拟化技术是一种硬件方案，支持虚拟技术的 CPU 带有特别优化过的指令集来控制虚拟过程，通过这些指令集，VMM 相比软件的虚拟实现方式能很大程度上提高性能。虚拟化技术可提供基于芯片的功能，借助兼容 VMM 软件能够改进纯软件解决方案。虚拟化硬件可提供全新的架构，支持操作系统直接在上面运行，从而无须进行二进制转换，减少了相关的性能开销，极大简化了 VMM 设计，进而使 VMM 能够按通用标准进行编写，性能更加强大。另外，目前在纯软件 VMM 中缺少对 64 位客户操作系统的支持，而随着 64 位处理器的不断普及，这一严重缺点也日益突出。而 CPU 的虚拟化技术除支持广泛的传统操作系统之外，还支持 64 位客户操作系统。

虚拟化技术是一套解决方案。完整的情况需要 CPU、主板芯片组、BIOS 和软件的支持，如 VMM 软件或者某些操作系统本身。即使只有 CPU 支持虚拟化技术，在配合 VMM 的软件情况下，也会比完全不支持虚拟化技术的系统有更好的性能。

CPU 虚拟化的典型就是 Intel 的 VT-x 虚拟化，VT-x 是 Intel 的 CPU 硬件虚拟化技术，但是在操作系统内部查看 CPU 的 Flag 时，是否支持硬件虚拟化的判断标准是是否有 VMX，VMX 是什么，下面简单介绍 Intel 的 CPU 虚拟化几个基本概念。

1. VMM

虚拟机监视器在宿主机上表现为一个提供虚拟机 CPU、内存以及一系列硬件虚拟的实体。这个实体在 KVM 体系中就是一个进程，如 Qemu-KVM。VMM 负责管理虚拟机的资源，并拥有所有虚拟机资源的控制权，包括切换虚拟机的 CPU 上下文等。

2. Guest

Guest 可能是一个操作系统（OS），也可能就是一个二进制程序。对于 VMM 来说，它就是一堆指令集，只需要知道入口（RIP 寄存器值）就可以加载。

Guest 运行需要虚拟 CPU，当 Guest 代码运行的时候，处于 VMX Non-Root 模式。此模式下，该用什么指令还是用什么指令，该用什么寄存器还用什么寄存器，该用 Cache 还是用 Cache，但是在执行到特殊指令的时候，CPU 控制权即被交给 VMM，由 VMM 来处理特殊指令，完成硬件操作。

3. CPU 运行级别

CPU 支持 Ring0～Ring3 四个等级，但是 Linux 只使用了其中的两个——Ring0 和 Ring3。当 CPU 寄存器标示当前 CPU 处于 Ring0 级别的时候，表示此时 CPU 正在运行的是内核的代码。而当 CPU 处于 Ring3 级别的时候，表示此时 CPU 正在运行的是用户级别的代码。当发生系统调用或者进程切换的时候，CPU 会从 Ring3 级别转到 Ring0 级别。Ring3 级别是不允许执行硬件操作的，所有硬件操作都需要内核提供的系统调用来完成。

4. VMX

为了从 CPU 层面支持 VT 技术，Intel 在 Ring0～Ring3 的基础上，扩展了传统的 X86 处理器架构，引入了 VMX 模式，VMX 分为 Root 和 Non-Root。VMM 运行在 VMX Root 模式；Guest 运行在 VMX Non-Root 模式。

Intel VT-x 的架构图如图 1-2 所示。

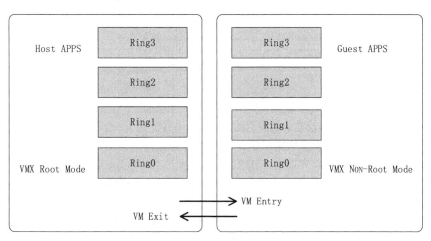

图 1-2　Intel VT-x 架构图

1.1.2　服务器虚拟化

服务器虚拟化能够通过区分资源的优先次序，并随时随地将服务器资源分配给最需要它们的工作负载来简化管理和提高效率，从而减少为单个工作负载峰值而储备的资源。

通过服务器虚拟化技术，用户可以动态启用虚拟服务器（又叫虚拟机），每个服务器实际上可以让操作系统（以及在上面运行的任何应用程序）误以为虚拟机就是实际硬件。运行多个虚拟机还可以充分发挥物理服务器的计算潜能，迅速应对数据中心不断变化的需求。

目前，常用的服务器主要分为 UNIX 服务器和 X86 服务器。对 UNIX 服务器而言，IBM、HP、Sun 各有自己的技术标准，没有统一的虚拟化技术。因此，目前 UNIX 服务器的虚拟化还受具体产品平台的制约，不过其通常会用到硬件分区技术。而 X86 服务器的虚拟化标准相对开放。下面介绍 X86 服务器的虚拟化技术。

1. 全虚拟化

使用 Hypervisor 在 VM 和底层硬件之间建立一个抽象层，Hypervisor 捕获 CPU 指令，为指令访问硬件控制器和外设充当中介，也为虚拟机的配置提供了最大程度的灵活性。这种虚拟化技术几乎能让任何一款操作系统不加改动就安装在 VM 上，而操作系统却不知道自己运行在虚拟化环境下，这也是全虚拟化（Full Virtualization）无可比拟的优势。全虚拟化的主要缺点是 Hypervisor 会带来处理开销。其架构如图 1-3 所示。

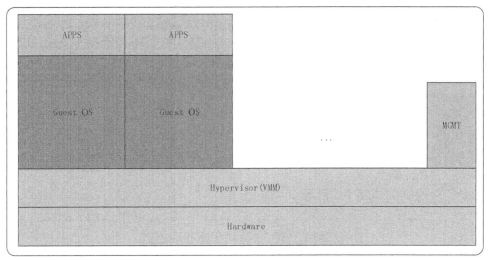

图 1-3　全虚拟化技术

2. 准虚拟化

全虚拟化是处理器密集型技术，因为它要求 Hypervisor 管理各个虚拟服务器，并让它们彼此独立，这样会带来没必要的服务器性能浪费。解决这种问题的一种方法就是，改动客户操作系统，使它以为自己运行在虚拟环境下，从而能够与虚拟机、监控机协同工作。这种方法就叫准虚拟化（Para-Virtualization），也叫半虚拟化。本质上，准虚拟化弱化了对虚拟机特殊指令的被动截获要求，将其转化成客户机操作系统的主动通知。但是，准虚拟化需要修改客户机操作系统的源代码来实现主动通知。

Xen 是开源准虚拟化技术的一个例子。操作系统作为虚拟服务器在 Xen Hypervisor 上运行之前，必须在内核层面进行某些改变。因此，Xen 适用于 BSD、Linux、Solaris 及其他开源操作系统，但是不适用像 Windows 这些专有操作系统的虚拟化处理，因为它们不是公开源代码，所以无法修改其内核。其架构如图 1-4 所示。

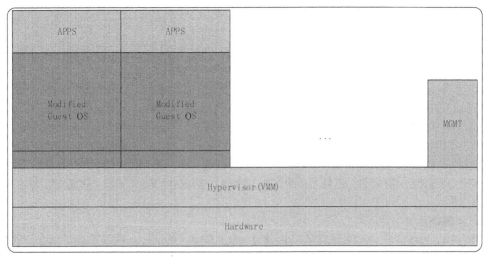

图 1-4　准/半虚拟化技术架构

3. 操作系统层虚拟化

实现虚拟化还有一个方法，就是在操作系统层面增添虚拟服务器功能。就操作系统层的虚拟化而言，没有独立的 Hypervisor 层。相反，主机操作系统本身就负责在多个虚拟服务器之间分配硬件资源，并且让这些服务器彼此独立。一个明显的区别是，如果使用操作系统层虚拟化，所有虚拟服务器必须运行同一操作系统。

虽然操作系统层虚拟化的灵活性比较差，但本机速度性能比较高。此外，由于架构在所有虚拟服务器上使用单一、标准的操作系统，因此管理起来比异构环境要容易。操作系统层虚拟化的典型应用便是 Docker，关于 Docker 技术在本书第 8 章会有详细的介绍。

1.1.3 存储虚拟化

随着信息业务的不断运行和发展，存储系统网络平台已经成为一个核心平台，大量高价值数据积淀下来。基于对这些数据的应用，人们对平台的要求也越来越高，不光是对于存储容量，还包括对于数据访问性能、数据传输性能、数据管理能力、存储扩展能力等多个方面的要求。可以说，存储网络平台综合性能的优劣，将直接影响整个系统的正常运行。基于这一原因，虚拟化技术又一子领域——虚拟存储技术，应运而生。

其实虚拟化技术并不是一项很新的技术。它的发展应该说是随着计算机技术的发展而发展起来的，其最早始于 20 世纪 70 年代。由于当时的存储容量，特别是内存容量成本非常高，容量也很小，大型应用程序或多程序应用就受到了很大的限制。为了突破这样的限制，人们采用了虚拟存储的技术，最典型的应用就是虚拟内存技术。

随着计算机技术以及相关信息处理技术的不断发展，人们对存储的需求越来越大。这样的需求刺激了各种新技术的出现，结果是硬盘性能越来越高、容量越来越大。但是在大量的大中型信息处理系统中，单个硬盘是不能满足需要的，在这样的情况下，存储虚拟化技术就发展起来了。在这个发展过程中也有几个阶段，出现了几种应用。首先是硬盘条带集（RAID，可带容错）技术，其将多个物理硬盘通过一定的逻辑关系集合起来，成为一个大容量的虚拟硬盘。而随着数据量不断增加和对数据可用性要求的不断提高，又一种新的存储技术应运而生，那就是存储区域网络（SAN）技术。

SAN 的广域化旨在使存储设备实现成为一种公用设施，任何人员、任何主机都可以随时随地获取各自想要的数据。目前讨论比较多的包括 ISCSI、FC OVER IP 等技术，虽然一些相关的标准还没有最终确定，但是存储设备公用化、存储网络广域化是一个不可逆转的潮流。存储虚拟化架构如图 1-5 所示。

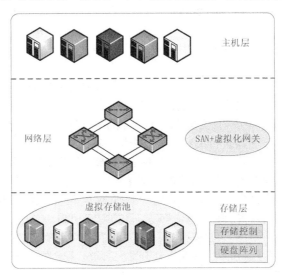

图 1-5 存储虚拟化架构

所谓虚拟存储,就是把多个存储介质模块(如硬盘、RAID)通过一定的手段集中管理起来,所有的存储模块在一个存储池(Storage Pool)中得到统一管理,从主机和工作站的角度,看到的不是多个硬盘,而是一个分区或者卷,就好像是一个超大容量(如1Tb以上)的硬盘。这是一种可以将多种、多个存储设备统一管理起来,为使用者提供大容量、高数据传输性能的存储系统。

虚拟存储设备需要通过大规模的 RAID 子系统和多个 I/O 通道连接到服务器上,智能控制器提供 LUN 访问控制、缓存和其他管理功能如数据复制等。这种方式的优点在于存储设备管理员对设备有完全的控制权,而且通过与服务器系统分开,可以将对存储的管理与多种服务器操作系统隔离,并且可以很容易地调整硬件参数。

从虚拟化存储来讲,拓扑结构主要有两种方式:即对称式(带内管理)与非对称式(带外管理)。对称式虚拟存储技术是指虚拟存储控制设备与存储软件系统、交换设备集成为一个整体,内嵌在网络数据传输路径中;非对称式虚拟存储技术是指虚拟存储控制设备独立于数据传输路径之外。

1.1.4 网络虚拟化

网络虚拟化是目前业界关于虚拟化细分领域界定最不明确、存在争议较多的一个概念。微软眼中的"网络虚拟化",是指虚拟专用网络(VPN)。VPN 对网络连接的概念进行了抽象,允许远程用户访问组织的内部网络,就像物理上连接到该网络一样。网络虚拟化有助于保护 IT 环境,防止来自 Internet 的威胁,同时使用户能够快速安全地访问应用程序和数据。

但是网络巨头思科(Cisco)不那么认为。出身、成名且目前称霸于网络的思科公司,在对 IT 未来的考虑上以网络为核心。它认为在理论上,网络虚拟化能将任何基于服务的传统客户端/服务器安置到"网络上"。这意味着可以让路由器和交换机执行更多的服务,使思科在业界的重要性和营业额都大幅增加。思科认为网络虚拟化由三个部分组成:访问控制、路径提取以及服务优势。从思科的产品规划图上看,该公司的路由器和交换机将拥有诸如安全、存储、VOIP、移动和应用等功能。对思科而言,它们的战略是通过扩大网络基础设备的销售来持续产生盈利。而对用户来讲,这能帮助他们提高网络设备的价值,并调整原有的网络基础设备。

作为网络阵营的另一巨头,3COM 公司在网络虚拟化方面的动作比思科更大。3COM 的路由器中可以插入一张工作卡。该卡上带有一套全功能的 Linux 服务器,可以和路由器中枢相连。在这个 Linux 服务器中,用户可以安装诸如 Sniffer、VOIP 等软件及安全应用等。此外,该公司还计划未来在 Linux 卡上运行VMware,以支持用户运行 Windows Server。3COM 的这个开源网络虚拟化活动名为 3COM ON(又名开放式网络)。

网络虚拟化从总体来说,分为纵向分割和横向整合两大类。

1. 纵向分割

早期的"网络虚拟化"是指虚拟专用网络(VPN)。VPN 对网络连接的概念进行了抽象,允许远程用户访问组织的内部网络,就像物理上连接到该网络一样。网络虚拟化有助于保护 IT 环境,防止来自 Internet 的威胁,同时使用户能够快速安全地访问应用程序和数据。

随后的网络虚拟化技术随着数据中心业务要求发展为:多种应用承载在一张物理网络上,通过网络虚拟化分割(称为纵向分割)功能使得不同企业机构相互隔离,但可在同一网络上访问自身应用,从而实现将物理网络进行逻辑纵向分割,虚拟化为多个网络。

如果把一个企业网络分隔成多个不同的子网络——它们使用不同的规则和控制,用户就可以充分利用基础网络的虚拟化功能,而不是部署多套网络来实现这种隔离机制。

网络虚拟化并不是什么新概念,因为多年来,虚拟局域网(VLAN)技术作为基本隔离技术已经得到广泛应用。当前在交换网络上通过 VLAN 来区分不同业务网段、配合防火墙等安全产品划分安全区域,是数据中心基本设计内容之一。

2. 横向整合

从另外一个角度来看，多个网络结点承载上层应用，基于冗余的网络设计带来复杂性，而将多个网络结点进行整合（称为横向整合），虚拟化成一台逻辑设备，在提升数据中心网络可用性、结点性能的同时将极大地简化网络架构。

使用网络虚拟化技术，用户可以将多台设备连接，"横向整合"起来组成一个"联合设备"，并将这些设备看作单一设备进行管理和使用。虚拟化整合后的设备组成了一个逻辑单元，在网络中表现为一个网元结点，管理简单化、配置简单化、可跨设备链路聚合，极大地简化网络架构，同时进一步增强冗余可靠性。

1.1.5 应用虚拟化

应用虚拟化通常包括两层含义：一是应用软件的虚拟化；二是桌面的虚拟化。所谓的应用软件虚拟化，就是将应用软件从操作系统中分离出来，通过自己压缩后的可执行文件来运行，而不需要任何设备驱动程序或者与用户的文件系统相连。借助于这种技术，用户可以减小应用软件的安全隐患并降低维护成本，并可以进行合理的数据备份与恢复。

桌面虚拟化就是专注于桌面应用及其运行环境的模拟与分发，是对现有桌面管理自动化体系的完善和补充。当今的桌面环境将桌面组件（硬件、操作系统、应用程序、用户配置文件和数据）联系在一起，给支持和维护带来了很大困难。采用桌面虚拟化技术之后，将不需要在每个用户的桌面上部署和管理多个软件客户端系统，所有应用客户端系统都将一次性地部署在数据中心的一台专用服务器上，这台服务器就放在应用服务器的前面。客户端也将不需要通过网络向每个用户发送实际的数据，只有虚拟的客户端界面（屏幕图像更新、按键、鼠标移动等）被实际传送并显示在用户的计算机上。这个过程对最终用户是一目了然的，最终用户的感觉好像是实际的客户端软件正在他的计算机桌面上运行一样，如图 1-6 所示。

桌面虚拟化带来的成本效益也是相当诱人的。通过将 IT 系统的管理集中起来，企业能够同时获得各种不同的效益，从带宽成本节约到 IT 效率和员工生产力提高，以及当前系统的使用寿命延长等。

在以上的虚拟化技术中，服务器虚拟化技术、应用虚拟化中的桌面虚拟化技术相对成熟，也是使用得较多的技术，而其他虚拟化技术，还需要在实践中进一步检验和完善。

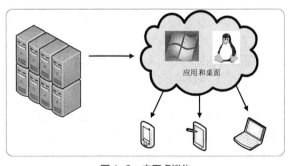

图 1-6 应用虚拟化

1.2 Xen 虚拟化技术简介

1.2.1 Xen 的历史

早在 20 世纪 90 年代，伦敦剑桥大学在一个叫作 Xenoserver 的研究项目中开发了 Xen 虚拟机。

作为 Xenoserver 的核心，Xen 虚拟机负责管理和分配系统资源，并提交必要的统计功能。在那个年代，X86 的处理器还不具备对虚拟化技术的硬件支持，所以 Xen 一开始是作为一个准虚拟化的解决方案出现的。因此，为了支持多个虚拟机，内核必须针对 Xen 做出特殊的修改才可以运行。为了吸引更多开发人员参与，2002 年 Xen 被正式开源。在先后推出了 1.0 和 2.0 版本后，Xen 开始被诸多如 Red Hat、Novell 和 Sun 的 Linux 发行版集成，作为其中的虚拟化解决方案。2004 年，Intel 的工程师开始为 Xen 添加硬件虚拟化的支持，从而为即将上市的新款处理器做必需的软件准备。在他们的努力下，2005 年发布的 Xen 3.0 开始正式支持 Intel 的 VT 技术和 IA64 架构，从而使 Xen 虚拟机可以运行完全没有修改的操作系统。

1.2.2 Xen 功能概览

Xen 是一个直接在系统硬件上运行的虚拟机管理程序。Xen 在系统硬件与虚拟机之间插入一个虚拟化层，将系统硬件转换为一个逻辑计算资源池，Xen 可将其中的资源动态地分配给任何操作系统或应用程序。在虚拟机中运行的操作系统能够与虚拟资源交互，就好像它们是物理资源一样。

图 1-7 显示了一个运行虚拟机的 Xen 系统。

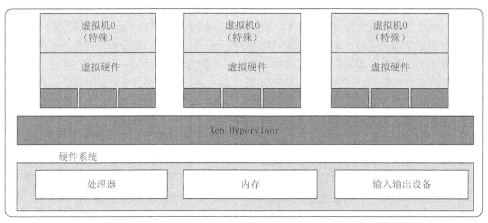

图 1-7 运行虚拟机的 Xen 系统

Xen 采用 ICA 协议，通过一种叫作准虚拟化的技术获得高性能，甚至在某些与传统虚拟技术极度不友好的架构上（X86），Xen 也有很好的表现。与传统通过软件模拟实现硬件的虚拟机不同，在 Intel VT-x 支持下，3.0 版本之前的 Xen 需要系统的来宾权限，用来和 Xen API 连接。到目前为止，这种技术已经可以运用在 NetBSD、GNU/Linux、FreeBSD 和 Plan 9 系统上。Sun 微系统公司也正在积极地将 Solaris 移植到 Xen 平台上。

Xen 被设计成微内核的实现，其本身只负责管理处理器和内存资源。在 Xen 上面运行的所有虚拟机中，0 号虚拟机是特殊的，其中运行的是经过修改的支持准虚拟化的 Linux 操作系统，大部分的输入输出设备都交由这个虚拟机直接控制，而 Xen 本身并不直接控制它们。这样做可以使基于 Xen 的系统最大限度地复用 Linux 内核的驱动程序。更广泛地说，Xen 虚拟化方案在 Xen Hypervisor 和 0 号虚拟机的功能上做了聪明的划分，既能够重复使用大部分 Linux 内核的成熟代码，又可以控制系统之间的隔离性和针对虚拟机进行更加有效的管理和调度。通常，0 号虚拟机也被视为 Xen 虚拟化方案的一部分。

Xen 虚拟机可以在不停止的情况下在多个物理机之间实时迁移。在操作过程中，虚拟机在没有停止的情况下，内存被反复地复制到目标机器。虚拟机在最终目的地开始执行之前，会有一次 60~300 毫秒的非常短暂的暂停，以执行最终的同步化，给使用者无缝迁移的感觉。类似的技术被用来暂停一台正在运行的虚拟机到硬盘，并切换到另外一台，第一台虚拟机在以后可以恢复。

Xen 已经可以运行在 X86 系统上，并正在向 X86-64、IA64、PPC 移植。移植到其他平台从技术上是可行的，未来有可能实现。

Xen 是一个基于 X86 架构、发展最快、性能最稳定、占用资源最少的开源虚拟化技术。Xen 可以在一套物理硬件上安全地执行多个虚拟机，与 Linux 是一个完美的开源组合，Novell Suse Linux Enterprise Server 最先采用了 Xen 虚拟技术。它特别适用于整合服务器应用，可有效节省运营成本，提高设备利用率，最大化利用数据中心的 IT 结构。

1.2.3　Xen 虚拟化技术的优点

Xen 构建于开源的虚拟机管理程序上，结合使用半虚拟化和硬件协助的虚拟化。操作系统与虚拟化平台之间的这种协作支持较简单的虚拟机管理程序开发，来提供高度优化的性能。

Xen 提供了复杂的工作负载均衡功能，可捕获 CPU、内存、硬盘 I/O 和网络 I/O 数据，它提供了两种优化模式：一种针对性能；另一种针对密度。

Xen 利用一种名为 Citrix Storage Link 的独特的存储集成功能。使用 Citrix Storage Link，系统管理员可直接利用来自 HP、Dell、NetApp、EMC 等公司的存储产品。

Xen 包含多核处理器支持、实时迁移、物理服务器到虚拟机转换（P2V）和虚拟机到虚拟机转换（V2V）工具。集中化的多服务器管理、实时性能监控，以及 Windows 和 Linux 的快速性能。

1.2.4　Xen 虚拟化技术的缺点

Xen 会占用相对较大的空间，且依赖于 0 号虚拟机中的 Linux 操作系统。

Xen 依靠第三方解决方案来管理硬件设备驱动程序，存储、备份、恢复以及容错。

任何具有高 I/O 速率的操作或任何会吞噬资源的操作都会使 Xen 陷入困境，使其他虚拟机缺乏资源。

Xen 缺少 802.1Q 虚拟局域网（VLAN）中继，出于安全考虑，它没有提供目录服务集成、基于角色的访问控制、安全日志记录和审计或管理操作。

Xen 目前最大的困难在于 Linux 内核社区的抵制，这导致 Xen 相关的内核改动一直不能顺利进入内核源代码，从而无法及时得到内核最新开发成果的支持。

1.3　KVM 虚拟化技术简介

1.3.1　KVM 的历史

基于内核的虚拟机（Kernel-Based Virtual Machine，KVM）最初是由以色列公司 Qumranet 开发的。KVM 在 2007 年 2 月被正式合并到 Linux 2.6.20 核心中，成为内核源代码的一部分。2008 年 9 月 4 日，Red Hat 公司收购了 Qumranet，开始在 RHEL 中用 KVM 替换 Xen，第一个包含 KVM 的版本是 RHEL 5.4。从 RHEL 6 开始，KVM 成为默认的虚拟化引擎。KVM 必须在具备 Intel VT-x 或者 AMD-V 功能的 X86 平台上运行。它也被移植到 S/390、POWERPC 与 IA-64 平台上。Linux 内核 3.9 版本加入了对 ARM 架构的支持。

KVM 包含一个为处理器提供底层虚拟化、可加载的核心模块 KVM.KO（KVM-INTEL.KO 或 KVM-AMD.KO），使用 Qemu（Qemu-KVM）作为虚拟机上层控制的工具。KVM 不需要改变 Linux 或 Windows 系统就能运行。

1.3.2 KVM 功能概览

KVM 是基于虚拟化扩展（Intel VT-x 或 Amd-V）的 X86 硬件，是 Linux 完全原生的全虚拟化解决方案。部分的准虚拟化支持主要是以准虚拟网络驱动程序的形式用于 Linux 和 Windows 客户机系统的。KVM 目前设计为通过可加载的内核模块来进行广泛支持的客户机操作系统，如 Linux、BSD、Solaris、Windows、Haiku、ReactOS 和 AROS Research Operating System。

在 KVM 架构中，虚拟机实现为常规的 Linux 进程，由标准 Linux 调度程序进行调度。事实上，每个虚拟 CPU 显示为一个常规的 Linux 进程。这使 KVM 能够享受 Linux 内核的所有功能。

需要注意的是，KVM 本身不执行任何模拟，需要用户空间程序通过 dev/kvm 接口设置一个客户机虚拟服务器的地址空间，向它提供模拟 I/O，并将它的视频显示映射回宿主的显示屏。目前这个应用程序就是 Qemu。

图 1-8 所示为 KVM 的基本架构。

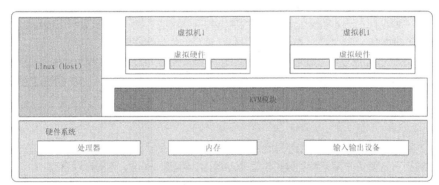

图 1-8　KVM 基本架构

下面简单介绍一下 KVM 的功能特性。

1. 内存管理

KVM 从 Linux 继承了强大的内存管理功能。一个虚拟机的内存与任何其他 Linux 进程的内存一样进行存储，可以以大页面的形式进行交换以实现更高的性能，也可以以硬盘文件的形式进行共享。Numa 支持（非一致性内存访问，针对多处理器的内存设计）允许虚拟机有效地访问大量内存。

KVM 支持最新的基于硬件的内存虚拟化功能，支持 Intel 的扩展页表（EPT）和 AMD 的嵌套页表（NPT，也叫"快速虚拟化索引-RVI"），以实现更低的 CPU 利用率和更高的吞吐量。

内存页面共享通过一项名为内核同页合并（Kernel Same-Page Merging，KSM）的内核功能来支持。KSM 扫描每个虚拟机的内存，如果虚拟机拥有相同的内存页面，KSM 将这些页面合并到一个在虚拟机之间的共享页面，仅存储一个副本。如果一个客户机尝试更改这个共享页面，它将得到自己的专用副本。

2. 存储

KVM 能够使用 Linux 支持的任何存储方式来存储虚拟机镜像，包括具有 IDE、SCSI 和 SATA 的本地硬盘，网络附加存储（NAS）（包括 NFS 和 SAMBA/CIFS），或者支持 ISCSI 和光纤通道的 SAN。多路径 I/O 可用于改进存储吞吐量和提供冗余。由于 KVM 是 Linux 内核的一部分，它可以利用所有领先存储供应商都支持的一种成熟且可靠的存储基础架构，它的存储堆栈在生产部署方面具有良好的记录。

KVM 还支持全局系统（GFS2）等共享文件系统上的虚拟机镜像，以允许虚拟机镜像在多个宿主之间共享或使用逻辑卷共享。硬盘镜像支持按需分配，仅在虚拟机需要时分配存储空间，而不是提前分配整个存储空间，提高存储利用率。KVM 的原生硬盘格式为 QCOW2，它支持快照，允许多级快照、压缩和加密。

3. 设备驱动程序

KVM 支持混合虚拟化，其中准虚拟化的驱动程序安装在客户机操作系统中，允许虚拟机使用优化的 I/O 接口而不使用模拟的设备，从而为网络和块设备提供高性能的 I/O。KVM 准虚拟化的驱动程序使用 IBM 和 Red Hat 联合 Linux 社区开发的 Virtio 标准，它是一个与虚拟机管理程序独立的、构建设备驱动程序的接口，允许为多个虚拟机管理程序使用一组相同的设备驱动程序，能够实现更出色的虚拟机交互。

4. Linux 的性能和可伸缩性

KVM 也继承了 Linux 的性能和可伸缩性。KVM 虚拟化性能在很多方面（如计算能力、网络带宽等）已经可以达到非虚拟化原生环境 95% 以上的性能。KVM 的扩展性也非常好，客户机和宿主机都可以支持非常多的 CPU 数量和非常大的内存。例如，Red Hat 官方文档就介绍过，RHEL 6.X 系统中的一个 KVM 客户机可以支持 160 个虚拟 CPU 和高达 2Tb 的内存，KVM 宿主机支持 4096 个 CPU 核心和高达 64Tb 的内存。

1.3.3　KVM 的优势

1. 开源

KVM 是一个开源项目，这就决定了 KVM 一直是开放的姿态，许多虚拟化的新技术都是首先在 KVM 上应用，再到其他虚拟化引擎上推广的。

虚拟化一般网络和存储都是难点。网络方面，SR-IOV 技术就是最先在 KVM 上应用，然后推广到其他虚拟化引擎上的。再比如 SDN、Open vSwitch 这些比较新的技术，都是先在 KVM 上得到应用的。

硬盘方面，基于 SSD 的分层技术，也最早在 KVM 上得到应用。

KVM 背靠 Linux 这棵大树，和 Linux 系统紧密结合，在 Linux 上的新技术都可以马上应用到 KVM 上。围绕 KVM 的是一个开源的生态链，从底层的 Linux 系统，到中间层的 Libvirt 管理工具，再到云管理平台 OpenStack，都是如此。

2. 性能

KVM 吸引许多人使用的一个动因就是性能。在同样的硬件条件下，KVM 能提供更好的虚拟机性能，主要是因为 KVM 架构简单，代码只有 2 万行，并且其一开始就支持硬件虚拟化。这些技术特点保证了 KVM 的性能。

3. 免费

因为 KVM 是开源项目，所以绝大部分 KVM 的解决方案都是免费方案。随着 KVM 的发展，KVM 虚拟机越来越稳定，兼容性也越来越好，因而其也就得到越来越多的应用。

4. 广泛免费的技术支持

免费并不意味着 KVM 没有技术支持。在 KVM 的开源社区，数量巨大的 KVM 技术支持者都可以提供 KVM 技术支持。另外，若需要商业级支持，还可以购买 Red Hat 公司的服务。

1.3.4　KVM 虚拟化技术的未来

KVM 技术一出现，就受到厂商的大力推广。Red Hat 公司一直将 KVM 作为虚拟化战略的一部分，并于 2009 年年底发布了 Red Hat Enterprise Linux 5.4，并在之后继续大力推行这种转型，鼓励用户使用 KVM 为其首选的虚拟化平台。2011 年，随着新版操作系统的 Red Hat Enterprise Linux 的发布，Red Hat 公司完全放弃了以开源 Xen 为虚拟化平台的思路，开始支持 KVM 作为 Hypervisor。KVM 作为一个快速成长的 Linux 虚拟化技术，已经获得了许多厂商的支持，如 Canonical、Novell 等。Canonical 公司的 Ubuntu 服务器操作系统是第一个提供全功能的 KVM 虚拟化栈的主要 Linux 发行版。

而开放虚拟化联盟（OVA）也在为 KVM 护航，这个由 IBM、Red Hat、Intel 等重量级厂商组成的联盟才成立不过半年，成员就迅速达到 200 个以上。该联盟致力于促进基于内核的虚拟机（KVM）等开放虚拟化技术的应用，鼓励互操作性，为企业在虚拟化方面提供更多的选择、更高的性能和更具吸引力的价格。

尽管 KVM 是一个相对较新的虚拟机管理程序，但是其诞生不久就被 Linux 社区接纳，成为随 Linux 内核发布的轻量型模块。它与 Linux 内核集成，使 KVM 可以直接获益于最新的 Linux 内核开发成果，如更好的进程调度支持、更广泛的物理硬件平台的驱动、更高的代码质量等。

KVM 比较年轻，所以出生的时候就吸取了其他虚拟化技术的优点，一开始就支持硬件虚拟化技术，没有历史兼容包袱。所以 KVM 推出来的时候，性能非常优异。目前，KVM 是 OpenStack 平台上首选的虚拟化引擎。国内新一代的公有云全部采用 KVM 作为底层的虚拟化引擎。KVM 已经成为开源解决方案的主流选择。

但是作为相对较新的虚拟化方案，KVM 一直没有成熟的工具可用于管理 KVM 服务器和客户机。不过，现在随着 Libvirt、Virt-Manager 等工具的逐渐完善，KVM 管理工具在易用性方面的劣势已经逐渐被克服。另外，KVM 仍然可以改进虚拟网络支持、虚拟存储支持、安全性、可用性、容错性、电源管理、HPC/实时支持、虚拟 CPU 可伸缩性、跨供应商兼容性、科技可移植性等方面。不过，现在 KVM 开发者社区比较活跃，也有不少大公司的工程师参与开发，我们有理由相信它的很多功能都会在不远的将来得到完善。

1.4 Red Hat RHEV 虚拟化系统简介

1.4.1 RHEV 简介

红帽企业虚拟化（Red Hat Enterprise Virtualization，RHEV）是一个服务器虚拟化的管理平台。由 RHEV-M（Manager）、RHEV-H（Hypervisior）和存储组成，能够简便、集中地对 KVM 虚拟机进行创建、删除、迁移、快照等操作，实现企业服务器物理资源的充分使用。是一种非常适合中小型企业的虚拟化解决方案。

1.4.2 RHEV 支持的功能

（1）在线迁移（200ms 之内完成 VM 到物理内存的迁移，但迁移过程中不能有过多的 I/O 操作）；
（2）高可用；
（3）系统计划调度（自动迁移，设定 CPU 负载阀值）；
（4）电源管理；
（5）模板管理；
（6）快照（3.1 支持 1 张快照，3.2 以上支持多张快照）。

1.4.3 RHEV 与 KVM 的区别

基于内核的虚拟机（Kernel-Based Virtual Machine，KVM）是一个开源的系统虚拟化模块。

常常有人会将 RHEV 和 KVM 混为一谈，其实两者之间并不能画等号。RHEV 是企业虚拟化解决方案，即虚拟机的集中管理平台。RHEV 能够面向多台服务器组成虚拟化平台架构。而 KVM 简而言之就是 PC 上的虚拟机软件，在 PC 中充当着虚拟机的 VMM（Virtual Machine Manager）。RHEV 包含了 KVM 的实现。

1.4.4 RHEV 的组成

一个 RHEV 虚拟化平台由（RHEV-M）+（RHEV-H）+Storage 组成。图 1-9 是 RHEV 组成图：

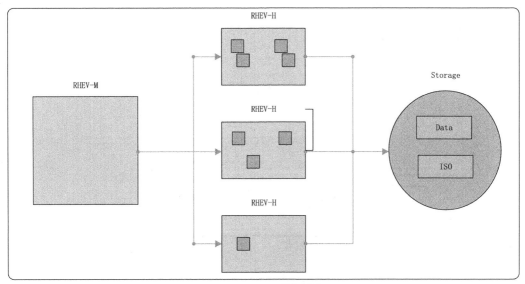

图 1-9 RHEV 的组成图

1. RHEV-M

RHEV-M（Manager）是 RHEV 的集中管理接口控制台，负责控制、管理虚拟化平台，能够管理 VM、Disk 和 Image，进行高可用设置，创建虚拟机模板、快照等，这些都可以通过 RHEV-M 提供的 Web 界面来完成。注意：RHEV-M 本身并不运行 VM，仅提供管理功能。RHEV-M 能够管理两种不同类型的 H 端实现。

2. RHEV-H

RHEV-H（Hypervisor 虚拟机管理程序）是一个能够被 RHEV-M 连接并管理的 Hypervisor，在 RHEV 中提供运算体的功能。RHEV-H 端具有两种实现：

（1）直接安装包含了 Hypervisor 代码的微型操作系统。这是一个专为 RHEV-H 端设计的微型操作系统，能够更加充分地使用 H 端服务器的物理资源，这也是 Red Hat 公司官方推荐的做法。

（2）在 RHEL Host 上安装 Hypervisor 软件，将已有的 RHEL Host 配置成为 RHEV-H 端。这使得在现有 RHEL Host 环境中部署 RHEV 变得更加容易。如果用户想从 RHEV 管理运行在 RHEL-H 端上的虚拟机，可注册 RHEL 服务器到 RHEV-M 控制台。

RHEV-H 提供了 CPU、内存、硬盘等物理资源来运行虚拟机，简而言之就是虚拟机的载体。若使用 Hpyervisor 微型系统来实现 H 端，只需要占用非常少的物理资源，它只包含了 RHEL 中运行虚拟机所需代码的一个子集。这个 Hypervisor 的基础文件系统只有 100 Mb，并且运行在内存中来避免对基础镜像造成改变。而且这样的 H 端会强制打开专用的安全增强型 SElinux 以及防火墙策略，所以只需要较少的补丁和维护就能确保其安全性。

Hypervisor 最重要的功能就是翻译虚拟机中发出的敏感指令（如 Shutdown/Reboot 等）。当 Hypervisor 接收到敏感指令时，就能判断出此指令是由真机还是虚拟机发出的。如果是虚拟机发出的话，Hypervisor 就会捕获敏感指令并翻译后交由真机 CPU 执行虚拟机相应的操作，避免真机的 CPU 接收并错误执行。

3. 存储

RHEV 除了支持专业的存储设备之外,也可以使用 ISCSI、NFS 等存储方式,来为虚拟化平台提供 Data 和 ISO 等存储域。

1.4.5 RHEV 架构

图 1-10 展示了整体的 RHEV 架构。

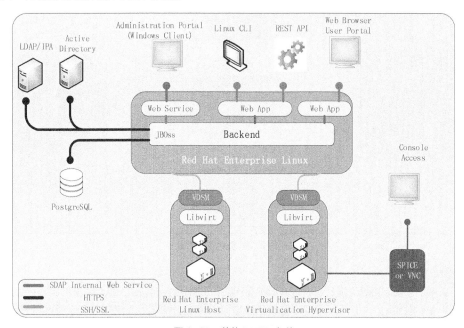

图 1-10 整体 RHEV 架构

1. LDAP/IPA/AD

RHEV 可以设置多种拥有着不同权限的角色,通过为不同的用户指定角色来实现用户权限限制。LDAP/IPA(Linux)、AD(Windows)是提供给用户的认证体系。

2. Web Service

RHEV 提供了多种类型的 API 接口,其中最常用的就是供管理员使用的 RHEV 管理界面 Administration Portal 和供普通用户使用的虚拟机应用界面 User Portal。当然 RHEV 还暴露了 Rest API 和 CLI,提供给开发人员。

3. PostgreSQL

PostgreSQL 数据库主要用于存储虚拟机的状态、模板、快照与报表等信息。注意:PostgreSQL 数据库并不用于存储虚拟机。虚拟机自身的数据存放在专用存储设备 ISCSI 服务器中。

4. VDSM

RHEV-M 使用 VDSM(虚拟桌面服务器管理器)与 RHEV-H 通信。VDSM 是位于 Hypervisor 之上的管理代理,它促进了 RHEV-M 管理控制台以及 RHEV-H 端的通信。VDSM 同样还允许 RHEV-M 管理 RHEV-H 端中的虚拟机以及存储,收集有关主机及客户机的性能统计数据。但是 VDSM 不能与 Libvirt 同时运行。Libvirt 是管理 RHEL 虚拟环境 KVM 的类库指令。注意:如果用户正在规划 RHEV 的实施,一定要确保 Libvirt 在 RHEV 管理的所有 H 端中都是无效的。否则,Libvirt 和 VDSM 都不能正常运行。

5. JBoss

JBoss 作为 RHEV 的中间件是连接其他各组件的中间枢纽，能够在不同组件间收集信息、传递信息。JBoss 通过在 RHEV 中不同的组件（功能单元）之间定义良好的接口和契约，使得不同的组件之间可以联系起来。这些接口是采用中立的方式进行定义的，接口独立于实现服务的硬件平台、OS 和编程语言。SOA 能够让这些构建在各种系统中的组件使用一种统一和通用的方式进行交互。

1.4.6　RHEV 中的资源

Red Hat Enterprise Virtualization 系统的资源可以分为两类：物理资源和逻辑资源。物理资源是指那些物理存在的部件，如主机和存储服务器。逻辑资源包括非物理存在的组件，如逻辑网络和虚拟机模板。

1. 数据中心

数据中心是一个虚拟环境中最高级别的容器。它包括了所有物理和逻辑资源（群集、虚拟机、存储和网络）。

2. 群集

一个群集由多个物理机组成。它可以被认为是一个为虚拟机提供资源的资源池。同一个群集中的主机共享相同的网络和存储设备，它们组成一个迁移域，虚拟机可以在这个迁移域中的主机间迁移。

3. 逻辑网络

逻辑网络就是一个物理网络的逻辑代表。逻辑网络把 Manager、主机、存储设备和虚拟机之间的网络流量分隔为不同的组。

4. 主机

主机就是一个物理的服务器，在它上面可以运行一个或多个虚拟机。主机会被组成不同的群集，虚拟机可以在同一个群集中的主机间迁移。

5. 存储池

存储池就是一个特定的存储类型（如 ISCSI、光纤、NFS 或 POSIX）映象存储仓库的逻辑代表。每个存储池可以包括多个域，用来存储硬盘镜像、ISO 镜像或用来导入和导出虚拟机镜像。

6. 虚拟机

虚拟机就是包括了一个操作系统和一组应用程序的虚拟桌面（Virtual Desktop）或虚拟服务器（Virtual Server）。多个相同的虚拟机可以在一个池（Pool）中创建。一般用户可以访问虚拟机，而有特定权限的用户可以创建、管理和删除虚拟机。

7. 虚拟机池

虚拟机池就是一组可以被用户使用的、具有相同配置的虚拟机。虚拟机池可以用来满足用户不同的需求。例如，为市场部门创建一个专用的虚拟机池，而为研发部门创建另一个虚拟机池。

8. 快照

快照就是一个虚拟机在一个特定时间点上的操作系统和应用程序的记录。在安装新的应用程序或对系统进行升级前，用户可以为虚拟机创建一个快照。当系统出现问题时，用户可以使用快照来把虚拟机恢复到它原来的状态。

9. 用户类型

Red Hat Enterprise Virtualization 支持多级的管理员和用户，不同级别的管理员和用户会有不同的权限。系统管理员有权力管理系统级别的物理资源，如数据中心，主机和存储。而用户在获得相应权限后，可以使用单独的虚拟机或虚拟机池中的虚拟机。

10. 事件和监控

事件和监控是指与事件相关的提示、警告等信息。管理员可以使用它们来帮助监控资源的状态和性能。

11. 报表

RHEV 虚拟化架构报表系统基于 JasperReports 报表模块，可以从报表模块以及数据仓库中获得各种报表。报表模块可以生成预定义的报表，也可以生成特定的报表，用户也可以使用支持 SQL 的查询工具来从数据仓库中收集相关的数据（如主机、虚拟机和存储设备的数据）来生成报表。

1.4.7　RHEV 虚拟化技术的优点

（1）性能和可扩展性：为实现企业级的虚拟化应用程序，如 Oracle、SAP 和 Microsoft Exchange，为其提供领先的性能和可扩展性。

（2）安全性：业界领先的安全性，在安全增强型 Red Hat 企业 Linux 内核基础上构建。

（3）企业功能：虚拟化管理功能，包括实时迁移、高可用性、负载均衡、节能等。

（4）灵活性：通过消除桌面操作系统和基础硬件之间的依赖性，实现业务灵活性和连续性。

（5）成本优势：与其他解决方案相比较，凭借 Red Hat 软件订阅模式的强大功能，能够以更低的购置和总拥有成本获得相同或更好的功能集，从而获得收益。

1.4.8　RHEV 虚拟化技术的缺点

（1）技术不成熟：KVM 的出现不过几年时间，在可用资源、平台支持、管理工具、实施经验方面当然不能与出现 8 年之久的 Xen 相比。

（2）需要 Windows 支持：KVM 3.0 之前的 RHEV-M 管理程序需要 Windows 支持，这是 KVM 在部署过程中最大的障碍。Red Hat 公司已经意识到这个问题的严重性，从 KVM 3.0 开始，开发出基于 Linux 的 RHEV-M，取消了其只能运行于 Windows 服务器上的尴尬，这一改动得到大量 Linux 用户的支持。

（3）管理的物理服务器数量少：每台 M 端只能管理 500 台以内的 H 端服务器。

1.5　其他虚拟化技术介绍

前面几小节简单介绍了 Xen、KVM、Red Hat RHEV 几种虚拟化技术，其中 Xen 和 KVM 都是开源的，RHEV 也是在 KVM 技术的基础上扩展其功能的。Xen 和 KVM 作为虚拟化技术中两个最著名的开源虚拟机，开放源代码的好处在于有人数庞大的开发社区作为支撑，同时源代码公开也有利于人们学习和研究虚拟机的具体实现。但是，把虚拟机作为商品出售给终端用户，就需要一些商业化的虚拟机解决方案。下面简单介绍常见的一些商业化公司的虚拟化技术。

1.5.1　VMware

VMware 公司创办于 1998 年，从公司的名称就可以看出，这是一家专注于提供虚拟化解决方案的公司。VMware 公司很早就预见到虚拟化在未来数据中心中的核心地位，因此有针对性地开发虚拟化软件，从而抓住了 21 世纪初虚拟化兴起的大潮，成为虚拟化业界的标杆。VMware 公司从创办至今，一直占据着虚拟化软件市场的最大份额，是毫无争议的龙头老大。VMware 公司作为最成熟的商业虚拟化软件提供商，其产品线是业界覆盖范围最广的。接下来对 VMware 的主要产品进行简单的介绍。

1. VMware Workstation

VMware Workstation 是 VMware 公司销售的运行于台式机和工作站上的虚拟化软件，也是 VMware 公司第一个面市的产品（1999 年 5 月）。该产品最早采用了 VMware 在业界知名的二进制翻译技术，在 X86 CPU 硬件虚拟化技术还未出现之前，为客户提供了纯粹的基于软件的全虚拟化解决方案。作为最初的拳头产品,VMware 公司投入了大量的资源对二进制翻译进行优化,其二进制翻译技术带来的虚拟化性能甚至超过第一代的 CPU 硬件虚拟化产品。该产品如同 KVM,是"类型二"虚拟机,需要在宿主操作系统之上运行。

2. VMware ESX Server

ESX 服务器(一种能直接在硬件上运行的企业级的虚拟平台)是虚拟的 SMP,它能让一个虚拟机同时使用 4 个物理处理器,和 VMFS 一样,它能使多个 ESX 服务器分享块存储器。该技术还提供一个虚拟中心来控制和管理虚拟化的 IT 环境:DRS 从物理处理器创造资源工具;HA 提供从硬件故障自动恢复功能;综合备份可使 LAN-Free 自动备份虚拟机器;VMotion 存储器可允许虚拟机硬盘自由移动;更新管理器自动更新修改补丁和更新管理;能力规划能使 VMware 的服务提供商执行能力评估;转换器把本地和远程物理机器转换到虚拟机器;实验室管理可自动化安装、捕捉、存储和共享多机软件配置;ACE 允许桌面系统管理员对虚拟机应用统一的企业级 IT 安全策略,以防止不可控台式计算机带来的风险。虚拟桌面基础设施可主导个人台式计算机在虚拟机运行的中央管理器;虚拟桌面管理是联系用户到数据库中的虚拟计算机的桌面管理服务器;VMware 生命管理周期可通过虚拟环境提供控制权。

1.5.2 VirtualBox

Oracle VirtualBox 是由德国 Innotek 软件公司出品的虚拟机软件,现在由甲骨文 Oracle 公司进行开发,是甲骨文公司 XVM 虚拟化平台技术的一部分。它提供使用者在 32 位或 64 位的 Windows、Solaris 及 Linux 操作系统上虚拟其他 X86 的操作系统。使用者可以在 VirtualBox 上安装并执行 Solaris、Windows、DOS、Linux、OS/2 Warp、OpenBSD 及 FreeBSD 等操作系统作为客户端操作系统。最新的 VirtualBox 还支持运行 Android 4.0 系统。

与同性质的 VMware 及 Virtual PC 相比较,VirtualBox 的独到之处包括远程桌面协定(RDP)、ISCSI 及 USB 的支援,VirtualBox 在客户机操作系统上已可以支持 USB 2.0 的硬件装置。此外,VirtualBox 还支持在 32 位宿主机操作系统上运行 64 位的客户机操作系统。

VirtualBox 既支持纯软件虚拟化,也支持 Intel VT-x 与 AMD-V 硬件虚拟化技术。为了方便其他虚拟机用户向 VirtualBox 的迁移,VirtualBox 可以读写 VMware VMDK 格式与 VirtualPc VHD 格式的虚拟硬盘文件。

1.5.3 Hyper-V

Hyper-V 是微软公司提出的一种系统管理程序虚拟化技术。Hyper-V 设计的目的是为广大用户提供更为熟悉及成本效益更高的虚拟化基础设施软件,这样可以降低运作成本、提高硬件利用率、优化基础设施并提高服务器的可用性。

Hyper-V 的设计借鉴了 Xen,采用微内核的架构,兼顾了安全性和性能的要求。Hyper-V 底层的 Hypervisor 运行在最高的特权级别下,微软将其称为 Ring1(而 Intel 将其称为 Root Mode),而虚拟机的操作系统内核和驱动运行在 Ring0,应用程序运行在 Ring3。

Hyper-V 采用基于 VMBUS 的高速内存总线架构,来自虚拟机的硬件请求(显卡、鼠标、硬盘、网络)可以直接经过 VSC,通过 VMBUS 总线发送到根分区的 VSP,VSP 调用对应的设备驱动,直接访问硬件,中间不需要 Hypervisor 的帮助。

从架构上讲,Hyper-V 只有"硬件-(Hyper-V)-虚拟机"三层,其本身非常小巧,代码简单,且不包含任何第三方驱动,所以安全可靠、执行效率高,能充分利用硬件资源,使虚拟机系统性能更接近真实系统性能。

1.6　本章小结

本章主要介绍了常见的虚拟化技术分类，包括 CPU 虚拟化、服务器虚拟化、存储虚拟化、网络虚拟化及应用虚拟化，体现了虚拟化技术对云计算的重要性。

本章还简单介绍了 Xen 和 KVM 虚拟化技术，重点介绍了这两个开源社区最有名的虚拟机管理程序。这些内容为第 2 章继续深入介绍 KVM 的原理做了必要的知识铺垫。

最后，本章简单介绍了红帽 RHEV 及 VMware、VirtualBox、Hyper-V 虚拟化技术的实现方法。

思考题

（1）简单叙述常见的虚拟化技术分类。
（2）简单叙述 Xen 虚拟化技术的优缺点。
（3）简单叙述 KVM 虚拟化技术功能特性及优缺点。
（4）简单叙述 Red Hat RHEV 技术功能特性及优缺点。
（5）简单叙述其他虚拟化技术的实现方法。

第 2 章
Qemu-KVM

> **学习目标**

① 了解 KVM、Qemu 技术的原理及两者之间的关系。
② 了解常用的 Qemu 工具及其支持的硬盘类型。
③ 掌握如何进行 Qemu-KVM 虚拟化环境搭建。
④ 掌握如何使用 Qemu-Img 命令生产虚拟机镜像。
⑤ 掌握如何使用 Qemu-KVM 命令创建虚拟机。

KVM 是可以同时处理多个运行 Windows 和 Linux 操作系统的虚拟机。虚拟机作为单独的进程在宿主机上运行，通过宿主机进行调度管理。本章主要介绍 KVM 原理、Qemu 原理、KVM 与 Qemu 的关系、Qemu 工具、Qemu 支持的硬盘格式、并通过实验创建虚拟化 KVM 环境、虚拟硬盘创建、虚拟机的创建。

2.1 KVM 原理简介

2.1.1 KVM 工作流程

用户模式的 Qemu 利用 LibKVM 通过 Ioctl 进入内核模式，KVM 模块为虚拟机创建虚拟内存，虚拟 CPU 后执行 VmLaunch 指令进入客户模式。加载 Guest OS 并执行。如果 Guest OS 发生外部中断或者影子页表缺页等情况，则 Guest OS 的执行会被暂停，并退出客户模式，执行异常处理，之后重新进入客户模式，执行客户代码。如果发生 I/O 事件或者信号队列中有信号到达，就会进入用户模式处理。图 2-1 展示了 KVM 工作流程图。

KVM 切换器的主要目的是让同一组 KVM 操作台可以连接到多台设备，这可以让使用者从操作台访问及控制许多台计算机或服务器。能够选择性地从自己的 KVM 操作台控制一个或另一个设备。大多数企业都需要服务器来执行幕后的工作以协助企业顺畅运作。

2.1.2 KVM 架构

从虚拟机的基本架构上来分析，虚拟机一般分为两种，分别称为类型一和类型二。

其中，类型一虚拟机是在系统上电之后首先加载运行虚拟机监控程序，而传统的操作系统则是运行在其创建的虚拟机中。类型一的虚拟机监控程序，从某种意义上说，可以视为一个特别为虚拟机而优化裁剪的操作系统内核。因为，虚拟机监控程序作为运行在底层的软件层，必须实现诸如系统的初始化、物理资源的管理等操作系统的职能；它对虚拟机的创建、调度和管理，与操作系统对进程的创建、调度和管理有共通之处。这一类的虚拟机监控程序一般会提供一个具有一定特权的特殊虚拟机，由这个特殊虚拟机来运行需要提供给用户日常操作和管理使用的操作系统环境。著名的开源虚拟化软件 Xen、商业软件 VMware ESX/ESXI 和微软的 Hyper-V 就是类型一虚拟机的代表。

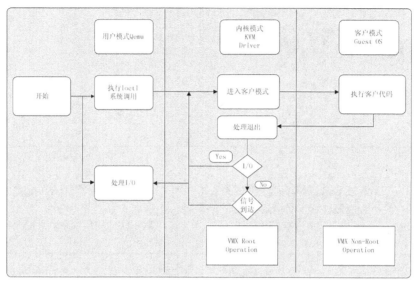

图 2-1　KVM 工作流程图

与类型一虚拟机的方式不同，类型二虚拟机监控程序在系统上电之后仍然运行一般意义上的操作系统（也就是俗称的宿主机操作系统）。虚拟机监控程序作为特殊的应用程序，可以视作操作系统功能的扩展。类型二虚拟机最大的优势在于可以充分利用现有的操作系统。因为虚拟机监控程序通常不必自己实现物理资源的管理和调度算法，所以实现起来比较简洁。但是，这一类型的虚拟机监控程序既然依赖操作系统来实现管理和调度，就同样也会受到宿主操作系统的一些限制。例如，通常无法仅仅为了虚拟化的优化而对操作系统做出修改。本书介绍的 KVM 就属于类型二的虚拟机，另外，VMware Workstation、VirtualBox 也属于类型二虚拟机。

了解了基本的虚拟机架构类型后，接下来了解图 2-2 所示的 KVM 基本架构。显然 KVM 是一个基于宿主操作系统的类型二虚拟机。我们也能从这里看到 Linux 系统设计的实用至上原则，既然类型二的虚拟机是最简洁和容易实现的虚拟机监控程序，那么只需通过内核模块的形式实现出来。其他部分则尽可能充分利用 Linux 内核的既有实现，最大限度地重用代码。

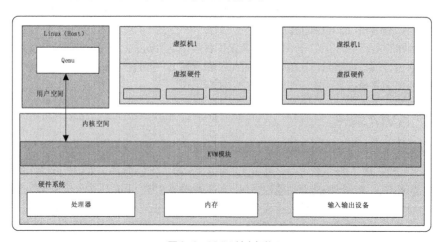

图 2-2　KVM 基本架构

在图 2-2 中，左侧部分是一个标准的 Linux 操作系统，可以是 RHEL、Fedora、Ubuntu 等。KVM 内核模块在运行时按需加载进入内核空间运行。KVM 本身不执行任何设备模拟，需要用户空间程序 Qemu 通过/dev/kvm 接口设置一个虚拟客户机的地址空间，向它提供模拟的 I/O 设备，并将它的视频显示映射回宿主机的显示屏。

下面将对 KVM 模块进行简单介绍。

2.1.3 KVM 模块

KVM 模块是 KVM 虚拟机的核心部分。其主要功能是初始化 CPU 硬件，打开虚拟化模式，然后将虚拟客户机运行在虚拟机模式下，并对虚拟客户机的运行提供一定的支持。

为了软件的简洁性并保证其性能，KVM 仅支持硬件虚拟化。打开并初始化系统硬件以支持虚拟机的运行，是 KVM 模块的职责所在。以 KVM 在 Intel 公司 CPU 上的运行为例，在被内核加载的时候，KVM 模块会先初始化内部的数据结构；做好准备之后，KVM 模块检测系统当前的 CPU，然后打开 CPU 控制寄存器 CR4 中的虚拟化模式开关，并通过执行 vmx on 指令将宿主操作系统（包括 KVM 模块本身）置于虚拟化模式中的根模式；最后，KVM 模块创建特殊设备文件/dev/kvm 并等待来自用户空间的命令。接下来，虚拟机的创建和运行将是一个用户空间的应用程序（Qemu）和 KVM 模块相互配合的过程。

KVM 模块与用户空间 Qemu 的通信接口主要是一系列针对特殊设备文件的 Ioctl 调用。

如上所述，在 KVM 模块加载之初，只存在/dev/kvm 文件，而针对该文件的最重要的 Ioctl 调用就是"创建虚拟机"。在这里，"创建虚拟机"可以理解成 KVM 为了某个特定的虚拟客户机（用户空间程序创建并初始化）创建对应的内核数据结构。同时，KVM 还会返回一个文件句柄来代表所创建的虚拟机。针对该文件句柄的 Ioctl 调用可以对虚拟机做相应的管理，如创建用户空间虚拟地址和客户机物理地址及真实内存物理地址的映射关系，再如创建多个可供运行的虚拟处理器（VCPU）。同样，KVM 模块会为每一个创建出来的虚拟处理器生成对应的文件句柄，对虚拟机处理器相应的文件句柄进行相应的 Ioctl 调用，这样就可以对虚拟机处理器进行管理。

针对虚拟处理器的最重要的 Ioctl 调用就是"执行虚拟处理器"。通过该调用，用户空间准备好的虚拟机在 KVM 模块的支持下，被置于虚拟化模式中的非根模式下，开始执行二进制指令。在非根模式下，所有敏感的二进制指令都会被处理器捕捉到，处理器在保存现场之后自动切换到根模式，由 KVM 决定如何进一步处理（要么由 KVM 模块直接处理，要么返回用户空间交由用户空间程序处理）。

除了处理器的虚拟化，内存虚拟化也是由 KVM 模块实现的。

实际上，内存虚拟化往往是一个虚拟机实现中代码量最大、实现最复杂的部分（至少在硬件支持二维地址翻译之前是这样的）。众所周知，处理器中的内存管理单元（MMU）是通过页表的形式将程序运行的虚拟地址转换成物理内存地址的。在虚拟机模式下，内存管理单元的页表则必须在一次查询的时候完成两次地址转换。这是因为，除了要将客户机程序的虚拟地址转换成为客户机物理地址，还必须将客户机物理地址转换为真实物理地址。KVM 模块使用了影子页表的技术来解决这个问题：在客户机运行时，处理器真正使用的页表并不是客户机操作系统维护的页表，而是 KVM 模块根据这个页表维护的另外一套影子页表。关于影子页表的详细信息请读者自行翻阅相关材料，这里不展开叙述。

影子页表实现复杂，而且有时候成本很高。为了解决这个问题，新的处理器在硬件上做了增强（Intel 的 EPT 技术）。通过引入第二级页表来描述客户机虚拟地址和真实物理地址的转换，则硬件可以自动进行两级转换生成正确的内存访问地址。KVM 模块将其称为二维分页机制。

处理器对设备的访问主要通过 I/O 指令和 MMIO 进行，其中 I/O 指令会被处理器直接截获，MMIO 会通过配置内存虚拟化来捕捉。但是，外设的模拟多数并不由 KVM 模块负责。一般来说，只有对性能要求比较高的虚拟设备才会由 KVM 内核模块来直接负责，如虚拟终端控制器和虚拟时钟，这样可以大量降低处理器的模式切换的成本。大部分的输入输出设备还是会交给下一节将要介绍的用户动态程序 Qemu 来负责。

2.2 Qemu 原理介绍

2.2.1 Qemu 架构

Qemu 是纯软件实现的虚拟化模拟器，几乎可以模拟任何硬件设备。它是一个完整的可以运行的软件，非常灵活且可移植，我们最熟悉的就是能够模拟一台能够独立运行操作系统的虚拟机。虚拟机认为自己在和硬件打交道，但其实是和 Qemu 模拟出来的硬件打交道，Qemu 再将这些指令转译给真正的硬件。

正因为 Qemu 是纯软件实现的，所有的指令都要经过 Qemu 处理，所以性能非常低。因此在生产环境中，大多数的做法都是配合 KVM 来完成虚拟化工作，因为 KVM 是硬件辅助的虚拟化技术，主要负责比较烦琐的 CPU 和内存虚拟化，而 Qemu 则负责 I/O 虚拟化，两者合作各自发挥自身的优势，相得益彰。

Qemu 的架构如图 2-3 所示。

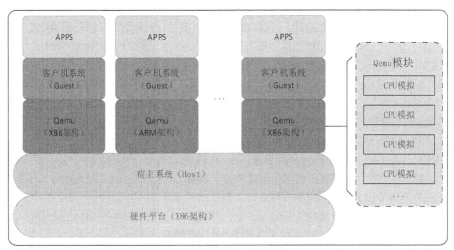

图 2-3 Qemu 架构

2.2.2 Qemu 模块

下面对 Qemu 模块的功能进行简单介绍。

Qemu 本身并不是 KVM 的一部分，其自身就是一个著名的开源虚拟机软件。与 KVM 不同，Qemu 虚拟机是一个纯软件的实现，所以性能低下。但是，其优点是在支持 Qemu 本身编译运行的平台上就可以实现虚拟机的功能，虚拟机甚至可以与宿主机并不是同一个架构。作为一个存在已久的虚拟机，Qemu 的代码中有整套的虚拟机实现，包括处理器虚拟化、内存虚拟化以及 KVM 使用到的虚拟设备模拟（如网卡、显卡、存储控制器和硬盘等）。

为了简化开发和进行代码重用，KVM 在 Qemu 的基础上进行了修改。虚拟机运行期间，Qemu 会通过 KVM 模块提供的系统调用进入内核，由 KVM 模块负责将虚拟机置于处理器的特殊模式运行。遇到虚拟机进行输入输出操作，KVM 模块会从上次的系统调用出口处返回 Qemu，由 Qemu 负责解析和模拟这些设备。

从 Qemu 角度来看，Qemu 使用了 KVM 模块的虚拟化功能，为自己的虚拟机提供硬件虚拟化的加速，从而极大地提高了虚拟机的性能。除此之外，虚拟机的配置和创建、虚拟机运行依赖的虚拟设备、虚拟机运行时的用户操作环境和交互，以及一些针对虚拟机的特殊技术（诸如动态迁移），都是由 Qemu 自己实现的。

从 Qemu 和 KVM 模块之间的关系可以看出，这是典型的开源社区在代码共用和开发项目共用上面的合作。诚然，Qemu 可以选择其他的虚拟机或技术来加速，如 Xen 或者 KQemu；KVM 也可以选择其他的用户空间程序作为虚拟机实现，只要它按照 KVM 提供的 API 来设计。但是在现实中，Qemu 与 KVM 两者的结合是最成熟的选择，这对一个新开发的项目（KVM）来说，无疑多了一份对未来成功的保障。

2.2.3 Qemu 的 3 种运行模式

如图 2-4 所示，Qemu 有三种运行模式。

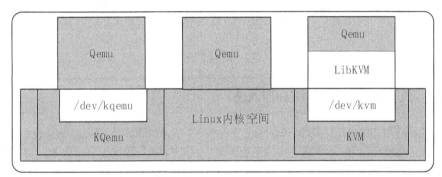

图 2-4　Qemu 三种运行模式

1. 第一种模式是通过 KQemu 模块实现内核态的加速。通过在内核中加入 KQemu 的相关模块，在用户态的 Qemu 则通过访问/dev/kqemu 设备文件接口调用改进型加速。这种模式主要针对虚拟机和宿主机运行于统一架构的情况下进行虚拟化。

2. 第二种模式是在用户态直接运行 Qemu，由 Qemu 对目标机的所有指令进行翻译后执行，相当于全虚拟化。在这种模式下，可以运行各种不同形态的体系结构，如 Android 开发环境中即使用了 Qemu 来为其模拟 ARM 运行环境，但是在这种模拟环境下，每一条目标机的执行指令都需要耗费少则数个，多则成千上万个宿主机的指令周期来模拟实现，速度方面不太理想。

3. 第三种模式则是 KVM 官方提供的 KVM-Qemu 加速模式。运行在内核态的 KVM 模块通过/dev/kvm 字符设备文件向外提供操作接口。KVM 通过提供 LibKVM 这个操作库，将/dev/kvm 这一层面的 Ioctl 类型的 API 转化成为通常意义上的函数 API 调用，提供给 Qemu 的相应适配层，通过 Qemu 的支持来完成整个虚拟化工作。

2.2.4 Qemu 的特点

1. Qemu 的两种操作模式

（1）完整的系统仿真。在这种模式下，Qemu 模拟完整的系统（如 PC），包括一个或多个处理器和各种外设。它可用于启动不同的操作系统，无须重新启动 PC 或调试系统代码。

（2）用户模式仿真。在这种模式下，Qemu 可以启动为另一个 CPU 上编译的进程。它可以用来启动 Wine Windows API 模拟器或者简化交叉编译和交叉测试。

2. Qemu 的特点

（1）Qemu 可以在没有主机内核驱动程序的情况下运行。它使用动态翻译为本地代码提供合理的速度，并支持自修改代码和精确异常。

（2）它适用于多种操作系统（GNU/Linux、BSD、Mac OS X、Windows）和体系结构，执行 FPU 的精确软件仿真。

3. Qemu 用户模式仿真的功能

（1）通用 Linux 系统调用转换器，包括大部分 Ioctls。

（2）使用本机 CPU Clone 的仿真为线程使用 Linux 调度程序。

（3）通过将主机信号重新映射到目标信号来实现精确信号处理。

4. Qemu 全系统仿真的特点

（1）Qemu 使用完整的软件 MMU 来实现最高的便携性。

（2）Qemu 可以选择使用内核加速器，如 KVM。加速器本地执行大部分客户代码，同时继续模拟机器的其余部分。

（3）可以仿真各种硬件设备，并且在某些情况下，客户机操作系统可以透明地使用主机设备（如串行和并行端口、USB、驱动器）。主机设备传递可用于与外部物理设备（如网络摄像头、调制解调器或磁带驱动器）交互。

（4）对称多处理（SMP）支持。目前，内核加速器需要使用多个主机 CPU 进行仿真。

2.3 KVM 和 Qemu 的关系

Qemu 是一个独立的虚拟化解决方案，通过 Intel-VT 或 AMD SVM 实现全虚拟化，安装 Qemu 的系统，可以直接模拟出另一个完全不同的系统环境，虚拟机的创建通过 Qemu-image 即可完成。Qemu 本身可以不依赖于 KVM，但是如果有 KVM 的存在并且硬件（处理器）支持如 Intel VT 的功能，那么 Qemu 在对处理器虚拟化这一块可以利用 KVM 提供的功能来提升性能。

KVM 是集成到 Linux 内核的 Hypervisor，是 X86 架构且硬件支持虚拟化技术（Intel-VT 或 AMD-V）的 Linux 的全虚拟化解决方案。它是 Linux 的一个很小的模块，利用 Linux 处理大量任务，如任务调度、内存管理与硬件设备交互等。准确来说，KVM 是 Linux Kernel 的一个模块，可以用 ModProbe 命令去加载 KVM 模块。加载模块后，才能进一步通过其他工具创建虚拟机。但仅有 KVM 模块是远远不够的，因为用户无法直接控制内核模块去做事情，还必须有一个运行在用户空间的工具才行。KVM 开发者选择了已经成型的开源虚拟化软件 Qemu 作为该工具。Qemu 也是一个虚拟化软件。它的特点是可虚拟不同的 CPU。例如，在 X86 的 CPU 上可虚拟一个 Power 的 CPU，并可利用它编译出可运行在 Power 上的程序。KVM 使用了 Qemu 的一部分，并稍加改造，即成为可控制 KVM 的用户空间工具。因此可以看到，官方提供的 KVM 下载有两大部分（Qemu 和 KVM），3 个文件（KVM 模块、Qemu 工具以及两者的合集）。也就是说，我们可以选择只升级 KVM 模块，也可以只升级 Qemu 工具。这就是 KVM 和 Qemu 的关系。

图 2-5 能够让我们比较好地理解 KVM 与 Qemu 两者的关系。

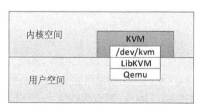

图 2-5　KVM 与 Qemu 的关系

2.4 Qemu 工具介绍

系统安装完成后,我们在命令行输入 qemu,再按两下 Tab 键,即可看到系统支持的 Qemu 相关的命令,下面将对其进行逐一讲解。但是这里会发现,缺少了最重要的一条命令 Qemu-KVM,使用 Find 命令查找一下这条未显示命令:

[root@qemu-kvm ~]# find / -type f -name 'qemu-kvm'
/usr/libexec/qemu-kvm

我们发现这个命令在/usr/libexec/文件夹下面。想要直接执行此命令,有两种方法,一是将/usr/libexec/目录加入系统的 PATH,但是这样会导致一些未知问题,所以我们采用第二种方法,做个软链接:

[root@qemu-kvm ~]# cd /usr/bin/
[root@qemu-kvm bin]# ln -s /usr/libexec/qemu-kvm qemu-kvm
[root@qemu-kvm bin]# qemu-
qemu-ga   qemu-img   qemu-io   qemu-kvm   qemu-nbd

此时再执行 qemu 命令,再按两下 Tab 键,即可查看到相关命令,下面对其进行逐一讲解。

2.4.1 Qemu-img

Qemu-img 是 Qemu 的硬盘管理工具,在 Qemu-KVM 源码编译后就会默认编译好 Qemu-img 这个二进制文件。Qemu-img 也是 Qemu/KVM 使用过程中一个比较重要的工具。首先查看一下其帮助文档:

```
[root@qemu-kvm ~]# qemu-img --help
qemu-img version 1.5.3, copyright (c) 2004-2008 fabrice bellard
usage: qemu-img command [command options]
qemu disk image utility

command syntax:
    check [-q] [-f fmt] [--output=ofmt] [-r [leaks | all]] [-t src_cache] filename
    create [-q] [-f fmt] [-o options] filename [size]
    commit [-q] [-f fmt] [-t cache] filename
    compare [-f fmt] [-f fmt] [-t src_cache] [-p] [-q] [-s] filename1 filename2
    convert [-c] [-p] [-q] [-n] [-f fmt] [-t cache] [-t src_cache] [-o output_fmt] [-o options] [-s snapshot_name] [-s sparse_size] filename [filename2 [...]] output_filename
    info [-f fmt] [--output=ofmt] [--backing-chain] filename
    map [-f fmt] [--output=ofmt] filename
    snapshot [-q] [-l | -a snapshot | -c snapshot | -d snapshot] filename
    rebase [-q] [-f fmt] [-t cache] [-t src_cache] [-p] [-u] -b backing_file [-f backing_fmt] filename
    resize [-q] filename [+ | -]size
    amend [-q] [-f fmt] [-t cache] -o options filename

command parameters:
    'filename' is a disk image filename
    'fmt' is the disk image format. it is guessed automatically in most cases
    'cache' is the cache mode used to write the output disk image, the valid
      options are: 'none', 'writeback' (default, except for convert), 'writethrough',
```

```
            'directsync' and 'unsafe' (default for convert)
    'src_cache' is the cache mode used to read input disk images, the valid
            options are the same as for the 'cache' option
    'size' is the disk image size in bytes. optional suffixes
            'k' or 'K' (kilobyte, 1024), 'M' (megabyte, 1024k), 'G' (gigabyte, 1024m)
            and T (terabyte, 1024g) are supported. 'b' is ignored.
    'output_filename' is the destination disk image filename
    'output_fmt' is the destination format
    'options' is a comma separated list of format specific options in a
            name=value format. use -o ? for an overview of the options supported by the
            used format
    '-c' indicates that target image must be compressed (qcow format only)
    '-u' enables unsafe rebasing. it is assumed that old and new backing file
            match exactly. the image doesn't need a working backing file before
            rebasing in this case (useful for renaming the backing file)
    '-h' with or without a command shows this help and lists the supported formats
    '-p' show proGREss of command (only certain commands)
    '-q' use quiet mode - do not print any output (except errors)
    '-s' indicates the consecutive number of bytes (defaults to 4k) that must
            contain only zeros for qemu-img to create a sparse image durIng
            conversion. if the number of bytes is 0, the source will not be scanned for
            unallocated or zero sectors, and the destination image will always be
            fully allocated
    '--output' takes the format in which the output must be done (human or json)
    '-n' skips the target volume creation (useful if the volume is created
            prior to running qemu-img)
parameters to check subcommand:
    '-r' tries to repair any inconsistencies that are found durIng the check.
            '-r leaks' repairs only cluster leaks, whereas '-r all' fixes all
            kinds of errors, with a higher risk of choosing the wrong fix or
            hiding corruption that has already occurred.
parameters to snapshot subcommand:
    'snapshot' is the name of the snapshot to create, apply or delete
    '-a' applies a snapshot (revert disk to saved state)
    '-c' creates a snapshot
    '-d' deletes a snapshot
    '-l' lists all snapshots in the given image
parameters to compare subcommand:
    '-f' first image format
    '-F' second image format
    '-s' run in strict mode - fail on different image size or sector allocation
        supported formats: vvfat vpc vmdk vhdx vdi ssh sheepdog rbd raw host_cdrom host_floppy
host_device file qed qcow2 qcow parallels nbd iscsi gluster dmg tftp ftps ftp https http cloop bochs blkverify
```

blkdebug

下面讲解一下几条重要选项：

1. check [-f fmt] filename

对硬盘镜像文件进行一致性检查，查找镜像文件中的错误，目前仅支持对 QCOW2、QED、VDI 格式文件的检查。其中，QCOW2 是 Qemu 0.8.3 版本引入的镜像文件格式，也是目前使用最广泛的格式。QED（Qemu Enhanced Disk）是从 Qemu 0.14 版开始加入的增强硬盘文件格式，避免了 QCOW2 格式的一些缺点，也提高了性能，不过目前还不够成熟。而 VDI（Virtual Disk Image）是 Oracle 的 VirtualBox 虚拟机中的存储格式。参数-f fmt 是指定文件的格式，如果不指定格式，Qemu-img 会自动检测，filename 是硬盘镜像文件的名称（包括路径）。

2. create [-f fmt] [-o options] filename [size]

创建一个格式为 fmt、大小为 size、文件名为 filename 的镜像文件。根据文件格式 fmt 的不同，还可以添加一个或多个选项（options）来附加对该文件的各种功能设置，可以使用-o ?来查询某种格式文件支持哪些选项，在-o 选项中各个选项用逗号来分隔。

如果-o 选项中使用了 backing_file 这个选项来指定其后端镜像文件，那么这个创建的镜像文件仅记录与后端镜像文件的差异部分，后端镜像文件不会被修改，除非在 Qemu monitor 中使用 commit 命令或者使用 qemu-img commit 命令手动提交这些改动。这种情况下，size 参数不是必需的，其值默认为后端镜像文件的大小。另外，直接使用-b backfile 参数也与-o backing_file=backfile 效果相同。

Size 选项用于指定镜像文件的大小，其默认单位是字节（Bytes），也支持 k（或 K）、M、G、T 来分别表示 KB、MB、GB、TB 大小。另外，镜像文件的大小（size）也并非必须写在命令的最后，它也可以被写在-o 选项中作为其中一个选项。

3. commit [-f fmt] [-t cache] filename

提交 filename 文件中的更改到后端支持镜像文件（创建时通过 backing_file 指定的）中去。

4. convert [-c] [-p] [-f fmt] [-t cache] [-o output_fmt] [-o options] [-s snapshot_name] [-s sparse_size] filename [filename2 [...]] output_filename

将 fmt 格式的 filename 镜像文件根据 options 选项转换为格式为 output_fmt、名为 output_filename 的镜像文件。它支持不同格式的镜像文件之间的转换，例如，可以用 VMware 使用的 VMDK 格式文件转换为 QCOW2 文件，这对从其他虚拟化方案转移到 KVM 上的用户非常有用。一般来说，输入文件格式 fmt 由 Qemu-img 工具自动检测到，而输出文件格式 output_fmt 则根据自己需要来指定，默认会被转换为 RAW 文件格式（且默认使用稀疏文件的方式存储以节省存储空间）。

其中，-c 参数是对输出的镜像文件进行压缩，不过只有 QCOW2 和 QCOW 格式的镜像文件才支持压缩，而且这种压缩是只读的，如果压缩的扇区被重写，则会被重写为未压缩的数据。同样可以使用 -o options 来指定各种选项，如后端镜像、文件大小、是否加密等。使用 backing_file 选项来指定后端镜像，让生成的文件是 copy-on-write 的增量文件，这时必须让转换命令中指定的后端镜像与输入文件的后端镜像的内容相同，尽管它们各自后端镜像的目录、格式可能不同。

如果使用 QCOW2、QCOW、COW 等作为输出文件格式来转换 RAW 格式的镜像文件（非稀疏文件格式），镜像转换还可以将镜像文件转化为更小的镜像，因为它可以将空的扇区删除，使之在生成的输出文件中并不存在。

5. info [-f fmt] filename

展示 filename 镜像文件的信息。如果文件使用稀疏文件的存储方式，也会显示出它本来分配的大小以及实际已占用的硬盘空间大小。如果文件中存放有客户机快照，快照的信息也会被显示出来。

6. snapshot [-l | -a snapshot | -c snapshot | -d snapshot] filename

-l 选项是查询并列出镜像文件中的所有快照，-a snapshot 是让镜像文件使用某个快照，-c

snapshot 是创建一个快照，-d 是删除一个快照。

7. rebase [-f fmt] [-t cache] [-p] [-u] -b backing_file [-f backing_fmt] filename

改变镜像文件的后端镜像文件。只有 QCOW2 和 QED 格式支持 rebase 命令。使用-b backing_file 中指定的文件作为后端镜像，后端镜像也被转化为-f backing_fmt 中指定的后端镜像格式。

它可以工作于两种模式之下：一种是安全模式（Safe Mode），也是默认的模式，这种模式下 qemu-img 会去比较原来的后端镜像与现在的后端镜像的不同并进行合理的处理；另一种是非安全模式（Unsafe Mode），它是通过-u 参数来指定的，这种模式主要用于将后端镜像进行了重命名或者移动了位置之后，对前端镜像文件的修复处理，由用户去保证后端镜像的一致性。

8. resize filename [+ | -]size

改变镜像文件的大小，使其不同于创建之时的大小。+和-分别表示增加和减少镜像文件的大小，而 size 也支持 KB、MB、GB、TB 等单位的使用。缩小镜像的大小之前，需要在客户机中保证里面的文件系统有空余空间，否则会造成数据丢失，另外，QCOW2 格式文件不支持缩小镜像的操作。在增加了镜像文件大小后，也需启动客户机到里面去应用 fdisk、parted 等分区工具进行相应的操作。这样才能真正让客户机使用到增加后的镜像空间。不过使用 resize 命令时需谨慎（最好做好备份），如果失败的话，可能会导致镜像文件无法正常使用而造成数据丢失。

2.4.2 Qemu-KVM

Qemu-KVM 用于创建虚拟机，其使用格式为 qemu-kvm [options] [disk_image]。Qemu-KVM 选项非常多，大致可分为如下几类：

（1）标准选项；
（2）USB 选项；
（3）显示选项；
（4）I386 平台专用选项；
（5）网络选项；
（6）字符设备选项；
（7）蓝牙相关选项；
（8）Linux 系统引导专用选项；
（9）调试/专家模式选项；
（10）PowerPC 专用选项；
（11）Sparc32 专用选项。

下面对几个重要的选项进行讲解。

1. 查看 Qemu-KVM 的帮助文档

```
[root@qemu-kvm bin]# qemu-kvm --help
qemu emulator version 1.5.3 (qemu-kvm-1.5.3-105.el7), copyright (c) 2003-2008 fabrice bellard
warning: direct use of qemu-kvm from the command line is not supported by red hat.
warning: use libvirt as the stable management interface.
warning: some command line options listed here may not be available in future releases.
usage: qemu-kvm [options] [disk_image]

'disk_image' is a raw hard disk image for ide hard disk 0
standard options:
-h or -help        display this help and exit
```

```
-version         display version information and exit
-machine [type=]name[,prop[=value][,...]]
                 selects emulated machine ('-machine help' for list)
                 property accel=accel1[:accel2[:...]] selects accelerator
                 supported accelerators are kvm, xen, tcg (default: tcg)
                 kernel_irqchip=on|off controls accelerated irqchip support
                 kvm_shadow_mem=size of kvm shadow mmu
                 dump-guest-core=on|off include guest memory in a core dump (default=on)
                 mem-merge=on|off controls memory merge support (default: on)
-cpu cpu         select cpu ('-cpu help' for list)
-smp n[,maxcpus=cpus][,cores=cores][,threads=threads][,sockets=sockets]
                 set the number of cpus to 'n' [default=1]
                 maxcpus= maximum number of total cpus, including
                 offline cpus for hotplug, etc
                 cores= number of cpu cores on one socket
                 threads= number of threads on one cpu core
...
```

以上命令可以使用，但是这里有 3 个警告信息：

warning: direct use of qemu-kvm from the command line is not supported by red hat.
warning: use libvirt as the stable management interface.
warning: some command line options listed here may not be available in future releases.

以上警告信息意为直接在 command line 使用 Qemu-KVM 并不被 Red Hat 支持，应使用更加稳定的 Libvirt 来管理虚拟机，具体的 Libvirt 相关信息会在第 3 章讲解，这里依旧采用 qemu-kvm 命令创建虚拟机。

2. Qemu-KVM 的标准选项

Qemu-KVM 的标准选项主要涉及指定主机类型、CPU 模式、NUMA、软驱设备、光驱设备及硬件设备等。

-name name：设定虚拟机名称；

-M machine：指定要模拟的主机类型，如 Standard PC、ISA-only PC 或 Intel-Mac 等，可以使用 Qemu-KVM -M ?获取所支持的所有类型；

-m megs：设定虚拟机的 RAM 大小；

-cpu model：设定 CPU 模型，如 coreduo、Qemu64 等，可以使用 qemu-kvm -cpu?获取所支持的所有模型；

-smp n[,cores=cores][,threads=threads][,sockets=sockets][,maxcpus=maxcpus]：设定模拟的 SMP 架构中 CPU 的个数、每个 CPU 的核心数及 CPU 的 socket 数目等；PC 机上最多可以模拟 255 个 CPU；maxcpus 用于指定热插入的 CPU 个数上限；

-numa opts：指定模拟多结点的 NUMA 设备；

-hdd file：使用指定 file 作为硬盘镜像；

-cdrom file：使用指定 file 作为 CD-ROM 镜像，需要注意的是-cdrom 和-hdd 不能同时使用；将 file 指定为 /dev/cdrom 可以直接使用物理光驱；

-drive option[,option[,option[,...]]]：定义一个硬盘设备，可用子选项有很多；

file=/path/to/somefile：硬件镜像文件路径；

if=interface：指定硬盘设备所连接的接口类型，即控制器类型，如 ide、scsi、sd、mtd、floppy、pflash 及 virtio 等；

index=index：设定同一种控制器类型中不同设备的索引号，即标识号；

media=media：定义介质类型为硬盘（disk）还是光盘（CD-ROM）；

snapshot=snapshot：指定当前硬盘设备是否支持快照功能：on 或 off；

cache=cache:定义如何使用物理机缓存来访问块数据，其可用值有 none、writeback、unsafe 和 writethrough 4 个；

format=format：指定镜像文件的格式，具体格式可参见 Qemu-img 命令；

-boot [order=drives][,once=drives][,menu=on|off]：定义启动设备的引导次序，每种设备使用一个字符表示；不同的架构所支持的设备及其表示字符不尽相同，在 X86 PC 架构上，a、b 表示软驱、c 表示第一个光驱设备，d 表示第一块硬盘，n-p 表示网络适配器；默认为硬盘设备。

3. Qemu-KVM 的显示选项

-nographic：默认情况下，Qemu 使用 SDL 来显示 VGA 输出；而此选项用于禁止图形接口。此时,Qemu 类似一个简单的命令行程序，其仿真串口设备将被重定向到控制台；

-curses：禁止图形接口，并使用 Curses/Ncurses 作为交互接口；

-alt-grab：使用 Ctrl+Alt+Shift 组合键释放鼠标；

-ctrl-grab：使用右 Ctrl 键释放鼠标；

-sdl：启用 SDL；

-spice option[,option[,...]]：启用 SPICE 远程桌面协议；其有许多子选项，具体请参照 Qemu-KVM 的手册；

-vga type：指定要仿真的 VGA 接口类型，常见类型有：

cirrus：Cirrus Logic GD5446 显示卡；

std：带有 Bochs VBI 扩展的标准 VGA 显示卡；

VMware：VMware SVGA-II 兼容的显示适配器；

qxl：QXL 半虚拟化显示卡；与 VGA 兼容；在 Guest 中安装 QXL 驱动后能以很好的方式工作，在使用 spice 协议时推荐使用此类型；

none：禁用 VGA 卡；

-vnc display[,option[,option[,...]]]：默认情况下，Qemu 使用 SDL 显示 VGA 输出；使用-vnc 选项，可以让 Qemu 监听在 VNC 上，并将 VGA 输出重定向至 VNC 会话；使用此选项时，必须使用-k 选项指定键盘布局类型；其有许多子选项，具体请参照 Qemu-KVM 的手册；

4. 网络属性相关选项

-net nic[,VLAN=n][,macaddr=mac][,model=type][,name=name][,addr=addr][,vectors=v]：创建一个新的网卡设备并连接至 VLAN n 中；PC 架构上默认的 NIC 为 e1000，macaddr 用于为其指定 MAC 地址，name 用于指定一个在监控时显示的网上设备名称；qemu 可以模拟多个类型的网卡设备，如 virtio、i82551、i82557b、i82559er、ne2k_isa、pcnet、rtl8139、e1000、smc91c111、lance 及 mcf_fec 等；不过，不同平台架构上，其支持的类型可能只包含前述列表的一部分。可以使用 qemu-KVM -net nic,model=?来获取当前平台支持的类型；

-net tap[,VLAN=n][,name=name][,fd=h][,ifname=name][,script=file][,downscript=dfile]：通过物理机的 TAP 网络接口连接至 VLAN n 中，使用 script=file 指定的脚本（默认为/etc/qemu-ifup）来配置当前网络接口，并使用 downscript=file 指定的脚本（默认为/etc/qemu-ifdown）来撤销接口配置；script=no 和 downscript=no 可分别用来禁止执行脚本；

-net user[,option][,option][,...]：在用户模式配置网络栈，其不依赖于管理权限；有效选项有：

VLAN=n：连接至 VLAN n，默认 n=0；

> name=name：指定接口的显示名称，常用于监控模式中；
> net=addr[/mask]：设定 Guest OS 可见的 IP 网络，掩码可选，默认为 10.0.2.0/8；
> host=addr：指定 Guest OS 中看到的物理机的 IP 地址，默认为指定网络中的第二个，即 x.x.x.2；
> dhcpstart=addr：指定 DHCP 服务地址池中 16 个地址的起始 IP，默认为第 16 个至第 31 个，即 x.x.x.16-x.x.x.31；
> dns=addr：指定 Guest OS 可见的 DNS 服务器地址；默认为 Guest OS 网络中的第三个地址，即 x.x.x.3；
> tftp=dir：激活内置的 TFTP 服务器，并使用指定的 DIR 作为 TFTP 服务器的默认根目录；
> bootfile=file：BOOTP 文件名称，用于实现网络引导 Guest OS；例如：Qemu –hda linux.img –boot n –net user,tftp=/tftpserver/pub,bootfile=/pxelinux.0

2.4.3 Qemu-GA

Qemu-GA（QGA）是一个运行在虚拟机内部的普通应用程序（可执行文件名称默认为 Qemu-GA，服务名称默认为 Qemu-Guest-Agent），其目的是实现一种宿主机和虚拟机进行交互的方式。这种方式不依赖于网络，而是依赖于 Virtio-Serial（默认方式）或者 Isa-Serial，Qemu 则提供了串口设备的模拟及数据交换的通道，最终呈现出来的是一个串口设备（虚拟机内部）和一个 UNIX Socket 文件（宿主机上）。

QGA 通过读写串口设备与宿主机上的 Socket 通道进行交互，宿主机上可以使用普通的 UNIX Socket 读写方式对 Socket 文件进行读写，最终实现与 QGA 的交互，交互的协议与 QMP（QEMU Monitor Protocol）相同（简单来说就是使用 JSON 格式进行数据交换），串口设备的速率通常都较低，所以比较适合小数据量的交换。

2.4.4 Qemu-IO

Qemu-IO 是一个执行 Qemu I/O 操作的命令行工具，可以对 qemu-img 创建的镜像进行 I/O 测试，使用格式为 qemu-io [-h] [-v] [-rsnm] [-c cmd] ... [file]，下面是常用的选项：

（1）-c, --cmd：执行指令；
（2）-r, --read-only：设置出口为只读模式；
（3）-s, --snapshot：使用快照文件进行测试；
（4）-n, --nocache：禁用主机缓存；
（5）-k, --native-aio：使用内核 AIO 实现（仅在 Linux 上）；
（6）-t, --cache=MODE：对 Image 使用指定的缓存模式。

2.4.5 Qemu-NBD

Qemu-NBD 在有的系统上叫 KVM-NBD、Qemu-NBD-Xen 等，其基本含义是一样的。Qemu-NBD 用于实现 Mount 虚拟硬盘到 Host 上的功能。

网络块设备即 Network Block Device。可以将一个远程主机的硬盘空间当作一个块设备来使用，就像一块硬盘一样。使用它，可以很方便地将另一台服务器的硬盘空间增加到本地服务器上。

NBD 与 NFS 有所不同，NFS 只是提供一个挂载点供客户端使用，客户端无法改变这个挂载点的分区格式。而 NBD 提供的是一个块设备，客户端可以把这个块设备格式化成各种类型的分区，更便于用户的使用。

2.5 Qemu 支持的硬盘格式介绍

Qemu-img 支持多种文件格式,可以通过 qemu-img --help 查看帮助文档,可知它支持 20 多种格式:VVFAT、VPC、VMDK、VHDX、VDI、SSH、SHEEPDOG、RBD、RAW、HOST_CDROM、HOST_FLOPPY、HOST_DEVICE、FILE QED、QCOW2、QCOW(或 COW)、PARALLELS、NBD、ISCSI、GLUSTER、DMG、TFTP、FTPS、FTP、HTTPS、HTTP、CLOOP、BOCHS、BLKVERIFY、BLKDEBUG 等。

下面对其中几种常用的文件格式做简单的介绍。

1. RAW

RAW 格式是简单的二进制镜像文件格式,会一次性占用分配的硬盘空间。RAW 支持稀疏文件特性,稀疏文件特性就是文件系统会把分配的空字节文件记录在元数据中,而不会实际占用硬盘空间。Linux 常用的 Ext4、XFS 文件系统都支持稀疏特性,Windows 系统的 NTFS 也支持稀疏特性。所以在 EXT4 文件系统上,一开始创建的 RAW 格式的镜像文件用 ls 命令和用 du 命令看到的大小是不一样的。使用 ls 命令,看到的是分配的大小,使用 du 命令,看到的是实际使用的大小。如果希望实际分配和占用的大小一致,我们可以使用 dd 命令创建 RAW 的虚拟机镜像文件。

2. HOST_DEVICE

在需要将镜像转化到不支持空洞的硬盘设备时,需要用 HOST_DEVICE 格式来代替 RAW 格式。

3. QCOW2

QCOW2 是 Qemu 目前推荐的镜像格式,它是功能最多的格式。它支持稀疏文件(即支持空洞)以节省存储空间,它支持可选的 AES 加密以提高镜像文件安全性,支持基于 ZLIB 的压缩,还支持在一个镜像文件中有多个虚拟机快照。

在 Qemu-img 命令中,QCOW2 支持如下几个选项。

(1)backing_file,用于指定后端镜像文件。

(2)backing_fmt,设置后端镜像的镜像格式。

(3)cluster_size,设置镜像中簇的大小,取值在 512 B 到 2M B 之间,默认值是 64KB。较小的簇可以节省镜像文件的空间,而较大的簇可以带来更好的性能,需要根据实际情况来平衡,一般采用默认值即可。

(4)preallocation,设置镜像文件空间的预分配模式,其值可为 off、metadata 之一。off 模式是默认值,表示不为镜像文件预分配硬盘空间。而 metadata 模式用于设置为镜像文件预分配 metadata 硬盘空间,所以这种方式生成的镜像文件稍大一点,不过在其真正分配空间写入数据时效率更高。另外,一些版本的 Qemu-img(如 RHEL6.3 自带的)还支持 full 模式的预分配,它表示在物理上预分配全部的硬盘空间,将整个镜像的空间都填充零以占用空间,当然它所花费的时间较长,不过使用时性能较好。

(5)encryption,用于设置加密,当它等于 on 时,镜像都被加密。它使用 128 位密钥的 ASE 加密算法,故其密码长度可达 16 个字符(每个字符 8 位),可以保证加密的安全性较高。

4. QCOW

QCOW 是较旧的 Qemu 镜像格式,现在已很少使用,它一般用于兼容比较老版本的 Qemu。它支持 backing_file(后端镜像)和 encryption(加密)两个选项。

5. COW

COW(Copy-On-Write Format),写时复制格式。它是曾经 Qemu 的写时复制的镜像格式,目前由于历史遗留原因不支持窗口模式,后来被 QCOW 格式所取代。

6. VDI
VDI 是兼容 Oracle（Sun）VirtualBox1.1 的镜像文件格式（Virtual Disk Image）。

7. VMDK
VMDK（VMware Virtual Machine Disk Format）是虚拟机 VMware 创建的虚拟硬盘格式，文件存在于 VMware 文件系统中，被称为 VMFS（虚拟机文件系统）。一个 VMDK 文件代表 VMFS 在虚拟机上的一个物理硬盘驱动。所有用户数据和有关虚拟服务器的配置信息都存储在 VMDK 文件中。

VMDK 文件常常比较大，所以，2 TB 大小的文件都不足为奇。正因为如此，它们被描述为"大的、块级 I/O 模式"。任何用户数据发生变化或虚拟服务器配置发生变化，VMDK 文件都要更新。由于 VMDK 没有增量类型数据获取功能，则任何对文件的更改意味着整个文件需要重新备份。

8. VPC
VPC 是兼容 Microsoft 的 Virtual PC 的镜像文件格式（Virtual Hard Disk format）。

9. SHEEPDOG
SHEEPDOG 项目是由日本的 NTT 实验室发起的，为 Qemu/KVM 做的一个开源的分布式存储系统，为 KVM 虚拟化提供块存储。它无单点故障（无类似于元数据服务器的中央结点），方便扩展（已经支持上千的结点数量），其配置简单、运维成本较低，总的来说，具有高可用性、易扩展性、易管理性等优势。

10. CLOOP
CLOOP 是压缩的 LOOP 格式，主要用于可直接引导优盘或者光盘的一种镜像格式。

【实验 1】 Qemu-KVM 虚拟化环境搭建

（一）实验目的
- 掌握安装过程中如何配置虚拟化。
- 掌握虚拟化 Qemu-KVM 环境安装。
- 学会配置 VNC server 环境。

（二）实验内容

注意 本教程上所有虚拟化实验可以通过在物理机上安装 CentOS 7 实现，没有实验条件的读者可以通过其他虚拟化平台构建基础环境，例如 VMware 等。

通过 VMware 创建一台 CentOS 7 虚拟机。创建前开启虚拟化引擎，设置为 Intel VT-x 或 AMD-V/RVI(V)。本次实验也包含了介绍在最小系统下如何安装图形化界面及 Qemu-KVM 环境，同时附带 VNC server 的配置方法。

（三）实验步骤
（1）图形化安装实验步骤

图形化安装实验步骤为直接安装图形化界面的方式。由于后面启动虚拟机需要使用 VNC Viewer 连接其安装界面，所以如果这里不安装图形化界面的话，会导致 VNC Viewer 连接不上 Qemu-KVM 虚拟机。本章讲解的 Qemu-KVM 工具已经被集成到 CentOS 7 系统中。安装好图形化界面后，Qemu-KVM 环境也会被安装进去。

① 使用 VMware Workstation 虚拟化软件创建一台虚拟机，虚拟机配置在处理器选项中，勾选"虚拟化引擎"复选框为"虚拟化 Intel VT-x/EPT 或 AMD-V/RVI(V)"，如图 2-6 所示。

图 2-6　VMware 内配置虚拟机硬件

②单击"开启虚拟机"选项，选择"安装 CentOS 7"选项。安装选择界面如图 2-7 所示，选择"Install CentOS 7"选项。

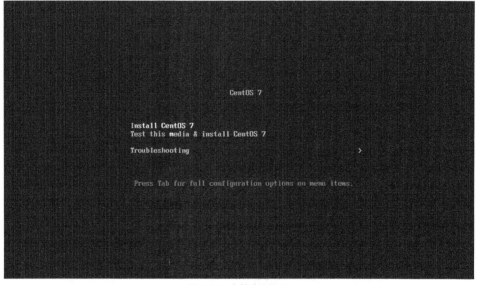

图 2-7　安装选择界面

③进入安装界面后，单击"软件选择（s）"选项，选择"GNOME 桌面"选项，如图 2-8、图 2-9 所示。

图 2-8　自定义软件

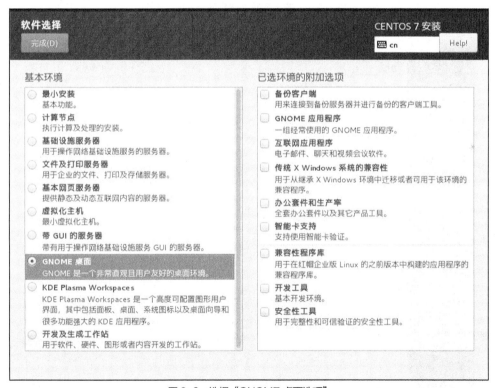

图 2-9　选择"GNOME 桌面选项"

④ 单击"完成"按钮后开始安装，GNOME 桌面包含安装包过多，稍加等待即可，如图 2-10 所示。

图 2-10 安装软件

⑤ 安装完成后单击"重启"按钮,如图 2-11 所示。

图 2-11 安装完成

⑥ 重启进入系统前,CentOS 7 会自动引导我们去同意其默认的许可证信息,按照以下步骤执行

即可顺利进入桌面。

输入 1 按 Enter 键，进入许可证信息。

```
[    7.200635] sd 2:0:0:0: [sda] Assuming drive cache: write through
[  OK  ] Started Avahi mDNS/DNS-SD Stack.
[  OK  ] Started RealtimeKit Scheduling Policy Service.
         Starting D-Bus System Message Bus...
[  OK  ] Started System Logging Service.
================================================================================
================================================================================
Initial setup of CentOS Linux 7 (Core)

1) [!] License information          2) [ ] User creation
       (License not accepted)              (No user will be created)
 Please make your choice from above ['q' to quit | 'c' to continue |
 'r' to refresh]: 1_
```

输入 2 按 Enter 键，表示接受许可协议。

```
================================================================================
================================================================================
License information

     1) Read the License Agreement

[ ] 2) I accept the license agreement.

 Please make your choice from above ['q' to quit | 'c' to continue |
 'r' to refresh]: 2
```

输入 c 继续。

```
================================================================================
================================================================================
License information

     1) Read the License Agreement

[x] 2) I accept the license agreement.

 Please make your choice from above ['q' to quit | 'c' to continue |
 'r' to refresh]: c
```

此时会出现 License Information（License Accepted），再次输入 c 即可进入系统。

```
================================================================================
================================================================================
Initial setup of CentOS Linux 7 (Core)

1) [x] License information          2) [ ] User creation
       (License accepted)                  (No user will be created)
 Please make your choice from above ['q' to quit | 'c' to continue |
 'r' to refresh]: c_
```

⑦ 进入系统后，我们先更改虚拟机的 IP 地址，保证能够使用 SecureCRT 终端连接工具连接上。此时查看系统是否支持虚拟化。

[root@qemu-kvm bin]# cat /proc/cpuinfo | grep -e 'vmx|svm'
　　flags　　　　　: fpu vme de pse tsc msr pae mce cx8 APIc sep mtrr pge mca cmov pat pse36 clflush dts mmx fxsr sse sse2 ss syscall nx pdpe1gb rdtscp lm constant_tsc arch_perfmon pebs ……

如果出现"vmx"或者"svm"字样,则表明系统支持虚拟化。

⑧ 检查系统的 KVM 模块有没有被加载。

```
[root@qemu-kvm bin]# lsmod | grep kvm
kvm_intel                162153  0
kvm                      525259  1 kvm_intel
```

出现以上结果表明 KVM 模块已经被加载。

(2) 安装 Qemu-KVM 环境

安装 Qemu-KVM 环境步骤为在已有 CentOS 7 系统的条件下安装 Qemu-KVM 环境。注意,如果不安装图形化界面,那么在使用 Qemu-KVM 创建虚拟机时,需要使用 VNC Viewer 连接 KVM 虚拟机的安装界面;如果不在系统上安装图形化界面,会造成 VNC Viewer 无法连接,导致 Qemu-KVM 虚拟机无法顺利安装。首先安装 Qemu-KVM 环境,再配置好 VNC server,测试在没有图形化界面的情况下,VNC Viewer 能否连接上虚拟机;之后再介绍安装图形化界面的方式。

① 先决条件:配置系统能够上网,更改系统 YUM 源为国内云厂商的 YUM 源,本实验采用阿里云的 YUM 源。

```
[root@localhost ~]# ping baidu.com -c 2
[root@localhost ~]# yum clean all
[root@localhost ~]# yum list
```

② 安装 Qemu-KVM 环境。

```
[root@localhost ~]# yum install -y qemu-kvm
```

③ 测试环境是否可用。

```
[root@localhost ~]# ln -s /usr/libexec/qemu-kvm /usr/bin/qemu-kvm
[root@localhost ~]# qemu-          //按 2 次 Tab 键
qemu-img  qemu-io  qemu-kvm  qemu-nbd
[root@localhost ~]# qemu-kvm --version
qemu emulator version 1.5.3 (qemu-kvm-1.5.3-156.el7_5.2), copyright (c) 2003-2008 fabrice bellard
```

④ 安装 VNC Server。

```
[root@localhost ~]# yum install -y vnc-server tigervnc
……
Complete!
```

⑤ 配置 VNC Server。下面以开启 1 号窗口为例,只需要将默认的配置文件复制一份并重新命名,将配置文件中要远程连接的用户名加入进去,开启 VNC server 服务即可。

```
[root@localhost ~]# cp /lib/systemd/system/vnc server@.service /lib/systemd/system/vnc server@:1.service
//找到如下内容
ExecStart=/usr/sbin/runuser -l <USER> -c "/usr/bin/VNC server %i"
PIDFile=/home/<USER>/.vnc/%H%i.pid
//以 root 用户为例,将<USER>改成对应的用户名即可
ExecStart=/usr/sbin/runuser -l root -c "/usr/bin/VNC server %i"
PIDFile=/root/.vnc/%H%i.pid
[root@localhost ~]# systemctl daemon-reload
//配置 VNC 远程连接的密码
[root@localhost ~]# vncpasswd
```

```
Password:
Verify:
Would you like to enter a view-only password (y/n)? y
Password:
Verify:
//开启窗口 1 的 VNC 服务，并且设置为开机自启
[root@localhost ~]# systemctl restart vnc server@:1
[root@localhost ~]# systemctl enable vnc server@:1
created symlink from /etc/systemd/system/multi-user.target.wants/vnc server@:1.service to /usr/lib/systemd/system/vnc server@:1.service.
```

⑥ 测试在无图形化界面下，使用 VNC Viewer 软件是否能够连接上去。VNC 默认开启的端口是 5901（VNC Viewer 读者可自行在其官网下载），VNC Viewer 连接界面如图 2-12 所示。

```
[root@localhost ~]# ip a
......
2: eno16777736: <broadcast,multicast,up,lower_up> mtu 1500 qdisc pfifo_fast state up qlen 1000
    link/ether 00:0c:29:b1:6e:12 brd ff:ff:ff:ff:ff:ff
    inet 192.168.154.117/24 brd 192.168.154.255 scope global eno16777736
       valid_lft forever preferred_lft forever
    inet6 fe80::20c:29ff:feb1:6e12/64 scope link
       valid_lft forever preferred_lft forever
[root@localhost ~]# netstat -ntpl |Grep vnc
tcp     0    0 0.0.0.0:5901         0.0.0.0:*        listen      20173/xvnc
tcp     0    0 0.0.0.0:6001         0.0.0.0:*        listen      20173/xvnc
tcp6    0    0 :::5901              :::*             listen      20173/xvnc
tcp6    0    0 :::6001              :::*             listen      20173/xvnc
//关闭防火墙及 SELinux
[root@localhost ~]# systemctl stop firewalld
[root@localhost ~]# setenforce 0
```

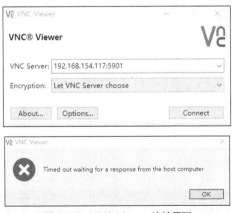

图 2-12 VNC Viewer 连接界面

无图形化界面的 CentOS 7 系统是无法被 VNC Viewer 连接上的，下面是安装图形化界面的方法介绍。

⑦ 安装图形化界面。图形化界面依赖的软件非常多，从如下代码可以看出有 1000 多个软件包要被安装，所以耗时会很长，此时需稍加等待。

[root@localhost ~]# yum groupinstall "GNOME Desktop" "Graphical Administration Tools"

⑧ 更新系统的运行级别后重启进入桌面。

[root@localhost ~]# ln -sf /lib/systemd/system/runlevel5.target /etc/systemd/system/default.target
[root@localhost ~]# reboot

需要先同意其许可证信息-finish，然后安装完成，顺利进入系统，安装完成界面如图 2-13 所示。

图 2-13　安装完成界面

⑨ 使用 Windows 的 VNC Viewer 工具连接虚拟机桌面，如图 2-14 所示。

图 2-14　VNC Viewer 连接界面

如图 2-15 所示，将虚拟机安装于桌面后，使用 VNC Viewer 便能够顺利连接虚拟机桌面。

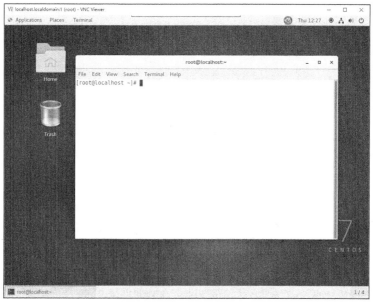

图 2-15　成功连接界面

【实验2】 Qemu-img 生产虚拟机硬盘

(一) 实验目的
- 掌握如何使用 Qemu-img 命令创建虚拟机硬盘。
- 了解 Qemu-img 命令支持的硬盘类型及各自优缺点。

(二) 实验内容
前面章节中已经介绍了 Qemu-img 命令的使用方法，Qemu-img 创建的虚拟机镜像用来模拟虚拟机的硬盘，在启动虚拟机之前需要创建镜像文件。在此我们通过实验来加深对 Qemu-img 命令的理解。

(三) 实验步骤
① 创建虚拟机硬盘很简单，需要使用 qemu-img create 命令，代码如下所示。

```
[root@qemu-kvm ~]# mkdir /opt/image
[root@localhost ~]# qemu-img create -f qcow2 /opt/image/centos 7.qocw2 10g
Formatting '/opt/image/centos 7.qocw2', fmt=qcow2 size=10737418240 encryption=off cluster_size=65536 lazy_refcounts=off
[root@localhost ~]# ll /opt/image/
total 196
-rw-r--r--. 1 root root 197120 jun 28 14:07 centos 7.qocw2
[root@localhost ~]# du -h /opt/image/centos 7.qocw2
196k    /opt/image/centos 7.qocw2
```

上面我们使用 qemu-img create 命令创建了一个格式为 QCOW2，名称为 centos 7.qcow2，大小为 10 GB 的虚拟机硬盘。接下来的虚拟机安装则会将这个虚拟机硬盘作为其硬盘，将客户机操作系统安装在其中。

由于我们采用的是 QCOW2 的文件格式，所以当我们查询其大小时，会发现其只占用了 196kB 的硬盘空间，这是由于 QCOW2 是增量占用的，占用空间会在安装 Qemu-KVM 操作系统后逐渐增大，这样做的好处是不会过于占用本地硬盘空间。

② 使用 qemu-img info 命令可以查看镜像具体信息，代码如下所示。

```
[root@localhost ~]# qemu-img info /opt/image/centos 7.qocw2
image: /opt/image/centos 7.qocw2
file format: qcow2
virtual size: 10g (10737418240 bytes)
disk size: 196k
cluster_size: 65536
format specific information:
    compat: 1.1
    lazy refcounts: false
```

【实验3】 Qemu-KVM 命令创建虚拟机

(一) 实验目的
- 掌握使用 Qemu-KVM 命令创建带图形界面的虚拟机并启动，将虚拟机安装完成。
- 掌握配置 VNC server 的方法。

（二）实验内容

在实验 2 中，虚拟机所使用的镜像已经创建完成，接下来要创建的虚拟机就将安装在所创建的硬盘中。在此通过 VNC Viewer 连接至创建的 Qemu-KVM 虚拟机，将其安装完成。

（三）实验步骤

① 通过 SecureCRT 的 SecureFX 工具将 CentOS 7 操作系统的 ISO 文件传输到 VMware 虚拟机中。

```
[root@Qemu-KVM  ~]# ll CentOS-7-x86_64-DVD-1511.iso
-rw-r--r--. 1 root root 4329570304 2月  26 16:41 CentOS-7-x86_64-DVD-1511.iso
```

② 安装 VNC，用于连接虚拟机的图形化界面。

```
[root@Qemu-KVM  ~]# yum install -y vnc-server tigervnc
Loaded plugins: fastestmirror
……
```

③ 配置 VNC，详细的配置步骤在前面一小节已经介绍过了，这里只将代码贴出，不做详细解释。

```
[root@localhost  ~]# cp /lib/systemd/system/vncserver@.service /lib/systemd/system/vnc server@:1.service //复制后修改用户
execstart=/usr/sbin/runuser -l root -c "/usr/bin/vnc server %i"
pidfile=/root/.vnc/%h%i.pid
[root@localhost  ~]# systemctl daemon-reload
[root@localhost  ~]# vncpasswd
[root@localhost  ~]# systemctl restart vncserver@:1
[root@localhost  ~]# systemctl enable vncserver@:1
[root@localhost  ~]# systemctl stop firewalld
[root@localhost  ~]# setenforce 0
```

④ 启动虚拟机。

```
[root@localhost  ~]# qemu-kvm -m 1024 -smp 2 -name CentOS 7  -hda /opt/image/centos 7.qcow2  -cdrom ./CentOS-7-x86_64-DVD-1511.iso  -enable-kvm
VNC server running on `::1:5900'
```

以上使用了 qemu-kvm 命令启动一个虚拟机，-m 为虚拟机的内存，为 1 024 MB；-smp 为虚拟机的虚拟 CPU，为两个；-name 为名称；-had 是将之后的 /opt/image/centos 7.qcow2 文件作为虚拟机中的第一个 ide 设备（序号为 0），在虚拟机中表现为 /dev/hda 设备（若虚拟机中使用的是 piix_ide 驱动）或 /dev/sda 设备（若虚拟机中使用的是 ata_piix 驱动）；-cdrom 作为虚拟机的启动引导盘，将引导虚拟机进入安装界面；-enable-kvm 表示使用 KVM 进行加速。

执行命令后，会出现 "VNC server running on `::1:5900'" 的字样，下面使用宿主机端的 VNC Viewer 连接上 VMware 虚拟机的操作界面，VNC Viewer 连接成功界面如图 2-16 所示。

连接上之后，打开终端窗口，执行 vncviewer :5900 命令即可进入虚拟机的安装界面，如图 2-17、图 2-18 所示。

选择 "InstaV CentOS 7" 进入安装，接下来就像正常安装 CentOS 7 系统一样进行操作即可，安装成功界面如图 2-19 所示。

单击重启进入系统，使用 root 用户登录后查看系统的基本信息，如图 2-20 所示。

⑤ 重新进入虚拟机。将 TigerVNC 的窗口关闭，回到终端窗口，按 Ctrl+C 组合键，终端刚刚创建的虚拟机即退出。退出虚拟机后，若要重新进入虚拟机该如何操作呢？其命令和创建虚拟机差不多，只是不需要那么多的参数。

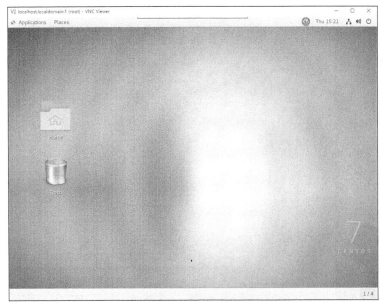

图 2-16　VNC Viewer 成功连接界面

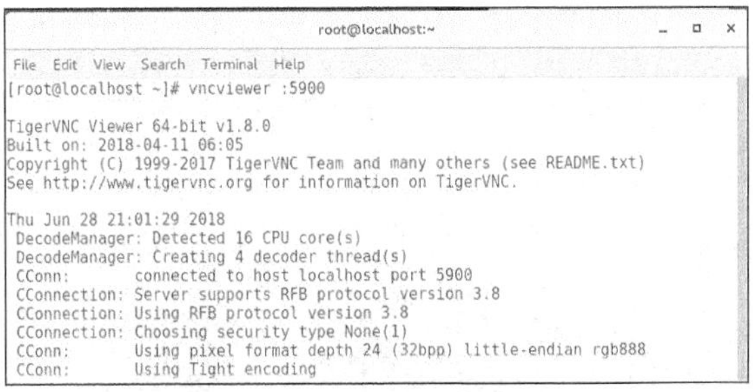

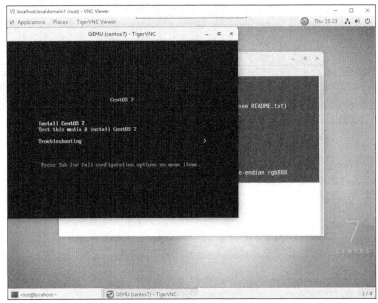

图 2-17　VNC 远程链接终端命令行

图 2-18　远程安装系统

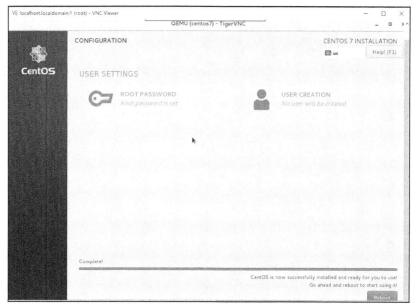

图 2-19 安装成功界面

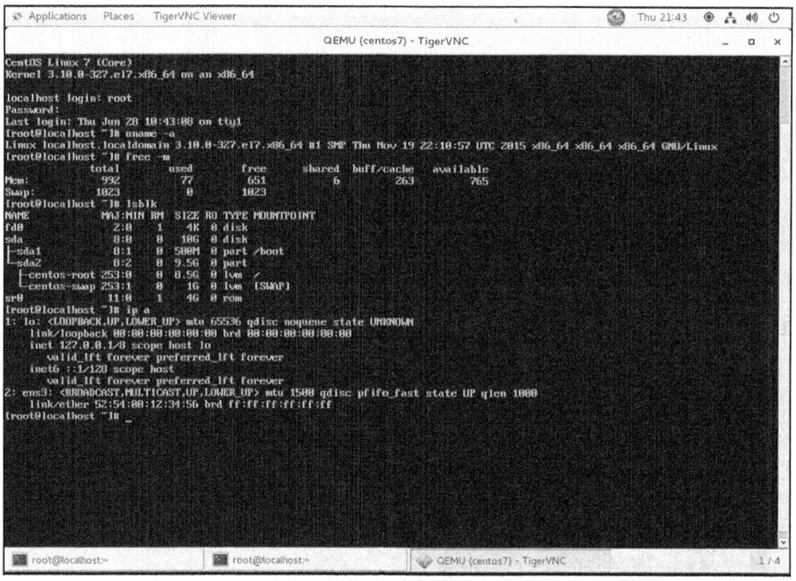

图 2-20 远程登录终端

```
//先查询虚拟机硬盘大小是否改变:
[root@localhost ~]# qemu-img info /opt/image/centos 7.qcow2
image: centos 7.qcow2
file format: qcow2
virtual size: 10g (10737418240 bytes)
disk size: 1.1g
cluster_size: 65536
format specific information:
    compat: 1.1
```

lazy refcounts: false
已经增加至 1.1G。
//重新进入虚拟机
[root@localhost ~]# qemu-kvm -m 1024 –enable-kvm centos 7.qcow2
VNC server running on `::1:5900'

如图 2-21 所示，此时已经成功进入系统。

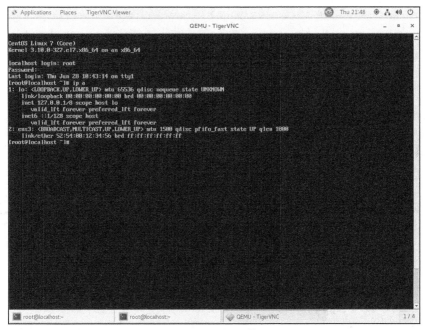

图 2-21　登录系统

2.6　本章小结

本章主要讲解了 KVM 及 Qemu 的原理及架构，并对 KVM 与 Qemu 的关系进行了详细解答，KVM 作为底层硬件的虚拟化，Qemu 作为软件层的虚拟化，它们两者的结合能够极大地提升虚拟机的性能。读者可在课后自行尝试如何在 Windows 端使用 VMware Workstation 创建支持硬件虚拟化的虚拟机，安装和配置 Qemu-KVM 环境并配置 CentOS 7 的 VNC。

思考题

（1）画出 KVM 及 Qemu 的架构图。
（2）简单叙述 KVM 及 Qemu 的基本原理。
（3）简单叙述 KVM 及 Qemu 两者之间的关系。
（4）Qemu 的工具有哪些？分别有什么作用？
（5）简单叙述创建虚拟机硬盘的命令。
（6）简单叙述创建虚拟机的命令。

第 3 章
Libvirt

03

> **学习目标**
>
> ① 了解 Libvirt 的作用及架构、Libvirt API。
> ② 了解 Libvirt 工具集、Libvirt XML 配置文件。
> ③ 能够根据需求定义 XML 文件，生成虚拟机配置。
> ④ 掌握如何使用 Virsh 命令创建虚拟机。
> ⑤ 掌握如何使用 Virsh 命令对虚拟机的网络、存储等方面进行管理。

Libvirt 是用于管理虚拟化平台的开源的 API、后台程序和管理工具。它可以用于管理 KVM、Xen、VMware ESX、Qemu 和其他虚拟化技术。这些 API 在云计算的解决方案中广泛使用。本章重点介绍了 Libvirt 架构、Libvirt 工具集、如何基于 XML 配置虚拟机网络、存储等，并通过具体的实验验证了 Libvirt 的应用。

3.1 Libvirt 简介

通过第 1 章和第 2 章的介绍，相信读者已经基本理解了 Qemu-KVM 的各个功能、简单原理和配置方法。在第 2 章的讲解中，我们都是直接使用 Qemu-KVM 命令行工具来配置和启动虚拟机的，其中有各种各样的配置参数，这些参数对于新手来说是很难记忆和熟练配置的。本章将向大家介绍能够更加方便地配置和使用 KVM 的管理工具，它们一般都对 Qemu-KVM 命令进行了封装和功能增强，从而提供了比原生的 Qemu-KVM 命令行更加友好、更加高效的用户交互接口。

Libvirt 是目前使用最为广泛的对 KVM 虚拟机进行管理的工具和应用程序接口，而且一些常用的虚拟机管理工具（如 Virsh、Virt-Install、Virt-Manager 等）和云计算框架平台（如 OpenStack、OpenNebula、Eucalyptus 等）都在底层使用 Libvirt 的应用程序接口。

Libvirt 是为了更方便地管理平台虚拟化技术而设计的开放源代码的应用程序接口、守护进程和管理工具，它不仅提供了对虚拟化客户机的管理，也提供了对虚拟化网络和存储的管理。尽管 Libvirt 项目最初是为 Xen 设计的一套 API，但是目前对 KVM 等其他 Hypervisor 的支持也非常好。Libvirt 支持多种虚拟化方案，既支持包括 KVM、Qemu、Xen、VMware、VirtualBox 等在内的平台虚拟化方案，又支持 OpenVZ、LXC 等 Linux 容器虚拟化系统，还支持用户态 Linux（UML）的虚拟化。Libvirt 是一个免费的开源软件，使用的许可证是 LGPL（GNU 宽松的通用公共许可证），使用 Libvirt 库进行链接的软件程序不需要一定选择开源和遵守 GPL 许可证。和 KVM、Xen 等开源项目类似，Libvirt 也有自己的开发者社区，而且随着虚拟化、云计算等成为近年来的技术热点，Libvirt 项目的社区也比较活跃。目前，Libvirt 的开发主要以 Red Hat 公司作为强大的支持，由于 Red Hat 公司在虚拟化方面逐渐偏向于 KVM（而不是 Xen），故 Libvirt 对 Qemu/KVM 的支持是非常成熟和稳定的。当然，IBM、Novell 等公司以及众多的个人开发者，对 Libvirt 项目的代码贡献量也是非常庞大的。

3.2 Libvirt 简单架构原理介绍

3.2.1 Libvirt 架构

没有使用 Libvirt 的虚拟机管理结构如图 3-1 所示。

Libvirt 的控制方式有两种。

（1）管理应用程序和域位于同一结点上。管理应用程序通过 Libvirt 工作，以控制本地域，如图 3-2 所示。

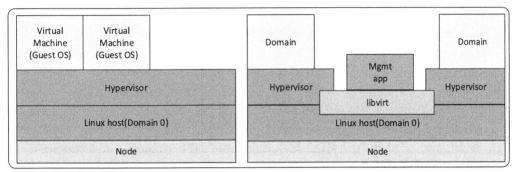

图 3-1　无 Libvirt 的虚拟机管理结构　　　图 3-2　Libvirt 的控制方式

（2）管理应用程序和域位于不同结点上。该模式使用一种运行于远程结点上、名为 Libvirtd 的特殊守护进程。当在新结点上安装 Libvirt 时该程序会自动启动，且可自动确定本地虚拟机监控程序并为其安装驱动程序。该管理应用程序通过一种通用协议从本地 Libvirt 连接到远程 Libvirtd，Libvirtd 远程连接示意图如图 3-3 所示。

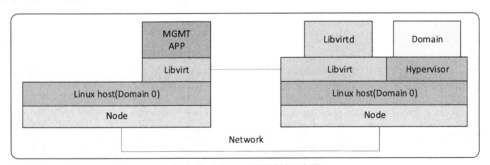

图 3-3　Libvirtd 远程连接示意图

Libvirt 的基本架构是：Libvirt 实施一种基于驱动程序的架构，该架构允许一种通用的 API 以通用方式为大量潜在的虚拟机监控程序提供服务，如图 3-4 所示。

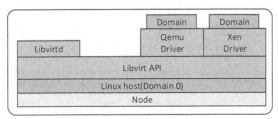

图 3-4　Libvirt 架构

3.2.2 Libvirt 运行原理

Libvirt 本身提供了一套较为稳定的 C 语言应用程序接口，目前，在其他一些流行的编程语言中也提供了对 Libvirt 的绑定，在 Python、Perl、Java、Ruby、PHP、Ocaml 等高级编程语言中已经有 Libvirt 的程序库可以直接使用。Libvirt 还基于 AMQP（高级消息队列协议）的消息系统（如 Apache QPID）提供 QMF 代理，这可以让云计算管理系统中宿主机与客户机、客户机与客户机之间的消息通信变得更易于实现。Libvirt 还为安全的远程管理虚拟客户机提供了加密和认证等安全措施。正是因为 Libvirt 拥有这些强大的功能和较为稳定的应用程序接口，而且它的许可证（License）比较宽松，所以 Libvirt 的应用程序接口才被广泛地用在基于虚拟化和云计算的解决方案中，主要作为连接底层 Hypervisor 和上层应用程序的一个中间适配层。

Libvirt 对多种不同的 Hypervisor 的支持是通过一种基于驱动程序的架构来实现的。Libvirt 对不同的 Hypervisor 提供了不同的驱动：对 Xen 有 Xen 的驱动，对 Qemu/KVM 有 Qemu 驱动，对 VMware 有 VMware 驱动。在 Libvirt 源代码中，可以很容易找到 Qemu_Driver.C、Xen_Driver.C、XenAPI_Driver.C、VMware_Driver.C、Vbox_Driver.C 这样的驱动程序源代码文件。

Libvirt 作为中间适配层，是可以使底层 Hypervisor 对上层用户空间的管理工具做到完全透明的，因为 Libvirt 屏蔽了底层各种 Hypervisor 的细节，为上层管理工具提供了一个统一的、较稳定的接口（API）。通过 Libvirt，一些用户空间管理工具可以管理各种不同的 Hypervisor 和上面运行的客户机，Libvirt 的调用关系如图 3-5 所示。

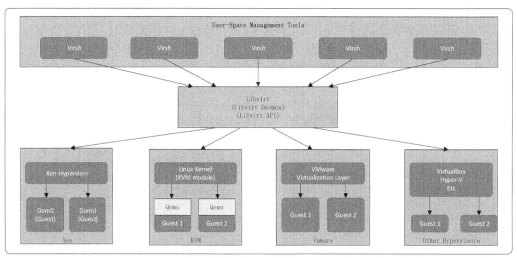

图 3-5　Libvirt 的调用关系

在 Libvirt 中涉及几个重要的概念，解释如下。

（1）结点（Node）是一个物理机器，上面可能运行着多个虚拟客户机。Hypervisor 和 Domain 都运行在结点上。

（2）Hypervisor 也称虚拟监视器（VMM），如 KVM、Xen、VMware、Hyper-V 等，是虚拟化中的一个底层软件层，它可以虚拟化一个结点，让其运行多个虚拟客户机（不同客户机可能有不同的配置和操作系统）。

（3）域（Domain）是在 Hypervisor 上运行的一个客户机操作系统实例。域也被称为实例（Instance，如亚马逊的 AWS 云计算服务中的客户机就被称为实例）、客户机操作系统（Guest OS）、虚拟机（Virtual Machine），它们都是指同一个概念。

关于结点、Hypervisor 和域的关系，可以简单地用图 3-6 来表示。

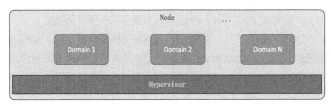

图 3-6　结点、Hypervisor 和域三者之间的关系

在了解了结点、Hypervisor 和域的概念之后，用一句话概括 Libvirt 的目标，那就是：为了安全高效地管理结点上的各个域，而提供一个公共、稳定的软件层。当然，这里的管理，既包括本地的管理，也包含远程的管理。具体地讲，Libvirt 的管理功能主要包含如下 5 个部分：

（1）域的管理：包括对结点上的域的各个生命周期的管理，如启动、停止、暂停、保存、恢复和动态迁移。也包括对多种设备类型的热插拔操作，包括硬盘、网卡、内存和 CPU，当然不同的 Hypervisor 对这些热插拔的支持程度有所不同。

（2）远程结点的管理：只要物理结点上运行了 Libvirtd 这个守护进程，远程的管理程序就可以连接到该结点进程管理操作，经过认证和授权之后，所有的 Libvirt 功能都可以被访问和使用。Libvirt 支持多种网络远程传输类型，如 SSH、TCP 套接字、UNIX Domain Socket、支持 TLS 的加密传输等。假设使用最简单的 SSH，则不需要额外配置工作。例如，example.com 结点上运行了 Libvirtd，而且允许 SSH 访问，在远程的某台管理机器上就可以用如下的命令行来连接到 example.com 上，从而管理其上的域。

virsh -c qemu+ssh://root@example.com/system

（3）存储的管理：任何运行了 Libvirtd 守护进程的主机，都可以通过 Libvirt 来管理不同类型的存储。如创建不同格式的客户机镜像（QCOW2、RAW、QED、VMDK 等）、挂载 NFS 共享存储系统、查看现有的 LVM 卷组、创建新的 LVM 卷组和逻辑卷、对硬盘设备分区、挂载 ISCSI 共享存储等。当然 Libvirt 中，对存储的管理也是支持远程管理的。

（4）网络的管理：任何运行了 Libvirtd 守护进程的主机，都可以通过 Libvirt 来管理物理的和逻辑的网络接口。其中包括：列出现有的网络接口卡、配置网络接口、创建虚拟网络接口、网络接口的桥接、VLAN 管理、NAT 网络设置、为客户机分配虚拟网络接口等。

（5）提供一个稳定、可靠、高效的应用程序接口（API）以便可以完成前面的 4 个管理功能。

Libvirt 主要由 3 个部分组成，它们分别是应用程序编程接口（API）库、一个守护进程（Libvirtd）和一个默认命令行管理工具（Virsh）。应用程序接口（API）为其他虚拟机管理工具（如 Virsh、Virt-Manager 等）提供虚拟机管理的程序库支持。Libvirtd 守护进程负责执行对结点上的域的管理工作，在用各种工具对虚拟机进行管理之时，这个守护进程一定要处于运行状态中，而且这个守护进程可以分为两种：一种是 Root 权限的 Libvirtd，其权限较大，可以做所有支持的管理工作；一种是普通用户权限的 Libvirtd，只能做比较受限的管理工作。Virsh 是 Libvirt 项目中默认的对虚拟机管理的一个命令行工具，该工具将在 3.4 节中详细介绍。

3.3　Libvirt API 介绍

3.3.1　Libvirt API 简介

Libvirt 的核心价值和主要目标就是提供一套管理虚拟机的、稳定的、高效的应用程序接口（API）。

Libvirt API 本身是用 C 语言实现的，本节以其提供的最核心的 C 语言接口的 API 为例做简单的介绍。

Libvirt API 大致可划分为如下 8 个大的部分：

（1）连接 Hypervisor 相关的 API：以 Virconnect 开头的一系列函数。

只有与 Hypervisor 建立了连接之后，才能进行虚拟机管理操作，所以连接 Hypervisor 的 API 是其他所有 API 使用的前提条件。与 Hypervisor 建立的连接是为其他 API 的执行提供路径，是其他虚拟化管理功能的基础。通过调用 Virconnectopen 函数可以建立一个连接，其返回值是一个 Virconnectptr 对象，该对象就代表到 Hypervisor 的一个连接；如果连接出错，则返回空值（NULL）。而 Virconnectopenreadonly 函数会建立一个只读的连接，在该连接上可以使用一些查询的功能，而不使用创建、修改等功能。Virconnectopenauth 函数提供了具体的建立认证的连接。Virconnectgetcapabilities 函数是返回对 Hypervisor 和驱动的功能描述的 XML 格式字符串。Virconnectlistdomains 函数返回一列域标识符，它们代表该 Hypervisor 上的活动域。

（2）域管理的 API：以 Virdomain 开头的一系列函数。

虚拟机的管理，最基本的职能就是对各个结点上的域的管理，故 Libvirt API 中实现了很多针对域管理的函数。要管理域，首先就要获取 Virdomainptr 这个域对象，然后才能对域进行操作。有很多种方式来获取域对象，如 Virdomainptr、Virdomainlookupbyid（Virconnectptr Conn，Int Id）函数是根据域 ID 值到 Conn 这个连接上去查找相应的域。类似地，Virdomainlookupbyname、Virdomainlookupbyuuid 等函数分别根据域的名称和 UUID 去查找相应的域。在得到了某个域的对象后，就可以进行很多操作，可以是查询域的信息（如 Virdomaingethostname、Virdomaingetinfo、Virdomaingetvcpus、Virdomaingetvcpusflags、Virdomaingetcpustats 等），也可以是控制域的生命周期（如 Virdomaincreate、Virdomainsuspend、Virdomainresume、Virdomaindestroy、Virdomainmigrate 等）。

（3）结点管理的 API：以 Virnode 开头的一系列函数。

域运行在物理结点之上，Libvirt 也提供了对结点的信息查询和控制的功能。结点管理的多数函数都需要使用一个连接 Hypervisor 的对象作为其中的一个传入参数，以便查询或修改到该连接上的结点的信息。Virnodegetinfo 函数可以获取结点的物理硬件信息，Virnodegetcpustats 函数可以获取结点上各个 CPU 的使用统计信息，Virnodegetmemorystats 函数可以获取结点上的内存的使用统计信息，Virnodegetfreememory 函数可以获取结点上可用的空闲内存大小。也有一些设置或者控制结点的函数。如 Virnodesetmemoryparameters 函数可以设置结点上的内存调度的参数，Virnodesuspendforduration 函数可以让结点（宿主机）暂停运行一段时间。

（4）网络管理的 API：以 Virnetwork 开头的一系列函数和部分以 Virinterface 开头的函数。

Libvirt 对虚拟化环境中的网络管理也提供了丰富的 API。Libvirt 首先需要创建 Virnetworkptr 对象，然后才能查询或控制虚拟网络。一些查询网络相关信息的函数：如 Virnetworkgetname 函数可以获取网络的名称，Virnetworkgetbridgename 函数可以获取该网络中网桥的名称，Virnetworkgetuuid 函数可以获取网络的 UUID 标识，VirnetworkgetXMLdesc 函数可以获取网络的以 XML 为格式的描述信息，Virnetworkisactive 函数可以查询网络是否正在使用中。一些控制或更改网络设置的函数：VirnetworkcreateXML 函数可以根据提供的 XML 格式的字符串创建一个网络（返回 Virnetworkptr 对象），Virnetworkdestroy 函数可以销毁一个网络（同时也会关闭使用该网络的域），Virnetworkfree 函数可以回收一个网络（但不会关闭正在运行的域），Virnetworkupdate 函数可根据提供的 XML 格式的网络配置来更新一个已存在的网络。另外，Virinterfacecreate、Virinterfacefree、Virinterfacedestroy、Virinterfacegetname、Virinterfaceisactive 等函数可以用于创建、释放和销毁网络接口，以及查询网络接口的名称和激活状态。

（5）存储卷管理的 API：以 Virstoragevol 开头的一系列函数。

Libvirt 对存储卷（Volume）的管理，主要是对域的镜像文件的管理，这些镜像文件可能是 RAW、

QCOW2、VMDK、QED 等各种格式。Libvirt 对存储卷的管理，首先需要创建 virstoragevolptr 这个存储卷的对象，然后才能对其进行查询或控制操作。Libvirt 提供了 3 个函数来分别通过不同的方式获取存储卷对象。如 Virstoragevollookupbykey 函数可以根据全局唯一的键值来获得一个存储卷对象，Virstoragevollookupbyname 函数可以根据名称在一个存储资源池（Storage Pool）中获取一个存储卷对象，Virstoragevollookupbypath 函数可以根据它在结点上的路径来获取一个存储卷对象。有一些函数用于查询存储卷的信息。如 Virstoragevolgetinfo 函数可以查询某个存储卷的使用情况，Virstoragevolgetname 函数可以获取存储卷的名称，Virstoragevolgetpath 函数可以获取存储卷的路径，Virstoragevolgetconnect 函数可以查询存储卷的连接。一些函数用于创建和修改存储卷。如 VirstoragevolcreateXML 函数可以根据提供的 XML 描述来创建一个存储卷，Virstoragevolfree 函数可以释放存储卷的句柄（但是存储卷依然存在），Virstoragevoldelete 函数可以删除一个存储卷，Virstoragevolresize 函数可以调整存储卷的大小。

（6）存储池管理的 API：以 Virstoragepool 开头的一系列函数。

Libvirt 对存储池（Pool）的管理包括对本地的基本文件系统、普通网络共享文件系统、ISCSI 共享文件系统及 LVM 分区等的管理。Libvirt 需要基于 Virstoragepoolptr 这个存储池对象才能进行查询和控制操作。一些函数可以通过查询获取一个存储池对象。如 Virstoragepoollookupbyname 函数可以根据存储池的名称来获取一个存储池对象，Virstoragepoollookupbyvolume 函数可以根据一个存储卷返回其对应的存储池对象。VirstoragepoolcreateXML 函数可以根据 XML 描述来创建一个存储池（默认已激活），VirstoragepooldefineXML 函数可以根据 XML 描述信息静态地定义一个存储池（尚未激活），Virstoragepoolcreate 函数可以激活一个存储池。Virstoragepoolgetinfo、Virstoragepoolgetname、Virstoragepoolgetuuid 等函数可以分别获取存储池的信息、名称和 UUID 标识。Virstoragepoolisactive 函数可以查询存储池是否处于使用状态。Virstoragepoolfree 函数可以释放存储池相关的内存（但是不改变其在宿主机中的状态），Virstoragepooldestroy 函数可以用于销毁一个存储池（但并没有释放 Virstoragepoolptr 对象，之后还可以用 Virstoragepoolcreate 函数重新激活它），Virstoragepooldelete 函数可以物理删除一个存储池资源（该操作不可恢复）。

（7）事件管理的 API：以 Virevent 开头的一系列函数。

Libvirt 支持事件机制，使用该机制注册之后，可以在发生特定的事件（如，域的启动、暂停、恢复、停止等）之时，得到自己定义的一些通知。

（8）数据流管理的 API：以 Virstream 开头的一系列函数。

Libvirt 还提供了一系列函数用于数据流的传输。

对于 Libvirt API 一些细节的使用方法和实现原理，可以参考其源代码或参考相关资料。

3.3.2 与 Hypervisor 建立连接

要使用 Libvirt API 进行虚拟化管理，就必须先建立到 Hypervisor 的连接，因为有了连接才能管理结点、Hypervisor、域、网络等虚拟化中的要素。本小节就简单介绍下与 Hypervisor 建立连接的一些方式。

对于一个 Libvirt 连接，可以使用简单的客户端/服务器端（C/S）的架构模式来解释。一个服务器端运行着 Hypervisor，一个客户端去连接服务器端的 Hypervisor，然后进行相应的虚拟化管理。当然，如果通过 Libvirt API 实现本地的管理，则客户端和服务器端都在同一个结点上，并不依赖于网络连接。一般来说（如基于 Qemu/KVM 的虚拟化方案），不管是基于 Libvirt API 的本地管理还是远程管理，在服务器端的结点上，除了需要运行相应的 Hypervisor，还需要让 Libvirtd 这个守护进程处于运行中的状态，以便让客户端连接到 Libvirtd，从而进行管理操作。不过，也并非所有的 Hypervisor 都需要运行 Libvirtd 守护进程。如 VMware ESX/ESXI 就不需要在服务器端运行 Libvirtd，但依然可以通过 Libvirt

客户端以另外的方式连接到 VMware。

由于支持多种 Hypervisor，Libvirt 需要通过唯一的标识来指定如何才能准确地连接到本地或远程的 Hypervisor。为了达到这个目的，Libvirt 使用了在互联网中广泛使用的 URI（Uniform Resource Identifier，统一资源标识符）来标识到某个 Hypervisor 的连接。对于 Libvirt 中连接的标识符 URI，其本地 URI 和远程 URI 有一些区别，下面分别介绍一下它们的使用方式。

1. 本地 URI

在 Libvirt 的客户端使用本地的 URI 用于连接本地系统范围内的 Hypervisor，本地 URI 的一般格式如下：

driver[+transport]:///[path][?extral-param]

其中，driver 是连接 Hypervisor 的驱动名称（如 qemu、xen、xbox、lxc 等），transport 是选择该连接所使用的传输方式（可以为空，也可以是 unix 这样的值），path 是连接到服务器端上的某个路径，?extral-param 可以用于添加额外的一些参数（如 UNIX Domain Socket 的路径）。

在 Libvirt 中 KVM 使用 Qemu 驱动。Qemu 驱动是一个多实例的驱动，它提供了一个系统范围内的特权驱动（即 system 实例）和一个用户相关的非特权驱动（即 session 实例）。通过 qemu:///session 这样的 URI 可以连接到一个 Libvirtd 非特权实例，但是这个实例必须是与本地客户端的当前用户和用户组相同的实例，也就是说，根据客户端的当前用户和用户组去服务器端寻找对应用户下的实例。在建立 session 连接后，可以查询和控制的域或其他资源都仅仅是在当前用户权限范围内的，而不是整个结点上的全部域或其他资源。而使用 qemu:///system 这样的 URI 连接到 Libvirtd 实例，是需要系统特权账号 root 权限的。在建立 system 连接后，由于它具有最大权限，因此可以查询和控制整个结点范围内的域，还可以管理该结点上特权用户才能管理的块设备、PCI 设备、USB 设备、网络设备等系统资源。一般来说，为了管理方便，在公司内网范围内建立到 system 实例的连接进行管理的情况比较常见。当然为了安全考虑，赋予不同用户不同的权限就可以使用建立到 session 实例的连接。

在 Libvirt 中，本地连接 Qemu/KVM 的几个 URI 示例如下：

（1）qemu:///session

连接到本地的 session 实例，该连接仅能管理当前用户的虚拟化资源。

（2）qemu+unix:///session

以 UNIX Domain Socket 的方式连接到本地的 session 实例，该连接仅能管理当前用户的虚拟化资源。

（3）qemu:///system

连接到本地的 system 实例，该连接可以管理当前结点的所有特权用户可以管理的虚拟化资源。

（4）qemu+unix:///system

以 UNIX Domain Socket 的方式连接到本地的 system 实例，该连接可以管理当前结点的所有特权用户可以管理的虚拟化资源。

2. 远程 URI

除了本地管理，Libvirt 还提供了非常方便的远程的虚拟化管理功能。Libvirt 可以使用远程 URI 来建立到网络上的 Hypervisor 的连接。远程 URI 和本地 URI 也是类似的，只是会增加用户名、主机名（或 IP 地址）和连接端口来连接到远程的结点。远程 URI 的一般格式如下：

drive[+transport]://[user@][host][:port]/[path][?extral-param]

其中，transport 表示传输方式，其取值可以是 ssh、tcp、libssh2 等；user 表示连接远程主机使用的用户名，host 表示远程主机的主机名或 IP 地址，port 表示连接远程主机的端口。其余参数的意义，与本地 URI 中介绍的内容是完全一样的。

在远程 URI 连接中，也存在使用 system 实例和 session 实例两种方式，这两者的区别和用途与本地 URI 中介绍的内容是完全一样的。

在 Libvirt 中，远程连接 Qemu/KVM 的 URI 示例如下。

（1）qemu+ssh://root@example.com/system

通过 ssh 通道连接到远程结点的 system 实例，具有最大的权限以管理远程结点上的虚拟化资源。建立该远程连接时，需要经过 ssh 的用户名和密码验证或者基于密钥的验证。

（2）qemu+ssh://user@example.com/session

通过 ssh 通道连接到远程结点的使用 user 用户的 session 实例，该连接仅能对 user 用户的虚拟化资源进行管理，建立连接时同样需要经过 ssh 的验证。

（3）qemu://example.com/system

通过建立加密的 TLS 连接与远程结点的 system 实例相连接，具有对该结点的特权管理权限。在建立该远程连接时，一般需要经过 TLS X509 安全协议的证书验证。

（4）qemu+tcp://example.com/system

通过建立非加密的普通 TCP 连接与远程结点的 system 实例相连接，具有对该结点特权的管理权限。在建立该远程连接时，一般需要通过 SASL/Kerberos 认证授权。

3. 使用 URI 建立到 Hypervisor 的连接

在某个结点启动 Libvirtd 后，一般在客户端都可以通过 ssh 命令连接到该结点。而 TLS 和 TCP 等连接方式不一定都处于开启可用状态，如 RHEL 6.3 系统中的 Libvirtd 服务在启动时就没有默认打开 TLS 和 TCP 这两种连接方式。而在服务器端的 Libvirtd 打开了 TLS 和 TCP 连接方式，也还需要一些认证方面的配置。当然也可直接关闭认证功能，可以参考 libvirtd.conf 配置文件。

我们看到 URI 这个标识还是比较复杂的，特别是在管理很多远程结点时，需要使用很多的 URI 连接。为了降低系统管理的复杂程度，可以在客户端的 Libvirt 配置文件中，为 URI 命名别名以方便记忆，这部分在 3.4.2 小节会介绍。

在 3.3.1 节中已经介绍过，Libvirt 使用 Virconnectopen 函数来建立到 Hypervisor 的连接，所以 Virconnectopen 函数就需要一个 URI 作为参数。而当传递给 Virconnectopen 的 URI 为空值（NULL）时，Libvirt 会依次根据如下 3 条规则去决定使用哪一个 URI。

（1）试图使用 LIBVIRT_DEFAULT_URI 这个环境变量。

（2）使用客户端的 Libvirt 配置文件中的 URI_DEFAULT 参数的值。

（3）依次试图用每个 Hypervisor 的驱动去建立连接，直到能正常建立连接后即停止尝试。

当然，如果这 3 条规则都不能够让客户端 Libvirt 建立到 Hypervisor 的连接，就会报出建立连接失败的错误信息（"failed to connect to the hypervisor"）。

在使用 Virsh 这个 Libvirt 客户端工具时，可以用 -c 或 --connect 选项来指定建立到某个 URI 的连接。只有在连接建立之后，才能够操作。使用 Virsh 连接到本地和远程的 Hypervisor 的示例如下：

```
[root@libvirt libvirt]# virsh -c qemu:///system          //注意这里是三个/
Welcome to virsh, the virtualization interactive terminal.

Type:  'help' for help with commands
       'quit' to quit

virsh # list
 Id    Name                           State
----------------------------------------------------

virsh # quit
[root@libvirt libvirt]# virsh -c qemu+ssh://root@192.168.154.155/system
The authenticity of host '192.168.154.155 (192.168.154.155)' can't be established.
ECDSA key fingerprint is 95:73:6d:58:e2:f0:27:80:1d:dc:5d:48:41:6e:4a:15.
```

```
Are you sure you want to continue connecting (yes/no)? yes
root@192.168.154.155's password:                        //输入密码
Welcome to virsh, the virtualization interactive terminal.
Type:  'help' for help with commands
       'quit' to quit
virsh # list
 Id    Name                          State
----------------------------------------------------

virsh # quit
```

3.4 Libvirt 工具集介绍

3.4.1 Libvirt 安装

在介绍 Libvirt 工具集之前需要在操作系统中安装 Libvirt，这样才能使用 Libvirt 相关工具。普通用户使用 Libvirt 只需要安装对应的 Linux 系统上的 Libvirt 软件包即可，不需要从源码编译安装 Libvirt；但是一些高级用户或者开发者，可能希望对 Libvirt 有更多的了解，甚至通过修改 Libvirt 的源代码实现自己的功能。在这里只介绍普通安装，对编译安装有兴趣的读者可自行从官方文档获取帮助。

Libvirt 的环境在安装图形化界面的 CentOS 7 系统时已经被集成在内，下面介绍如何在无图形化界面的系统环境中安装 Libvirt 环境。

1. 系统环境

通过 VMware 创建一台虚拟机，在处理器配置中开启"虚拟化 Intel VT-x/EPT 或 AMD-V/RVI(V)"，选择最小化安装。安装完毕后关闭防火墙、SELinux，配置好 DNS，使虚拟机能够连上网络，配置 YUM 源为阿里云 YUM 源。

```
[root@libvirt ~]# systemctl stop firewalld       //关闭防火墙
[root@libvirt ~]# systemctl disable firewalld    //设置开机不自启
removed symlink /etc/systemd/system/dbus-org.fedoraproject.firewalld1.service.
removed symlink /etc/systemd/system/basic.target.wants/firewalld.service.
[root@libvirt ~]# setenforce 0    //关闭 SELinux
[root@libvirt ~]# vi /etc/selinux/config    //禁用 SELinux
# this file controls the state of selinux on the system.
# selinux= can take one of these three values:
#      enforcing - selinux security policy is enforced.
#      permissive - selinux prints warnings instead of enforcing.
#      disabled - no selinux policy is loaded.
selinux=disabled
[root@libvirt ~]# getenforce
permissive
[root@libvirt ~]# ping baidu.com -c 2    //ping 测试是否能够上网
ping baidu.com (220.181.57.216) 56(84) bytes of data.
```

```
64 bytes from 220.181.57.216: icmp_seq=1 ttl=128 time=28.1 ms
64 bytes from 220.181.57.216: icmp_seq=2 ttl=128 time=27.6 ms
--- baidu.com ping statistics ---
2 packets transmitted, 2 received, 0% packet loss, time 1001ms
rtt min/avg/max/mdev = 27.616/27.870/28.125/0.304 ms
[root@libvirt ~]# rm -rf /etc/yum.repos.d/*
[root@libvirt ~]# curl -o /etc/yum.repos.d/centos-base.repo http://mirrors.aliyun.com/repo/centos-7.repo
   % total    % received % xferd  average speed    time    time     time  current
                                   dload  upload   total   spent    left  speed
 100  2523  100  2523    0     0  38977      0 --:--:-- --:--:-- --:--:-- 39421
[root@libvirt ~]# yum clean all    //清除 YUM 缓存
loaded plugins: fastestmirror
cleaning repos: base extras updates
cleaning up everything
[root@libvirt ~]# yum makecache    //重新生成新缓存
```

2. 安装 Libvirt
由于 CentOS 7 默认采用 Qemu/KVM 的虚拟化方案，所以也应该安装 Qemu 相关的软件。

```
//先检查系统是否已经安装
[root@libvirt ~]# rpm -q libvirt
package libvirt is not installed
[root@libvirt ~]# rpm -q qemu
package qemu is not installed
//检查 KVM 模块是否已经被系统加载
[root@libvirt ~]# lsmod | grep kvm
kvm_intel              162153  0
kvm                    525259  1 kvm_intel
//安装 Qemu 及 Libvirt
[root@libvirt ~]# yum install -y qemu-kvm libvirt
//检查系统中已安装的相关软件包
[root@libvirt ~]# rpm -qa | grep libvirt
libvirt-daemon-3.9.0-14.el7_5.5.x86_64
libvirt-daemon-driver-lxc-3.9.0-14.el7_5.5.x86_64
libvirt-daemon-driver-nodedev-3.9.0-14.el7_5.5.x86_64
……
```

至此，在无图形化界面的 CentOS 7 系统上安装 Libvirt 环境已经完成，由于 Libvirt 是跨平台的，而且还支持微软公司的 Hyper-V 虚拟化，所以也可以在 Windows 上安装 Libvirt，甚至编译 Libvirt。可以到 Libvirt 官方的网页中查看和下载能在 Windows 上运行的 Libvirt 安装程序。不过，由于 Libvirt 主要还是基于 Linux 开发的，而且支持它的公司（Red Hat 等）中的开发者和个人开发者大多数都是 Linux 程序员，故 Libvirt 的 Windows 版本还是处于开发中的，开发进度并不如 Linux 上的 Libvirt 开发得快，前面提到能下载的 Libvirt Windows 版也是实验性的版本，而不是正式产品的发行版，其功能并不保证是非常完善的。

3.4.2 Libvirt 的配置

1. Libvirt 的配置文件

Libvirt 相关的配置文件都在 /etc/libvirt/ 目录下：

```
[root@libvirt ~]# cd /etc/libvirt/
[root@libvirt libvirt]# ls
libvirt-admin.conf    libvirtd.conf    nwfilter    qemu.conf         virtlockd.conf
libvirt.conf          lxc.conf         qemu        qemu-lockd.conf   virtlogd.conf
```

下面简单介绍其中几个重要的配置文件。

（1）/etc/libvirt/libvirt.conf

libvirt.conf 文件用于配置一些常用的 Libvirt 连接（通常是远程连接）的别名，和 Linux 中的普通配置文件一样，在该配置文件中以#号开头的行是注释，如下所示：

```
[root@libvirt libvirt]# cat libvirt.conf
#
# This can be used to setup URI aliases for frequently
# used connection URIs. Aliases may contain only the
# characters    a-Z, 0-9, _, -.
#
# Following the '=' may be any valid libvirt connection
# URI, including arbitrary parameters
URI_aliases = [
     "remote=qemu+ssh://root@192.168.154.154/system",
]
#
# These can be used in cases when no URI is supplied by the application
# (@URI_default also prevents probing of the hypervisor driver).
#
#uri_default = "qemu:///system"
```

其中，URI_aliases 项是用来配置远程连接的别名的，在此配置了 remote 这个别名，用于指代 qemu+ssh:// root@192.168.154.154/system 这个远程的 Libvirt 连接。有这个别名后，就可以在用 Virsh 等工具或自己写代码调用 Libvirt API 时使用这个别名，而不需要写完整的、冗长的 URI 连接标识了。使用 Virsh 这个别名，连接到远程的 Libvirt 上查询当前已经启动的客户机状态，然后退出连接，操作如下：

```
[root@libvirt libvirt]# systemctl restart libvirtd
[root@libvirt libvirt]# virsh -c remote
The authenticity of host '192.168.154.154 (192.168.154.154)' can't be established.
ECDSA key fingerprint is 22:93:6e:b7:a2:4e:0e:36:33:ab:77:d9:00:e7:8f:48.
Are you sure you want to continue connecting (yes/no)? yes
root@192.168.154.154's password:
Welcome to virsh, the virtualization interactive terminal.

Type:  'help' for help with commands
       'quit' to quit
```

```
virsh # list
 Id    Name                          State
----------------------------------------------------
```

（2）/etc/libvirt/libvirtd.conf

libvirtd.conf 是 Libvirt 的守护进程 Libvirtd 的配置文件，被修改后需要让 Libvirtd 重新加载配置文件（或重启 Libvirtd 服务）才会生效。在 libvirtd.conf 文件中，#号开头的行是注释内容，真正有用的配置在文件的每一行使用"配置项=值"（如 tcp_port="16509"）这样的配置格式来设置。在 libvirtd.conf 中配置了 Libvirtd 启动时的许多配置，包括是否建立 TCP、UNIX Domain Socket 等连接方式及其最大连接数，以及这些连接的认证机制等。

例如，下面的几个配置项表示关闭 TLS 安全认证的连接（默认值是关闭的）、打开 TCP 连接（默认值是关闭的）、设置 TCP 监听的端口、设置 UNIX Domain Socket 的保存目录及设置 TCP 连接不适用认证授权方式等。

```
[root@libvirt libvirt]# cat libvirtd.conf  |egrep -v "^#|^$"
listen_tls = 0
listen_tcp = 1
tcp_port = "16509"
unix_sock_dir = "/var/run/libvirt"
auth_tcp = "none"
```

注：要让 TCP、TLS 等连接生效，需要在启动 Libvirtd 时加上 --listen 参数（简写为-l）。而默认的 systemctl libvirtd start 命令在启动 Libvirtd 服务时并没有带 --listen 参数，所以如果要使用 TCP 等连接方式，可以使用 Libvirtd --listen -d 命令来启动 Libvirtd。

以上配置选项将 UNIX Socket 放到/var/run/libvirt 目录下，启动 Libvirtd 并检验配置是否生效，操作如下：

```
//需要先编写/etc/hosts 文件，将主机名映射填写好，否则启动时会报错
[root@libvirt libvirt]# vi /etc/hosts
127.0.0.1     localhost localhost.localdomain localhost4 localhost4.localdomain4
::1           localhost localhost.localdomain localhost6 localhost6.localdomain6
192.168.154.154 libvirt
[root@libvirt libvirt]# libvirtd --listen -d
//如果出现 libvirtd: error: Unable to obtain pidfile. Check /var/log/messages or run without --daemon for more info.报错的话，只需要将/run/libvirtd.pid 文件删除，再重新执行此命令即可
[root@libvirt libvirt]# virsh -c qemu+tcp://localhost:16509/system
Welcome to virsh, the virtualization interactive terminal.

Type:  'help' for help with commands
       'quit' to quit

virsh # quit
[root@libvirt libvirt]# ls /var/run/libvirt/libvirt-sock*
/var/run/libvirt/libvirt-sock   /var/run/libvirt/libvirt-sock-ro
```

（3）/etc/libvirt/qemu.conf

qemu.conf 是 Libvirt 对 Qemu 的驱动的配置文件，包括 VNC、SPICE 等和连接它们时采用的权限认证方式的配置，也包括内存大页、SELinux、Cgroups 等相关配置。

2. /etc/libvirt/qemu/目录

在 qemu 目录下存放的是使用 Qemu 驱动的域的配置文件，查看 qemu 目录如下：

```
[root@libvirt libvirt]# ls qemu
networks
```
由于还没有创建虚拟机，所以只显示了一个网络的配置文件夹。

3.4.3 Libvirtd 的使用

Libvirtd 是一个作为 Libvirt 虚拟化管理系统中的服务器端的守护进程，要让某个结点能够利用 Libvirt 进行管理（无论是本地还是远程管理），都需要在这个结点上运行 Libvirtd 这个守护进程，以便让其他上层管理工具可以连接到该结点，Libvirtd 负责执行其他管理工具发送给它的虚拟化管理操作指令。而 Libvirt 的客户端工具（包括 Virsh、Virt-Manager 等）可以连接到本地或远程的 Libvirtd 进程，以便管理结点上的客户机（启动、关闭、重启、迁移等），收集结点上的宿主机和客户机的配置和资源使用状态。

在 CentOS 7 中 Libvirtd 是作为一个服务配置在系统中的，所以可以通过 systemctl 命令对其进行操作。常用的操作方式有：systemctl start libvirtd 命令，表示启动 Libvirtd；systemctl restart libvirtd 命令，表示重启 Libvirtd，systemctl reload libvirtd 命令，表示不重启服务但重新加载配置文件。

在默认情况下，Libvirtd 在监听一个本地的 UNIX Domain Socket，而没有监听基于网络的 TCP/IP Socket，需要使用-l 或--listen 的命令行参数来开启对 libvirtd.conf 配置文件中 TCP/IP Socket 的配置。另外，Libvirtd 守护进程的启动或停止，并不会直接影响正在运行中的客户机。Libvirtd 在启动或重启完成时，只要客户机的 XML 配置文件是存在的，Libvirtd 就会自动加载这些客户的配置，获取它们的信息；当然，如果客户机没有基于 Libvirt 格式的 XML 文件来运行，Libvirtd 则不能发现它。

Libvirtd 是一个可执行程序，不仅可以使用 systemctl 命令调用它作为服务来运行，而且可以单独地运行 libvirtd 命令来使用它。下面介绍几种 Libvirtd 命令行的参数。

1. -d 或--daemon
表示让 Libvirtd 作为守护进程（Daemon）在后台运行。

2. -f 或--config FILE
指定 Libvirtd 的配置文件为 FILE，而不是使用默认值（通常是/etc/libvirt/libvirtd.conf）。

3. -l 或--listen
开启配置文件中配置的 TCP/IP 连接。

4. -p 或--pid-file FILE
将 Libvirtd 进程的 PID 写入到 FILE 文件中，而不是使用默认值。

5. -t 或--timeout SECONDS
设置对 Libvirtd 连接的超时时间为 SECONDS（秒）。

6. -v 或--verbose
执行命令输出详细的输出信息。特别是在运行出错时，详细的输出信息便于用户查找原因。

7. --version
显示 Libvirtd 程序的版本信息。

关于 Libvirtd 命令的使用，几个简单的命令行操作如下：

```
//使用 libvirtd 命令前，需要停止已有的服务
[root@libvirt libvirt]# systemctl stop libvirtd
[root@libvirt libvirt]# libvirtd --version
libvirtd (libvirt) 3.9.0
[root@libvirt libvirt]# libvirtd
2018-07-04 16:59:15.987+0000: 33500: info : libvirt version: 3.9.0, package: 14.el7_5.5 (CentOS BuildSystem <http://bugs.centos.org>, 2018-05-22-02:42:56, c1bm.rdu2.centos.org)
```

```
2018-07-04 16:59:15.987+0000: 33500: info : hostname: libvirt
```
//没有以 Daemon 的形式启动,标准输出被 Libvirtd 占用;这里按 Ctrl+C 组合键结束掉 Libvirtd 进程,以便继续进行后台操作

3.4.4 Virsh

Libvirt 项目的源代码中就包含了 Virsh 这个虚拟化管理工具的代码。Virsh 是用于管理虚拟化环境中的客户机和 Hypervisor 的命令行工具,与 Virt-Manager 等工具类似,它也通过调用 Libvirt API 来实现虚拟化的管理。Virsh 是完全在命令行文本模式下运行的用户态工具,它是系统管理员通过脚本程序实现虚拟化自动部署和管理的理想工具之一。

在使用 Virsh 命令进行虚拟化管理操作时,可以使用两个工作模式:交互模式和非交互模式。交互模式是连接到相应的 Hypervisor 上,然后输入一个命令得到一个返回结果,直到用户使用 Quit 命令退出连接。非交互模式是直接在命令行中一个建立连接的 URI 之后添加需要执行的一个或多个命令,执行完成后将命令的输出结果返回到当前终端上,然后自动断开连接。

1. 使用 Virsh 的交互模式

命令行操作如下所示。

```
[root@libvirt ~]# virsh    //直接输入 virsh 命令会自动连接至本机的 Hypervisor
Welcome to virsh, the virtualization interactive terminal.

Type:  'help' for help with commands
       'quit' to quit

virsh # quit
[root@libvirt ~]# virsh -c qemu+ssh://root@localhost/system   //效果与以上相同
The authenticity of host 'localhost (::1)' can't be established.
ECDSA key fingerprint is 95:73:6d:58:e2:f0:27:80:1d:dc:5d:48:41:6e:4a:15.
Are you sure you want to continue connecting (yes/no)? yes
root@localhost's password:
Welcome to virsh, the virtualization interactive terminal.

Type:  'help' for help with commands
       'quit' to quit

virsh # quit
```

使用 virsh 的非交互模式,命令行操作如下所示:

```
[root@libvirt ~]# virsh list
 Id    Name                           State
----------------------------------------------------

[root@libvirt ~]# virsh -c qemu+ssh://root@localhost/system "list"
root@localhost's password:
 Id    Name                           State
----------------------------------------------------
```

2. Virsh 常用命令

Virsh 命令行工具使用 Libvirt API 实现了很多命令来管理 Hypervisor、结点和域,实现了前面第 2 章提到的 Qemu-KVM 命令行中的多数参数。这里只能说,Virsh 实现了对 Qemu-KVM 中的多数而不是全部的功能调用,这是和开发模式及流程相关的,Libvirt 中实现的功能和最新的 Qemu-KVM 中的功能相比有一定的滞后性。一般来说,一个功能都是先在 Qemu-KVM 代码中实现,然后修改 Libvirt

的代码，最后由 Virsh 这样的用户空间工具添加相应的命令接口去调用 Libvirt 来实现。当然，除了 Qemu-KVM 和 Libvirt，Virsh 还实现了对 Xen、VMware 等其他 Hypervisor 的支持。

Virsh 工具有很多命令和功能，本小节仅针对 Virsh 的一些常见命令进行简单介绍，一些更详细的参考文档可以在 Linux 系统中通过 man virsh 命令查看帮助文档。这里将 Virsh 常用命令划分为五个类别分别进行介绍，在介绍 Virsh 命令时，使用的是 CentOS 7 系统中的 Libvirt 3.9.0 版本，并假设已经通过交互模式连接到本地或远程的一个 Hypervisor 的 System 实例上，以在交互模式中使用的命令作为本节的示例。另外，介绍一个输入 Virsh 命令的小技巧：在交互模式中输入命令的交互方式，与在终端中输入 Shell 命令进行的交互类似，可以使用 Tab 键根据已经输入的部分字符（在 Virsh 支持的范围内）进行联想，从而找到匹配的命令。

（1）域管理的命令

Virsh 非常重要的功能之一就是实现对域（客户机）的管理，当然与其相关的命令也是最多的，而且后面的网络管理、存储管理也都有很多是对域的管理。域管理的命令及功能描述如表 3-1 所示。

表 3-1　域管理的命令及功能描述

命令	功能描述
list	获取当前结点上所有域的列表
domstate <id or name or uuid>	获取一个域的运行状态
dominfo <id>	获取一个域的基本信息
domid <name or uuid>	根据域的名称或 UUID 返回域的 ID 值
domname <name or uuid>	根据域的 ID 或 UUID 返回域的名称
dommemstat <id>	获取一个域的内存使用情况的统计信息
setmem <id> <mem-size>	设置一个域的内存大小（默认单位为 kB）
vcpuinfo <id>	获取一个域的 VCPU 的基本信息
vcpupin <id> <vcpu> <pcpu>	将一个域的 VCPU 绑定到某个物理 CPU 上运行
setvcpus <id> <vcpu-num>	设置一个域的 VCPU 个数
vncdisplay <id>	获取一个域的 VNC 连接 IP 地址和端口
create <dom.xml>	根据域的 XML 配置文件创建一个域（客户机）
suspend <id>	暂停一个域
resume <id>	唤醒一个域
shutdown <id>	让一个域执行关机操作
reboot <id>	让一个域重启
reset <id>	强制重启一个域，相当于在物理机器上按电源"RESET"按钮（可能会损坏该域的文件系统）
destory <id>	立即销毁一个域，相当于直接拔掉物理机器的电源线（可能会损坏该域的文件系统）
save <id> <file.img>	保存一个运行中的域的状态到一个文件中
restore <file.img>	从一个被保存的文件中恢复一个域的运行
migrate <id> <dest_url>	将一个域迁移到另外一个目的地址
dumpxml <id>	以 XML 格式转存出一个域的信息到标准输出中
attach-device <id> <device.xml>	向一个域添加 XML 文件中的设备（热插拔）
detach-device <id> <device.xml>	将 XML 文件中的设备从一个域中移除
console <id>	连接到一个域的控制台

(2)宿主机和 Hypervisor 的管理命令

一旦建立有特权的连接,Virsh 也可以对宿主机和 Hypervisor 进行管理,主要是对宿主机和 Hypervisor 信息的查询。

表 3-2 列出了对宿主机和 Hypervisor 进行管理的部分常用的 Virsh 命令及功能描述。

表 3-2 对宿主机和 Hypervisor 进行管理的部分常用的 Virsh 命令及功能描述

命令	功能描述
version	显示 Libvirt 和 Hypervisor 的版本信息
sysinfo	以 XML 格式打印宿主机系统的信息
nodeinfo	显示该结点的基本信息
uri	显示当前连接的 URI
hostname	显示当前结点(宿主机)的主机名
capabilities	显示该结点宿主机和客户机的架构和特性
freecell	显示当前 NUMA 单元的可用空闲内存
nodememstats <cell>	显示该结点的(某个)内存单元使用情况的统计
connect <uri>	连接到 URI 指示的 Hypervisor
nodecpustats <cpu-num>	显示该结点的(某个)CPU 使用情况的统计
qemu-attach <pid>	根据 PID 添加一个 Qemu 进程到 Libvirt 中
qemu-monitor-command domain [--hmp] command	向域的 Qemu Monitor 中发送一个命令;一般需要--hmp 参数,以便直接传入 monitor 中的命令而不需要转换

(3)网络的管理命令

Virsh 可以对结点上的网络接口和分配给域的虚拟网络进行管理。

表 3-3 列出了网络管理中的一小部分常用的命令及功能描述。

表 3-3 网络管理中的一小部分常用的命令及功能描述

命令	功能描述
iface-list	显示出物理主机的网络接口列表
iface-mac <if-name>	根据网络接口名称查询其对应的 MAC 地址
iface-name <MAC>	根据 MAC 地址查询其对应的网络接口名称
iface-edit <if-name-or-uuid>	编辑一个物理主机的网络接口的 XML 配置文件
iface-dumpXML < if-name-or-uuid >	以 XML 格式转存出一个网络接口的状态信息
iface-destory <if-name-or-uuid>	关闭宿主机上一个物理网络接口
net-list	列出 Libvirt 管理的虚拟网络
net-info <net-name-or-uuid>	根据名称查询一个虚拟网络的基本信息
net-uuid <net-name>	根据名称查询一个虚拟网络的 UUID
net-name <net-uuid>	根据 UUID 查询一个虚拟网络的名称
net-create <net.xml>	根据一个网络 XML 配置文件创建一个虚拟网络
net-edit <net-name-or-uuid>	编辑一个虚拟网络的 XML 配置文件
net-dumpxml <net-name-or-uuid>	转存出一个虚拟网络的 XML 格式化的配置信息
net-destory <net-name-or-uuid>	销毁一个虚拟网络

（4）存储池和存储卷的管理命令

Virsh 也可以对结点上的存储池和存储卷进行管理，其命令及功能描述如表 3-4 所示。

表 3-4　对结点上的存储池和存储卷进行管理的命令及功能描述

命令	功能描述
pool-list	显示出 Libvirt 管理的存储池
pool-info <pool-name>	根据一个存储池名称查询其基本信息
pool-uuid <pool-name>	根据存储池名称查询其 UUID
pool-create <pool.xml>	根据 XML 配置文件的信息创建一个存储池
pool-edit <pool-name-or-uuid>	编辑一个存储池的 XML 配置文件
pool-destory <pool-name-or-uuid>	关闭一个存储池（在 Libvirt 可见范围内）
pool-delete <pool-name-or-uuid>	删除一个存储池（不可恢复）
vol-list <pool-name-or-uuid>	查询一个存储池中的存储卷的列表
vol-name <vol-key-or-path>	查询一个存储卷的名称
vol-path --pool <pool> <vol-name-or-key>	查询一个存储卷的路径
vol-create <vol.xml>	根据 XML 配置文件创建一个存储池
vol-clone <vol-name-path> <name>	克隆一个存储卷
vol-delete <vol-name-or-key-or-path>	删除一个存储卷

（5）其他常用命令

除了对结点、Hypervisor、域、虚拟网络、存储池等的管理之外，Virsh 还有一些其他的命令，如表 3-5 所示。

表 3-5　其他常用命令及功能描述

命令	功能描述
help	显示出 Virsh 的命令帮助文档
pwd	打印出当前的工作目录
cd <your-dir>	改变当前工作目录
echo "test-content"	回显 echo 命令后参数中的内容
quit	退出 Virsh 的交互终端
exit	退出 Virsh 的交互终端（与 quit 命令功能相同）

以上部分命令会在后续实验中一一展示。

3.5　Libvirt XML 配置文件介绍

在使用 Libvirt 对虚拟化系统进行管理时，很多地方都将 XML 文件作为配置文件，包括客户机（域）的配置、宿主机网络接口配置、网络过滤、多个客户机的硬盘存储配置、硬盘加密、宿主机和客户机的 CPU 特性等。本节只针对客户机的 XML 文件格式进行较详细的介绍，因为客户机的配置是最基本和最重要的，了解它之后就可以使用 Libvirt 管理客户机了。

3.5.1　客户机 XML 配置文件格式示例

在 Libvirt 中，客户机（域）的配置是采用 XML 文件格式来描述的。下面展示了使用 Virt-Manager

创建的一个客户机的配置文件（有关于 Virt-Manager 会在第 4 章详细介绍），后面几节将会分析其中的主要配置项目。

```xml
<domain type='KVM'>
    <name>CentOS 7.0</name>
    <uuid>ab2d8c06-32d4-4aa1-988c-1e78cce5e969</uuid>
    <memory unit='KiB'>1048576</memory>
    <currentMemory unit='KiB'>1048576</currentMemory>
    <vCPU placement='static'>1</vCPU>
    <os>
      <type arch='x86_64' machine='pc-i440fx-RHEL7.0.0'>hvm</type>
      <boot dev='hd'/>
    </os>
    <features>
      <acpi/>
      <APIc/>
    </features>
    <cpu mode='custom' match='exact' check='partial'>
      <model fallback='allow'>ivybridge-ibrs</model>
    </cpu>
    <clock offset='utc'>
      <timer name='rtc' tickpolicy='catchup'/>
      <timer name='pit' tickpolicy='delay'/>
      <timer name='hpet' present='no'/>
    </clock>
    <on_poweroff>destroy</on_poweroff>
    <on_reboot>restart</on_reboot>
    <on_crash>destroy</on_crash>
    <pm>
<suspend-to-mem enabled='no'/>
      <suspend-to-disk enabled='no'/>
    </pm>
    <devices>
      <emulator>/usr/libexec/Qemu-KVM</emulator>
      <disk type='file' device='disk'>
        <driver name='Qemu' type='qcow2'/>
        <source file='/var/lib/libvirt/images/CentOS 7.0.qcow2'/>
        <target dev='vda' bus='virtio'/>
        <address type='pci' domain='0x0000' bus='0x00' slot='0x07' function='0x0'/>
      </disk>
      <disk type='file' device='cdrom'>
        <driver name='Qemu' type='raw'/>
        <target dev='hda' bus='ide'/>
        <readonly/>
        <address type='drive' controller='0' bus='0' target='0' unit='0'/>
```

```xml
    </disk>
    <controller type='usb' index='0' model='ich9-ehci1'>
      <address type='pci' domain='0x0000' bus='0x00' slot='0x05' function='0x7'/>
    </controller>
    <controller type='usb' index='0' model='ich9-uhci1'>
      <master startport='0'/>
      <address type='pci' domain='0x0000' bus='0x00' slot='0x05' function='0x0' multifunction='on'/>
    </controller>
    <controller type='usb' index='0' model='ich9-uhci2'>
      <master startport='2'/>
      <address type='pci' domain='0x0000' bus='0x00' slot='0x05' function='0x1'/>
    </controller>
    <controller type='usb' index='0' model='ich9-uhci3'>
      <master startport='4'/>
      <address type='pci' domain='0x0000' bus='0x00' slot='0x05' function='0x2'/>
    </controller>
    <controller type='pci' index='0' model='pci-root'/>
    <controller type='ide' index='0'>
      <address type='pci' domain='0x0000' bus='0x00' slot='0x01' function='0x1'/>
    </controller>
    <controller type='virtio-serial' index='0'>
      <address type='pci' domain='0x0000' bus='0x00' slot='0x06' function='0x0'/>
    </controller>
    <interface type='network'>
      <mac address='52:54:00:7f:39:62'/>
      <source network='default'/>
      <model type='virtio'/>
      <address type='pci' domain='0x0000' bus='0x00' slot='0x03' function='0x0'/>
    </interface>
    <serial type='pty'>
      <target type='isa-serial' port='0'>
        <model name='isa-serial'/>
      </target>
    </serial>
    <console type='pty'>
      <target type='serial' port='0'/>
    </console>
    <channel type='unix'>
      <target type='virtio' name='org.Qemu.guest_agent.0'/>
      <address type='virtio-serial' controller='0' bus='0' port='1'/>
    </channel>
    <channel type='spicevmc'>
      <target type='virtio' name='com.Red Hat.spice.0'/>
```

```xml
        <address type='virtio-serial' controller='0' bus='0' port='2'/>
      </channel>
      <input type='tablet' bus='usb'>
        <address type='usb' bus='0' port='1'/>
      </input>
      <input type='mouse' bus='ps2'/>
      <input type='keyboard' bus='ps2'/>
      <graphics type='spice' autoport='yes'>
        <listen type='address'/>
        <image compression='off'/>
      </graphics>
      <sound model='ich6'>
        <address type='pci' domain='0x0000' bus='0x00' slot='0x04' function='0x0'/>
      </sound>
      <video>
        <model type='qxl' ram='65536' vram='65536' vgamem='16384' heads='1' primary='yes'/>
        <address type='pci' domain='0x0000' bus='0x00' slot='0x02' function='0x0'/>
      </video>
      <redirdev bus='usb' type='spicevmc'>
        <address type='usb' bus='0' port='2'/>
      </redirdev>
      <redirdev bus='usb' type='spicevmc'>
        <address type='usb' bus='0' port='3'/>
      </redirdev>
      <memballoon model='virtio'>
        <address type='pci' domain='0x0000' bus='0x00' slot='0x08' function='0x0'/>
      </memballoon>
    </devices>
</domain>
```

由上面的配置文件示例可以看到，在该域的 XML 文件中所有有效的配置都在<domain>和</domain>标签之间，这表明该配置文件是一个域的配置（XML 文档中注释在两个特殊的标签之间，如<!—注释内容-->）。

通过 Libvirt 启动客户机，经过文件解析和命令参数的转换，最终也会调用 Qemu-KVM 命令行工具来实际完成客户机的创建。用这个 XML 配置文件启动的客户机，它的 Qemu-KVM 命令行参数是非常详细且非常冗长的一行，查询 Qemu-KVM 命令行参数的操作如下：

```
[root@libvirt ~]# ps -e | grep qemu
10143 ?        00:00:43 qemu-kvm
```

可以看到 Libvirt 通过调用 Qemu-KVM 命令来创建此虚拟机，对于 Qemu-KVM 的参数在第 2 章已经进行了详细介绍，本节不过多叙述。

3.5.2 CPU、内存、启动顺序等基本配置

1. CPU 的配置

在前面介绍的示例配置文件中，关于 CPU 的配置如下：

```
<vcpu placement='static'>1</vcpu>
<features>
  <acpi/>
  <APIc/>
  <pae/>
</fetures>
```

vcpu 标签表示客户机中 VCPU 的个数，这里为 1 个。features 标签表示 Hypervisor 为客户机打开或关闭 CPU 或其他硬件的特性，这里打开了 ACPI、APIC、PAE 等特性。当然，CPU 的特性是在该客户机的 CPU 模型中定义的，如 CentOS 7 中的 Qemu-KVM 默认该客户机的 CPU 模型是 CPU64-RHEL7（CentOS 属于 Red Hat 系，所以这里是 RHEL7），该 CPU 模型中的特性（如 SSE2、LM、NX、TSC 等）也是该客户机使用的。

对 CPU 的分配，可以有更精细的配置，例如：

```
<domain>
  ...
  <vcpu placement='static' cpuset="1-4,^3,6" current="1">2</vcpu>
  ...
</domain>
```

cpuset 表示允许到哪些物理 CPU 上执行，这里表示客户机的 1 个 VCPU 被允许调度到 1、2、4、6 号物理 CPU 上执行（^3 表示排除 3 号），而 current 表示启动客户机时只给一个 VCPU，最多可以增加到使用 2 个 VCPU。

当然 Libvirt 还提供 cputune 标签来对 CPU 分配进行更多调节，如下：

```
<domain>
  ...
  <cputune>
    <vcpupin vcpu="0" cpuset="1"/>
    <vcpupin vcpu="1" cpuset="2,3"/>
    <vcpupin vcpu="2" cpuset="4"/>
    <vcpupin vcpu="3" cpuset="5"/>
    <emulatorpin cpuset="1-3"/>
    <shares>2048</shares>
    <period>100000</period>
    <quota>-1</quota>
    <emulator_period>100000</emulator_period>
    <emulator _quota>-1</emulator _quota>
  </cputune>
  ...
</domain>
```

这里只简单解释其中几个配置，vcpupin 标签表示将虚拟 CPU 绑定到某一个或多个物理 CPU 上，如 "<vcpupin vcpu="2" cpuset="4"/>" 表示将客户机 2 号虚拟 CPU 绑定到 4 号物理 CPU 上运行。"<emulatorpin cpuset="1-3"/>" 表示将 Qemu Emulator 绑定到 1~3 号物理 CPU 上。在不设置任何 vcpupin 和 cpuset 的情况下，客户机的虚拟 CPU 默认会被调度到任何一个物理 CPU 上去运行。"<shares>2048</shares>" 表示客户机占用 CPU 时间的加权配额，一个配额为 2 048 的域，会获得的 CPU 执行时间是配置 1 024 的域的两倍。如果不设置 shares 值，就会使用宿主机系统提供的默认值。

2. 内存的配置

在该域的 XML 配置文件中，内存大小的配置如下：

```
<memory unit='KiB'>1048576</memory>
<currentMemory unit='KiB'>1048576</currentMemory>
```

可以看出，内存大小为 1 048 576 kB（即 1 GB），memory 标签中的内存表示客户机最大可用的内存，currentMemory 标签中的内存表示启动时即分配给客户机使用的内存。在使用 Qemu/KVM 时，一般将两者设置为相同的值。

另外，内存的 ballooning 相关的配置包含在 devices 这个标签的 memballoon 子标签中，该标签配置了该客户机的内存气球设备，如下：

```
<devices>
  <memballoon model='virtio'>
    <alias name='balloon0'/>
    <address type='pci' domain='0x0000' bus='0x00' slot='0x08' function='0x0'/>
  </memballoon>
</devices>
```

该配置将为客户机分配一个使用 virtio-balloon 驱动的设备，以便实现客户机内存的 ballooning 调节，该设备在客户机中的 PCI 设备编号为 0000:00:08.0。

3. 客户机系统类型和启动顺序

客户机系统类型及其启动顺序在 os 标签中配置如下：

```
<os>
  <type arch='x86_64' machine='pc-i440fx-RHEL7.0.0'>hvm</type>
  <boot dev='hd'/>
</os>
```

这样的配置表示客户机类型是 HVM 类型，HVM（硬件虚拟机，Hardware Virtual Machine）原本是 Xen 虚拟化中的概念，它表示在硬件辅助虚拟化技术（Intel VT 或 AMD-V 等）的支持下，不需要修改客户机操作系统就可以启动客户机。因为 KVM 一定要依赖于硬件虚拟化技术的支持，所以在 KVM 中，客户机类型应该总是 HVM，操作系统的架构是 X86_64，机器类型是 RHEL7.0。boot 选项用于设置客户机启动的设备，这里是从 HD（即硬盘）中启动的，还可以设置为 CD-ROM，表示从光驱启动，并可以设置其启动顺序，只要在 XML 文件中定义上下级关系即可。

3.5.3 网络的配置

1. 桥接方式的网络配置

在域的 XML 文件中，如下的配置即实现了使用桥接方式的网络：

```
<devices>
  <interface type='bridge'>
    <mac address='24:61:00:6f:49:32'/>
    <source bridge=' virBR0'/>
    <model type='virtio'/>
    <alias name='net0'/>
    <address type='pci' domain='0x0000' bus='0x00' slot='0x03' function='0x0'/>
  </interface>
</devices>
```

type='bridge'表示使用桥接方式使客户机获得网络，mac address 用于配置客户机中网卡的 MAC 地址，<source bridge='virBR0'/>表示使用宿主机中的 virBR0 网络接口来建立网桥，<model type='virtio'/>表示在客户机中使用 virtio-net 驱动的网卡设备，也配置了该网卡在客户机中的 PCI 设备编号为 0000:00:03.0。在前面的章节已经介绍过几种不同的网络配置方式，而在 Libvirt 中都有对它们的相应支持。

2. NAT 方式的虚拟网络配置

在示例中，我们采用的就是 NAT 模式的网络配置，NAT 方式的虚拟网络的配置示例如下：

```xml
<devices>
  <interface type='network'>
    <mac address='52:54:00:7f:39:62'/>
    <source network='default' bridge='virBR0'/>
    <target dev='vnet0'/>
    <model type='virtio'/>
    <alias name='net0'/>
    <address type='pci' domain='0x0000' bus='0x00' slot='0x03' function='0x0'/>
  </interface>
</devices>
```

这里的设置为 type='network'和 source network='default' bridge='virBR0'/>表示使用 NAT 的方式，并使用默认的网络配置，客户机将会分配到类似 192.168.122.0/24 网段中的一个 IP 地址（此 IP 地址可以在宿主机查询 virBR0 网络的信息中看到）。

由于配置使用了默认的 NAT 网络配置，可以在 Libvirt 相关的网络配置中看到一个 default.xml 文件（/usr/share/libvirt/networks/default.xml），它具体配置了默认的连接方式，如下所示：

```xml
<network>
  <name>default</name>
  <bridge name="virBR0"/>
  <forward/>
  <ip address="192.168.122.1" netmask="255.255.255.0">
    <dhcp>
      <range start="192.168.122.2" end="192.168.122.254"/>
    </dhcp>
  </ip>
</network>
```

在使用 NAT 时，查看宿主机网桥的使用情况如下：

```
[root@libvirt ~]# brctl show
bridge name     bridge id               STP enabled     interfaces
BR0             8000.000000000000       no
virBR0          8000.52540052a456       yes             virBR0-nic
                                                        vnet0
```

其中 vnet0 这个网络接口就是客户机和宿主机网络连接的纽带。

3. 用户模式网络的配置

在域的 XML 文件中，如下的配置即实现了使用用户模式的网络：

```xml
<devices>
  ...
```

```xml
<interface type='user'>
    <mac address="00:11:22:33:44:55">
</interface>
...
</devices>
```

其中，type='user'表示该客户机的网络接口是用户模式网络，是完全由 Qemu-KVM 软件模拟的一个网络协议栈。在宿主机中，是没有一个虚拟的网络接口连接到 virBR0 这样的网桥的。

3.5.4 存储的配置

在示例的域 XML 配置文件中，关于客户机硬盘的配置如下：

```xml
<devices>
...
<disk type='file' device='disk'>
    <driver name='qemu' type='qcow2'/>
    <source file='/var/lib/libvirt/images/centos 7.0.qcow2'/>
    <backingStore/>
    <target dev='vda' bus='virtio'/>
    <alias name='virtio-disk0'/>
    <address type='pci' domain='0x0000' bus='0x00' slot='0x07' function='0x0'/>
</disk>
</devices>
```

上面的配置表示，使用 QCOW2 格式的 centos 7.0.qcow2 镜像文件作为客户机的硬盘，其在客户机中使用 virtio 总线（使用 virtio-blk 驱动），设备名称为/dev/vda，其 PCI 地址为 0000:00:07.0。

disk 标签是客户机硬盘配置的主标签，其中包含它的属性和一些子标签。它的 type 属性表示硬盘使用哪种类型作为硬盘的来源，其取值为 file、block、dir 或 network 中的一个，分别表示使用文件、块设备、目录或网络来作为客户机硬盘的来源。它的 device 属性表示让客户机如何使用该硬盘设备，其取值为 floppy、disk、cdrom 或 lun 中的一个，分别表示软盘、硬盘、光盘和 LUN（逻辑单元号），其默认值为 disk（硬盘）。

在 disk 标签中可以配置许多的子标签，这里仅简单介绍一下上面示例中出现的几个重要的子标签。driver 子标签用于定义 Hypervisor 如何为该硬盘提供驱动，它的 name 属性用于指定宿主机中使用的后端驱动名称，Qemu/KVM 仅支持 name='qemu'，但是它支持的类型（type）可以是多种，包括 RAW、QCOW2、QED、Bochs 等。

source 子标签表示硬盘的来源，当 disk 标签的 type 属性为 file 时，应该配置为 source file='/var/lib/libvirt/images/centos 7.0.qcow2'/这样的模式，而 type 属性为 block 时，应该配置为 source dev='/dev/sda'/样的模式。

target 子标签表示将硬盘暴露给客户机时的总线类型和设备名称。其 dev 属性表示在客户机中该硬盘设备的逻辑设备名称，而 bus 属性表示该硬盘设备被模拟挂载的总线类型，bus 属性的值可以为 ide、scsi、virtio、xen、usb、sata 等。如果省略了 bus 属性，Libvirt 则会根据 dev 属性中的名称来"推测" bus 属性的值。例如，sda 会被推测是 scsi，而 vda 会被推测是 virtio。

address 子标签表示该硬盘设备在客户机中的 PCI 地址，这个标签在前面网络配置中也是多次出现的，如果该标签不存在，Libvirt 会自动分配一个地址。

3.5.5 其他配置简介

1. 域的配置

在域的整个 XML 配置文件中，domain 标签是范围最大、最基本的标签，是其他所有标签的根标签。在示例的域的 XML 配置文件中，<domain>标签的配置如下：

```
<domain type='kvm' id='2'>
...
</domain>
```

在 domain 标签中可以配置两个属性：一个是 type，用于表示 Hypervisor 的类型，可选的值为 xen、kvm、qemu、lxc、kqemu、vmware 等中的一个；另一个是 ID，其值是一个数字，用于在该宿主机的 Libvirt 中唯一标识一个运行着的客户机，如果不设置 ID 属性，Libvirt 会按顺序分配一个最小的可用 ID。

2. 域的元数据配置

在域的 XML 文件中，有一部分用于配置域的元数据（metadata）。元数据用于表示域的属性（用于区别其他的域）。在示例的域的 XML 文件中，元数据的配置如下：

```
<name>centos 7.0</name>
<uuid>ab2d8c06-32d4-4aa1-988c-1e78cce5e969</uuid>
```

其中，name 用于表示该客户机的名称，uuid 是唯一标识该客户机的 UUID。在同一个宿主机上，各个客户机的名称和 UUID 都必须是唯一的。

3. Qemu 模拟器的配置

在域的配置文件中，需要制定使用的设备模型的模拟器，在 emulator 标签中配置模拟器的绝对路径。在示例的域的 XML 文件中，模拟器的配置如下：

```
<devices>
    <emulator>/usr/libexec/qemu-kvm</emulator>
    ...
</devices>
```

可以看出，这里模拟器的配置是通过调用 Qemu-KVM 命令实现的。

4. 图形显示方式

在示例的域的 XML 文件中，对连接到客户机的图形显示方式的配置如下：

```
<devices>
    <graphics type='spice' port='5900' autoport='yes' listen='127.0.0.1'>
</devices>
```

这表示通过 SPICE 的方式连接到客户机，端口由 Libvirt 自动分配，且侦听地址为 127.0.0.1。

域的配置也可以支持其他多种类型的图形显示方式，包括 SDL、VNC、RDP、SPICE 等客户机显示方式。

5. 客户机的声卡和显卡的配置

在示例的域的 XML 文件中，该客户机的声卡和显卡的配置如下：

```
<devices>
...
    <sound model='ich6'>
        <alias name='sound0'/>
        <address type='pci' domain='0x0000' bus='0x00' slot='0x04' function='0x0'/>
    </sound>
```

```xml
<video>
    <model type='qxl' ram='65536' vram='65536' vgamem='16384' heads='1' primary='yes'/>
    <alias name='video0'/>
    <address type='pci' domain='0x0000' bus='0x00' slot='0x02' function='0x0'/>
</video>
...
</devices>
```

sound 标签表示的是声卡配置，其中 model 属性表示为客户机模拟出来的声卡的类型，其取值为 es1370、sb16、ac97 和 ich6 中的一个。

video 标签表示的是显卡配置，其中 model 子标签表示为客户机模拟的显卡的类型，它的类型（type）属性可以为 vga、cirrus、vmvga、Xen、vbox、qxl 等中的一个，vram 表示虚拟显卡的显存容量（单位为 kB），heads 属性表示显示屏幕的序号。

6. 串口和控制台

串口和控制台是非常有用的设备，特别是在调试客户机的内核时或在客户机宕机的情况下，一般都可以在串口或者控制台中查看到一些有利于系统管理员分析问题的日志信息。在示例的域的 XML 文件中，客户机串口和控制台的配置如下：

```xml
<devices>
    ...
    <serial type='pty'>
        <source path='/dev/pts/1'/>
        <target type='isa-serial' port='0'>
            <model name='isa-serial'/>
        </target>
        <alias name='serial0'/>
    </serial>
    <console type='pty' tty='/dev/pts/1'>
        <source path='/dev/pts/1'/>
        <target type='serial' port='0'/>
        <alias name='serial0'/>
    </console>
    ...
</devices>
```

以上设置了客户机的编号为 1 的串口（即/dev/pts/1），使用宿主机中的伪终端（pty）。在通常情况下，控制台（Console）配置在客户机中的类型为 serial，此时，如果没有配置串口（serial），则会将控制台的配置复制到串口配置中，如果已配置了串口，则 Libvirt 会将控制台的配置项忽略。

7. 输入设备

在示例的 XML 配置文件中，在客户机图形界面下进行交互的输入设备的配置如下：

```xml
<devices>
    ...
    <input type='tablet' bus='usb'>
    <input type='mouse' bus='ps2'>
    ...
</devices>
```

这里的配置会让 Qemu 模拟 PS2 接口的鼠标，还提供了 tablet 这种类型的设备，让光标可以在客户机获取绝对位置定位。

8. PCI 控制器

根据客户机架构的不同，Libvirt 默认会为客户机模拟一些必要的 PCI 控制器（而不需要在 XML 配置文件中指定），而一些 PCI 控制器需要显式地在 XML 配置文件中配置，在示例的域的 XML 文件中，一些 PCI 控制器的配置如下：

```
<controller type='usb' index='0' model='ich9-ehci1'>
    <alias name='usb'/>
    <address type='pci' domain='0x0000' bus='0x00' slot='0x05' function='0x7'/>
</controller>
<controller type='ide' index='0'>
    <alias name='ide'/>
    <address type='pci' domain='0x0000' bus='0x00' slot='0x01' function='0x1'/>
</controller>
```

这里显示制定了一个 USB 控制器和一个 IDE 控制器。Libvirt 默认还会为客户机分配一些必要的 PCI 设备，如 PCI 主桥（Host Bridge）、ISA 桥等。

【实验 4】 使用 virsh 创建虚拟机

（一）实验目的

- 掌握编写虚拟机的 XML 文件的方法。
- 掌握如何在 CentOS 7 系统上配置 Libvirt 环境。

（二）实验内容

通过 VMware 创建一台虚拟机，Libvirt 及 Qemu/KVM 环境已经被集成至 CentOS 7 系统内，只需要安装好图形化界面即可使用 Libvirt。只需将 VNC 服务配置好并能够在 Windows 客户端用 VNC Viewer 连接上即可。通过编写定义 Libvirt 虚拟机的 XML 文件来创建虚拟机，能够加深对 XML 文件各个标签的理解。

（三）实验步骤

（1）如何在无图形化界面系统环境下安装 Libvirt 环境在 3.4.1 小节已经介绍过了，在此采用直接安装带图形化界面的 CentOS 7 系统，通过 VMware 创建一台虚拟机，勾选 Intel VT-x 或 AMD-V CPU 虚拟化，安装完成后对虚拟机做以下操作。

```
[root@libvirt ~]# systemctl stop firewalld               //关闭防火墙
[root@libvirt ~]# systemctl disable firewalld            //设置开机不自启
Removed symlink /etc/systemd/system/dbus-org.fedoraproject.firewalld1.service.
Removed symlink /etc/systemd/system/basic.target.wants/firewalld.service.
[root@libvirt ~]# setenforce 0           //关闭 SELinux，并编辑其配置文件让其永久生效
[root@libvirt ~]# rm -rf /etc/yum.repos.d/*
[root@libvirt ~]# curl -o /etc/yum.repos.d/CentOS-Base.repo http://mirrors.aliyun.com/repo/Centos-7.repo           //配置 YUM 源
[root@libvirt ~]# yum clean all //清除 YUM 缓存
[root@libvirt ~]# yum install -y vnc tigervnc-server    //安装 VNC
[root@libvirt ~ ]# cp /lib/systemd/system/vncserver@.service    /lib/systemd/system/vncserver@:1.service                  //配置 VNC server
```

[root@libvirt ~]# vim /lib/systemd/system/ vncserver @:1.service
ExecStart=/usr/sbin/runuser -l root -c "/usr/bin/ vncserver %i"
PIDFile=/root/.vnc/%H%i.pid
[root@libvirt ~]# systemctl daemon-reload   //重新加载配置文件
[root@libvirt ~]# vncpasswd   //设置 VNC server 连接时的密码
Password:
Verify:
Would you like to enter a view-only password (y/n)? y
Password:
Verify:
[root@libvirt ~]# systemctl start vncserver @:1.service
[root@libvirt ~]# systemctl enable vncserver @:1.service
Created symlink from /etc/systemd/system/multi-user.target.wants/ vncserver @:1.service to /usr/lib/systemd/system/ vncserver @:1.service.

如图 3-7 所示，使用 Windows 的 VNC Viewer 客户端连接至虚拟机登录界面，连接成功界面如图 3-8 所示。

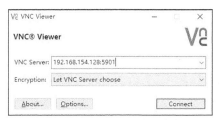

图 3-7　VNC Viewer 客户端连接至物理机

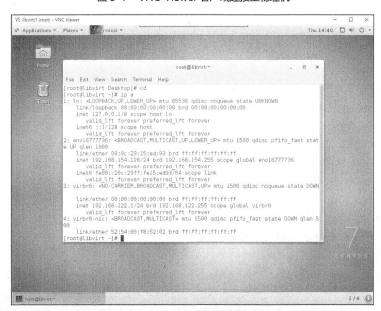

图 3-8　VNC Viewer 客户端连接成功界面

（2）编写 XML 配置文件。本次实验的虚拟机配置文件如下，有关标签的概念在 3.5.1 小节已经介绍过了，以下只介绍其中关键的标签项。

```xml
<domain type='KVM'>
    <name>centos7-1</name>   //虚拟机的名称
    <memory>1048576</memory>   //虚拟机的内存大小
    <currentMemory>1048576</currentMemory>   //虚拟机在开机时直接分配的内存大小，建议设置与 memory 一样的数值
    <vcpu>1</vcpu>   //虚拟机的 VCPU
    <os>
        <type arch='x86_64' machine='pc-i440fx-RHEL7.0.0'>hvm</type>  //虚拟机的架构
        <boot dev='cdrom'/>   //从光盘启动
    </os>
    <features>
        <acpi/>
        <APIc/>
        <pae/>
    </features>
    <clock offset='localtime'/>   //虚拟机时钟设置，这里表示本地本机时间
    <on_poweroff>destroy</on_poweroff>
    <on_reboot>restart</on_reboot>
    <on_crash>destroy</on_crash>
    <devices>
        <emulator>/usr/libexec/qemu-kvm</emulator>   //调用的 Qemu-KVM 工具路径
        <disk type='file' device='disk'>
            <driver name='qemu' type='qcow2'/>
            <source file='/opt/centos 7.qcow2'/>   //使用 qemu-img 命令创建的虚拟机硬盘
            <target dev='hda' bus='ide'/>
        </disk>
        <disk type='file' device='cdrom'>
            <source file='/root/CentOS-7-x86_64-DVD-1511.iso'/>   //光盘的路径
            <target dev='hdb' bus='ide'/>
        </disk>
        <interface type='network'>   //采用 net 网络模式
            <source network='default' bridge='virBR0'/>
            <mac address="00:16:3e:5d:aa:a8"/>
        </interface>
        <input type='mouse' bus='ps2'/>
        <input type='tablet' bus='usb'/>
        <input type='keyboard' bus='ps2'/>
        <graphics type='vnc' port='5905' autoport='no' listen = '0.0.0.0' keymap='en-us'/>
//这里配置的 VNC 端口可以在创建虚拟机后通过此端口连接至虚拟机的安装界面，也可以将 port 设置为 "port=-1 autoport='yes'"，这样 Libvirt 会自动分配 VNC 端口。若要添加 VNC 的连接密码，可以在 listen 前面添加 passwd='key'实现
    </devices>
</domain>
```

（3）创建虚拟机硬盘，然后将 CentOS 7 的镜像上传至系统内，放在 XML 文件说明的路径内，否则会报错。

[root@libvirt ~]# qemu-img create -f qcow2 /opt/centos 7.qcow2 20g
formatting '/opt/centos7.qcow2', fmt=qcow2 size=21474836480 encryption=off cluster_size=65536 lazy_refcounts=off
[root@libvirt ~]# ll CentOS-7-x86_64-DVD-1511.iso
-rw-r--r--. 1 qemu qemu 4329570304 Feb 26 16:41 CentOS-7-x86_64-DVD-1511.iso

（4）创建虚拟机。

[root@libvirt ~]# virsh create centos7.xml
Domain centos7-1 created from centos7.xml
//通过 create 子命令直接从 XML 文件中创建虚拟机，这属于临时创建虚拟机，在虚拟机 shutdown 后，通过 virsh list --all 也看不到此虚拟机，所以采用下面这种方式永久创建虚拟机

[root@libvirt ~]# virsh define centos7.xml
Domain centos 7-1 defined from test.xml
//这种方法用来定义虚拟机，并不会启动虚拟机，使用 virsh start 启动后，即使此虚拟机关闭了，也可以通过 virsh list --all 查看到

[root@libvirt ~]# virsh list --all
 Id   Name   State

 -     centos 7-1   shut off

[root@libvirt ~]# virsh start centos 7-1
Domain centos 7-1 started

[root@libvirt ~]# virsh list
 12   centos 7-1   running

（5）通过 Windows 的 VNC Viewer 客户端连接虚拟机的安装操作界面。这里需要注意的是，需要更改 Windows 端的 VNC Viewer 的颜色配置选项，如果不配置，会导致连接至虚拟机时闪退，如图 3-9、图 3-10 所示配置 ColorLevel。

图 3-9　VNC Viewer 客户端连接新 KVM 虚拟机

图 3-10　将 ColorLevel 的值设置成 rgb222

① 在 VNC Viewer 客户端窗口，选择"Options…"→"Expert"选项卡。
② 在"Expert"选项卡中将 ColorLevel 的值设置成 rgb222。
完成后单击"Connect"按钮进入虚拟机的安装界面，如图 3-11 所示。

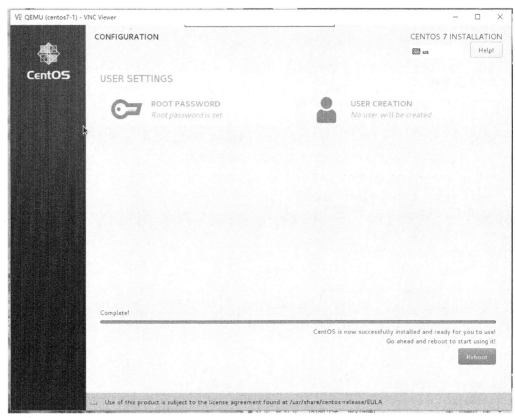

图 3-11　CentOS 7 安装界面

安装完成后，需要重新配置虚拟机，将虚拟机的开机启动方式改为从硬盘启动，如果不更改，之前的虚拟机 XML 配置文件中编写的是从 cdrom 启动，那么在重启之后还会进入安装界面。在此先关闭虚拟机，再重新编写 XML 文件。

```
[root@libvirt ~]# virsh list
 Id    Name                           State
----------------------------------------------------
 9     centos 7-1                     running

[root@libvirt ~]# virsh shutdown 9
Domain 9 is being shutdown
[root@libvirt ~]# virsh undefine centos 7-1
Domain CentOS 7-1 has been undefined
```

新的 XML 配置文件如下，这里主要是将 centos7.xml 中的启动盘由 cdrom 改为 hd，否则启动虚拟机后依然会再次执行安装操作系统给的过程，其他的没有改变。

```
<domain type='kvm'>
    <name>centos 7-1</name>
    <memory>1048576</memory>
```

```xml
    <currentMemory>1048576</currentMemory>
    <vcpu>1</vcpu>
    <os>
        <type arch='x86_64' machine='pc-i440fx-RHEL7.0.0'>hvm</type>
        <boot dev='hd'/>    //将原来的从 cdrom 启动改为从 hd 启动
    </os>
    <features>
        <acpi/>
        <apic/>
        <pae/>
    </features>
    <clock offset='localtime'/>
    <on_poweroff>destroy</on_poweroff>
    <on_reboot>restart</on_reboot>
    <on_crash>destroy</on_crash>
    <devices>
        <emulator>/usr/libexec/qemu-kvm</emulator>
        <disk type='file' device='disk'>
            <driver name='qemu' type='qcow2'/>
            <source file='/opt/centos 7.qcow2'/>
            <target dev='hda' bus='ide'/>
        </disk>
        <disk type='file' device='cdrom'>
            <source file='/root/CentOS-7-x86_64-DVD-1511.iso'/>
```

重新创建虚拟机并进入：

```
[root@libvirt ~]# virsh define centos 7.xml
Domain centos 7-1 defined from centos 7.xml
[root@libvirt ~]# virsh list --all
 Id    Name                           State
----------------------------------------------------
 -     centos 7-1                     shut off
[root@libvirt ~]# virsh start centos 7-1
Domain CentOS 7-1 started
```

注意 如果通过 virsh start 开启虚拟机出现以下报错 "error: Failed to start domain centos 7-1 error: internal error: process exited while connecting to monitor: 2018-07-05T08:43:12.775752Z Qemu-KVM: -drive file=/root/CentOS-7-x86_64-DVD-1511.iso,if=none,id=drive-ide0-0-1,readonly=on,format=raw: could not open disk image /root/CentOS-7-x86_64-DVD-1511.iso: Could not open '/root/CentOS-7-x86_64-DVD-1511.iso': Permission denied"，这是 root 对 qemu 没有操作权限，通过编辑/etc/libvirt/qemu.conf 文件，添加以下内容后重启 Libvirtd 服务即可。

```
user = "root"
group = "root"
dynamic_ownership = 0
```

通过 VNC Viewer 连接至虚拟机,如图 3-12 所示。

图 3-12　VNC 成功连接 KVM 虚拟机登录界面

【实验 5】　virsh 命令行工具虚拟机的管理

(一)实验目的
- 掌握 virsh 命令对虚拟机的基本操作。
- 熟悉虚拟机 XML 配置文件的标签含义。

(二)实验内容
通过使用 virsh 命令对虚拟机进行管理,加深对虚拟机 XML 配置文件各个子标签的理解。

(三)实验步骤
(1)查看域(虚拟机)列表。

```
[root@libvirt ~]# virsh list
 Id    Name                           State
----------------------------------------------------
 10    centos 7-1                     running
```

(2)查看域(虚拟机)的基本信息。

```
[root@libvirt ~]# virsh dominfo 10
Id:             10
Name:           CentOS 7-1
UUID:           0c8c1628-f67b-40d0-a30d-91931bd8918f
OS Type:        hvm
State:          running
CPU(s):         1
CPU time:       522.7s
Max memory:     1048576 kB
Used memory:    1048576 kB
Persistent:     no
Autostart:      disable
Managed save:   no
SecURIty model: selinux
SecURIty DOI:   0
```

SecURIty label: system_u:system_r:svirt_t:s0:c142,c347 (permissive)

（3）设置域（虚拟机）的内存大小（只能为小于 Max Memory 的大小，否则会报错）。

[root@libvirt ~]# virsh setmem 10 1572864

error: invalid argument: cannot set memory higher than max memory

[root@libvirt ~]# virsh setmem 10 51200 //调整为 500M

（4）查看一个域的 VCPU 基本信息。

[root@libvirt ~]# virsh vcpuinfo 10
vcpu: 0
cpu: 0
state: running
cpu time: 698.1s
cpu affinity: y

（5）将一个域的 VCPU 绑定到某个物理 CPU 上运行。

[root@libvirt ~]# virsh vcpupin 10 0 0 //将 10 号机器的 0 号 VCPU 绑定至宿主机的 0 号 CPU 上

（6）暂停一个域。

```
[root@libvirt ~]# virsh list
 Id    Name                           State
----------------------------------------------------
 10    centos 7-1                     running

[root@libvirt ~]# virsh suspend 10
Domain 10 suspended

[root@libvirt ~]# virsh list
 Id    Name                           State
----------------------------------------------------
 10    centos 7-1                     paused
```

（7）唤醒一个域。

```
[root@libvirt ~]# virsh resume 10
Domain 10 resumed

[root@libvirt ~]# virsh list
 Id    Name                           State
----------------------------------------------------
 10    centos 7-1                     running
```

（8）让一个域执行关机操作。

[root@libvirt ~]# virsh shutdown 10
Domain 10 is being shutdown

（9）保存一个运行中的域的状态到一个文件中，保存之后域即被关闭，需要从文件重新恢复此客户机。

```
[root@libvirt ~]# virsh list
 Id    Name                           State
```

```
----------------------------------------------
 10    centos 7-1                    running

[root@libvirt ~]# virsh save 10 centos 7.img

Domain 10 saved to centos 7.img

[root@libvirt ~]# virsh list
 Id    Name                          State
----------------------------------------------


[root@libvirt ~]# virsh list --all
 Id    Name                          State
----------------------------------------------
```

（10）从被保存的文件中恢复一个域的运行。

```
[root@libvirt ~]# virsh restore centos 7.img
Domain restored from centos 7.img

[root@libvirt ~]# virsh list
 Id    Name                          State
----------------------------------------------
 11    centos 7-1                    running
```

（11）以 XML 格式转存出一个域的信息到标准输出中。

```
[root@libvirt ~]# virsh dumpXML 11
<domain type='kvm' id='11'>
  <name>centos 7-1</name>
  <uuid>0c8c1628-f67b-40d0-a30d-91931bd8918f</uuid>
  <memory unit='kB'>1048576</memory>
  <currentMemory unit='kB'>130264</currentMemory>
  <vcpu placement='static'>1</vcpu>
  <cpuTUNe>
    <vcpupin vcpu='0' cpuset='0'/>
  </cpuTUNe>
  <resource>
...
```

（12）向一个域中添加一块硬盘，使用 qemu-img 制作一个虚拟机硬盘，然后附着到虚拟机上去。

```
[root@libvirt ~]# qemu-img create -f raw vda.img 10g
Formatting 'vda.img', fmt=raw size=10737418240
[root@libvirt ~]# virsh attach-disk 17 /root/vda.img vda
Disk attached successfully
//登录至虚拟机查看
[root@localhost ~]# lsblk
```

```
NAME     MAJ:MIN RM   SIZE RO TYPE MOUNTPOINT
sda       8:0    0 20G    0 disk
├─sda1    8:1    0    500M  0 part /boot
└─sda2    8:2    0    19.5G 0 part
   ├─centos-root   253:0    0    17.5G  0 lvm /
   └─centos-swap   253:1    0    2G     0 lvm [SWAP]
vda                252:32   04   10G 0 disk
//为添加的硬盘创建文件系统
[root@libvirt ~]# mkfs.ext3 /dev/vda
 [root@libvirt ~]# mount /dev/vda /mnt/
[root@libvirt ~]# ls /mnt/
lost+found
[root@libvirt ~]# df -h
Filesystem          Size   Used  Avail Use% Mounted on
/dev/vda            9.8G   23M   9.2G   1%  /mnt
```

【实验6】 virsh 命令行工具网络的管理

（一）实验目的
- 了解 virsh 支持的网络模式。
- 掌握配置 KVM 桥接网络的方法。

（二）实验内容
在 3.5.3 小节中已经简单介绍了如何配置虚拟机 XML 文件，更改虚拟机的网络模式的方法，下面介绍一下 KVM 支持的三种网络模式：

（1）Host-Only：等同于 VMware 中的仅主机模式，意为将所有虚拟机组成一个局域网，不能和外界通信，不能访问 Internet，其他主机也不能访问虚拟主机。这种模式安全性高，其架构图如图 3-13 所示。

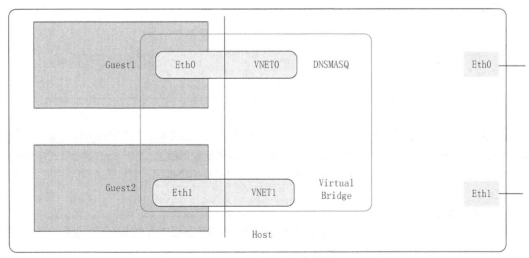

图 3-13　Host-Only 架构图

（2）NAT 模式：让虚拟机访问主机、互联网或本地网络上的资源的简单方法，但是不能从网络或其他的客户机访问客户机，性能上也需要大的调整，其架构图如图 3-14 所示。

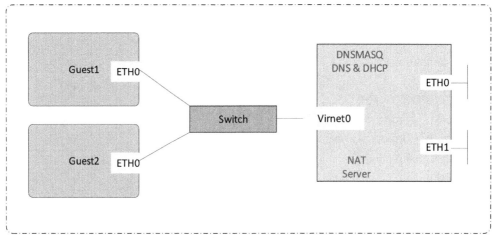

图 3-14　NAT 模式架构图

（3）桥接模式：这种网络模式下客户机与宿主机处于同一网络环境，类似一台真实的宿主机，直接访问网络资源。设置好后，客户机与互联网，客户机与主机之间的通信都很容易，其拓扑图如图 3-15 所示。

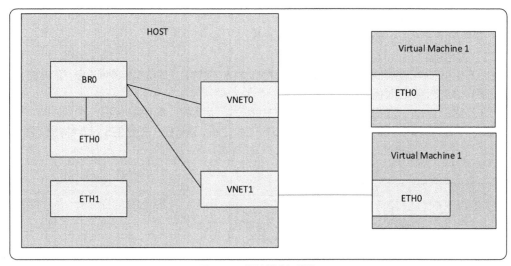

图 3-15　桥接模式拓扑图

本实验使用桥接模式，使得外部可以访问 KVM 虚拟机内部，虚拟机也可以访问外部网络。网桥的基本原理就是创建一个桥接接口，并把物理主机的一张网卡绑定到网桥上，客户机的网络模式需要配置为桥接模式，这可以在安装的时候用 --network bridge=BR0 选项指定，也可在虚拟机 XML 配置文件中定义。

（三）实验步骤

（1）通过 VMware 创建一台虚拟机，开启虚拟机的 CPU 虚拟化功能，为虚拟机添加两块网卡，这两块网卡的说明如表 3-6 所示。

表 3-6 添加的两块网卡的说明

物理网卡	网络模式	IP 地址	功能
eno16777736	桥接网络	172.16.21.128/24	用于管理 VMware 虚拟机
eno33554984	NAT 网络	192.168.154.128/24	用于与 KVM 虚拟机进行桥接

安装时选择 Gnome 桌面，安装完成进入系统后，进行接下来的步骤。

（2）配置网络，eno16777736 选用桥接模式，所以配置为与本地 Windows 端同网段的地址，以下是 eno16777736 的配置。

```
[root@libvirt ~]# cat /etc/sysconfig/network-scripts/ifcfg-eno16777736
TYPE=Ethernet
BOOTPROTO=static
DEFROUTE=yes
PEERDNS=yes
PEERROUTES=yes
IPV4_FAILURE_FATAL=no
IPV6INIT=yes
IPV6_AUTOCONF=yes
IPV6_DEFROUTE=yes
IPV6_PEERDNS=yes
IPV6_PEERROUTES=yes
IPV6_FAILURE_FATAL=no
NAME=eno16777736
UUID=82c71ec4-6ad5-4008-9430-11759874d791
DEVICE=eno16777736
ONBOOT=yes
IPADDR=172.16.21.128
NETMASK=255.255.255.0
GATEWAY=172.16.21.1
DNS1=210.29.224.21
```

创建 BR0 网桥，将 eno33554984 网卡桥接至 BR0 网桥上，配置如下：

```
[root@libvirt ~]# brctl addbr BR0    //创建 BR0 网桥
[root@libvirt ~]# brctl show
bridge name     bridge id               STP enabled     interfaces
BR0             8000.000000000000       no
virBR0          8000.fe163e5daaa8       yes             vnet0
[root@libvirt ~]# cd /etc/sysconfig/network-scripts/
[root@libvirt network-scripts]# cp ifcfg-eno33554984 ifcfg-BR0  //复制 eno33554984 的配置文件作为 BR0 的配置文件
[root@libvirt network-scripts]#vi ifcfg-BR0      //BR0 的配置
TYPE=BRIDGE
BOOTPROTO=none
DEFROUTE=yes
```

```
PEERDNS=yes
PEERROUTES=yes
IPV4_FAILURE_FATAL=no
IPV6INIT=yes
IPV6_AUTOCONF=yes
IPV6_DEFROUTE=yes
IPV6_PEERDNS=yes
IPV6_PEERROUTES=yes
IPV6_FAILURE_FATAL=no
NAME=BR0
UUID=b09e39f6-14d8-4c6b-a02b-e5193199ff63
DEVICE=BR0
ONBOOT=yes
IPADDR=192.168.154.128
NETMASK=255.255.255.0
GATEWAY=192.168.154.2
DNS1=192.168.154.2
ZONE=public
[root@libvirt network-scripts]# cat ifcfg-eno33554984        //原 eno33554984 网卡的配置
TYPE=Ethernet
BOOTPROTO=none
DEFROUTE=yes
PEERDNS=yes
PEERROUTES=yes
IPV4_FAILURE_FATAL=no
IPV6INIT=yes
IPV6_AUTOCONF=yes
IPV6_DEFROUTE=yes
IPV6_PEERDNS=yes
IPV6_PEERROUTES=yes
IPV6_FAILURE_FATAL=no
NAME=eno33554984
UUID=b09e39f6-14d8-4c6b-a02b-e5193199ff63
DEVICE=eno33554984
ONBOOT=yes
ZONE=public
BRIDGE=BR0
[root@libvirt ~]# systemctl restart network
[root@libvirt ~]# brctl show
Bridge name   bridge id           STP enabled   interfaces
BR0           8000.000c293f4bad   no            eno33554984
```

（3）编写客户机的 XML 配置文件，如下所示。

```xml
[root@libvirt ~]# cat centos_br.xml
<domain type='kvm'>
    <name>centos 7-2</name>
    <memory>1048576</memory>
    <currentMemory>1048576</currentMemory>
    <vcpu>1</vcpu>
    <os>
        <type arch='x86_64' machine='pc-i440fx-RHEL7.0.0'>hvm</type>
        <boot dev='cdrom'/>
    </os>
    <features>
        <acpi/>
        <APIc/>
        <pae/>
    </features>
    <clock offset='localtime'/>
    <on_poweroff>destroy</on_poweroff>
    <on_reboot>restart</on_reboot>
    <on_crash>destroy</on_crash>
    <devices>
        <emulator>/usr/libexec/qemu-kvm</emulator>
        <disk type='file' device='disk'>
            <driver name='qemu' type='qcow2'/>
            <source file='/opt/centos 7-2.qcow2'/>
            <target dev='hda' bus='ide'/>
        </disk>
        <disk type='file' device='cdrom'>
            <source file='/root/CentOS-7-x86_64-DVD-1511.iso'/>
            <target dev='hdb' bus='ide'/>
        </disk>
        <interface type='bridge'>    //网络类型改为桥接
            <source bridge='BR0'/>    //源网桥名
            <mac address="00:16:3e:5d:ab:a8"/>
        </interface>
        <input type='mouse' bus='ps2'/>
        <input type='tablet' bus='usb'/>
        <input type='keyboard' bus='ps2'/>
        <graphics type='vnc' port='5906' autoport='no' listen = '0.0.0.0' keymap='en-us'/>
    </devices>
</domain>
```

（4）启动虚拟机，正常安装虚拟机。

```
[root@libvirt ~]# virsh define centos_br.xml
Domain CentOS 7-2 defined from centos_br.xml

[root@libvirt ~]# virsh list --all
 Id    Name                         State
----------------------------------------------------
 -     centos 7-1                   shut off
 -     centos 7-2                   shut off

[root@libvirt ~]# virsh start centos 7-2
Domain centos 7-2 started
```

（5）安装完成后，将虚拟机的启动项改为从硬盘启动，与之前介绍的一样，只需要将虚拟机 XML 配置文件中的 boot dev=cdrom 改为 boot dev=hd 即可，先将虚拟机关闭（如果反复关闭不了，可以采用直接结束虚拟机进程的方式。不过在宿主机已经创建多台虚拟机的情况下不推荐使用，因为会分辨不出来究竟哪一台是需要关闭的。而在这里，由于只创建了一台虚拟机，因此可以使用此方法），重新定义虚拟机并启动。

```
[root@libvirt ~]# virsh list
 vi Id   Name                        State
----------------------------------------------------
 4      centos 7-2                   running
[root@libvirt ~]# virsh shutdown 4
Domain 4 is being shutdown
[root@libvirt ~]# virsh list --all
 Id    Name                         State
----------------------------------------------------
 -     centos 7-1                   shut off
 -     centos 7-2                   shut off
[root@libvirt network-scripts]# virsh undefine  centos 7-2
Domain centos 7-2 has been undefined
//更改 XML 文件，修改项为：
   <os>
      <type arch='x86_64' machine='pc-i440fx-RHEL7.0.0'>hvm</type>
      <boot dev='hd'/>
   </os>
[root@libvirt ~]# virsh define centos_br.XML
Domain centos 7-2 defined from centos_br.XML
[root@libvirt ~]# virsh start centos 7-2
Domain centos 7-2 started
[root@libvirt ~]# virsh list
 Id    Name                         State
----------------------------------------------------
```

```
    5    centos 7-2                              running
```
（6）使用 VNC Viewer 登录虚拟机，更改虚拟机的 IP 地址使其与 BR0 同网段，配置完成即可上网。

```
[root@localhost ~]# cat /etc/sysconfig/network-scripts/ifcfg-ens3
TYPE=Ethernet
BOOTPROTO=static
DEFROUTE=yes
PEERDNS=yes
PEERROUTES=yes
IPV4_FAILURE_FATAL=no
IPV6INIT=yes
……
NAME=ens3
UUID=66ab5744-64ca-4014-b8e3-1397a2d76526
DEVICE=ens3
ONBOOT=yes
IPADDR=192.168.154.100
NETMASK=255.255.255.0
GATEWAY=192.168.154.2
DNS1=192.168.154.2
```

使用 SecureCRT 登录客户机，如图 3-16 所示。

图 3-16 SecureCRT 登录

已经可以连接上了。测试下是否可以上网：

```
[root@localhost ~]# ip a    //查看客户机的 IP 地址
……
2: ens3: <BROADCAST,MULTICAST,UP,LOWER_UP> mtu 1500 qdisc pfifo_fast state UP qlen 1000
    link/ether 00:16:3e:5d:ab:a8 brd ff:ff:ff:ff:ff:ff
    inet 192.168.154.100/24 brd 192.168.154.255 scope global ens3
       valid_lft forever preferred_lft forever
    inet6 fe80::216:3eff:fe5d:aba8/64 scope link
       valid_lft forever preferred_lft forever
[root@localhost ~]# ping -c 2 www.baidu.com
```

```
PING www.a.shifen.com (180.97.33.107) 56(84) bytes of data.
64 bytes from 180.97.33.107: icmp_seq=1 ttl=128 time=5.59 ms
64 bytes from 180.97.33.107: icmp_seq=2 ttl=128 time=5.35 ms
--- www.a.shifen.com ping statistics ---
3 Packets transmitted, 3 received, 0% Packet loss, time 2003ms
rtt min/avg/max/mdev = 5.357/5.485/5.596/0.130 ms
```
可以看到 KVM 虚拟机也能够上网，至此实验结束。

【实验 7】 virsh 命令行工具存储池的管理

（一）实验目的
- 了解 Libvirt 存储池的概念。
- 掌握使用 virsh 命令对存储池的操作。

（二）实验内容
为了使不同的后端存储设备以统一的接口供虚拟机使用，Libvirt 将存储管理分为两个方面：存储卷（Volume）和存储池（Pool）。

存储池是一种可以从中生成存储卷的存储资源，后端可以支持以下存储介质：

（1）目录池：以主机的一个目录作为存储池，这个目录中包含文件的类型可以为各种虚拟机硬盘文件、镜像文件等；

（2）本地文件系统池：使用主机已经格式化好的块设备作为存储池，支持的文件系统类型包括 Ext2、Ext3、VFAT 等；

（3）网络文件系统池：使用远端网络文件系统服务器的导出目录作为存储池，默认为 NFS 网络文件系统；

（4）逻辑卷池：使用已经创建好的 LVM 卷组，或者提供一系列生成卷组的源设备，Libvirt 会在其上创建卷组，生成存储池；

（5）硬盘卷池：使用硬盘作为存储池；

（6）ISCSI 卷池：使用 ISCSI 设备作为存储池；

（7）SCSI 卷池：使用 SCSI 设备作为存储池；

（8）多路设备池：使用多路设备作为存储池。

在已有环境下创建 Libvirt 存储池，在安装完 Libvirt 后，Libvirt 的安装脚本会自动添加一个默认（Default）的存储池，查看一下它的 XML 文件。

```
[root@libvirt ~]# virsh pool-list
 Name                 State      Autostart
-------------------------------------------
 default              active     yes
[root@libvirt ~]# virsh pool-dumpxml default
<pool type='dir'>
  <name>default</name>
  <uuid>9a7cf13e-2bd7-4537-b75c-1e4bc4bfb2b7</uuid>
  <capacity unit='bytes'>429287014400</capacity>
  <allocation unit='bytes'>13927079936</allocation>
  <available unit='bytes'>415359934464</available>
```

```
    <source>
    </source>
    <target>
      <path>/var/lib/libvirt/images</path>
      <permissions>
        <mode>0711</mode>
        <owner>0</owner>
        <group>0</group>
        <label>system_u:object_r:virt_image_t:s0</label>
      </permissions>
    </target>
</pool>
```

可以看到存储池的位置是在/var/lib/libvirt/images 这个默认路径下的，这个存储池的类型为 DIR（即目录），在这个存储池下创建的存储卷都会保存在这个目录下，名称为 default，这个存储池的大小大概为 400 GB，这里的单位是 bytes。capacity 为容量，allocation 为已分配的容量，available 为可用的容量。下面通过创建存储池来加深对存储池的理解。关于存储池下分配存储卷的相关知识将会在实验 9 中介绍。

（三）实验步骤

（1）此次实验采用的是 LVM 分区，所以需要先创建两个空白分区，并且创建为 PV（物理卷组），再将两个 PV 创建为 VG（Volume Group）卷组，以下是操作步骤。

```
[root@libvirt ~]# fdisk /dev/sda
[root@libvirt ~]# partprobe
[root@libvirt ~]# lsblk
NAME    MAJ:MIN RM    SIZE RO TYPE MOUNTPOINT
sda       8:0    0  557.8G  0 disk
├─sda1    8:1    0    500M  0 part /boot
├─sda2    8:2    0    7.8G  0 part [SWAP]
├─sda3    8:3    0    400G  0 part /
├─sda4    8:4    0    512B  0 part
├─sda5    8:5    0     10G  0 part
└─sda6    8:6    0     10G  0 part
[root@libvirt ~]# pvcreate /dev/sda5
  Physical volume "/dev/sda5" successfully created.
[root@libvirt ~]# pvcreate /dev/sda6
  Physical volume "/dev/sda6" successfully created.
[root@libvirt ~]# vgcreate lvm_pool /dev/sda5 /dev/sda6
  Volume group "vg" successfully created
[root@libvirt ~]# vgs
  VG #PV #LV #SN Attr   VSize  VFree
  vg   2   0   0 wz--n- 19.99g 19.99g
```

（2）编写存储池的 XML 配置文件，可以仿照 Default 存储池的配置稍加修改即可。其中，Pool 的类型为 logical，表示使用的存储池类型为 LVM，device path 为创建的空白分区路径，大小不需要定义，在创建完成后会自动将两个分区的大小汇总。"target" 下面的路径为 VG 卷组名，如果卷组名不一致则会报错。

```xml
<pool type='logical'>
  <name>lvm_pool</name>
  <source>
      <device path="/dev/sda5"/>
      <device path="/dev/sda6"/>
  </source>
  <target>
    <path>lvm_pool</path>
  </target>
</pool>
```

（3）创建存储池，创建存储池与之前创建客户机一样，使用 create 只会临时创建，使用 define 先定义，再开启，方为永久创建。

```
[root@libvirt ~]# virsh pool-define lvm_pool.xml
Pool lvm_pool defined from lvm_pool.xml
[root@libvirt ~]# virsh pool-list --all
 Name                 State      Autostart
-------------------------------------------
 default              active     yes
 lvm_pool             inactive   no
[root@libvirt ~]# virsh pool-start lvm_pool
Pool lvm_pool started
```

（4）查看存储池的基本信息。

```
[root@libvirt ~]# virsh pool-info lvm_pool
Name:           lvm_pool
UUID:           25681006-75b2-4ca1-b4ac-610639fcb799
State:          running
Persistent:     yes
Autostart:      no
Capacity:       19.99 GB
Allocation:     0.00 B
Available:      19.99 GB
[root@libvirt ~]# vgs
  VG       #PV #LV #SN Attr   VSize  VFree
  lvm_pool   2   0   0 wz--n- 19.99g 19.99g
```

可以看出存储池和创建的卷组大小是一样的。

（5）查看存储池的 XML 文件。

```xml
[root@libvirt ~]# virsh pool-dumpxml lvm_pool
<pool type='logical'>
  <name>lvm_pool</name>
  <uuid>25681006-75b2-4ca1-b4ac-610639fcb799</uuid>
  <capacity unit='bytes'>21466447872</capacity>
  <allocation unit='bytes'>0</allocation>
```

```xml
      <available unit='bytes'>21466447872</available>
      <source>
        <device path='/dev/sda5'/>
        <device path='/dev/sda6'/>
        <name>lvm_pool</name>
        <format type='LVM2'/>
      </source>
      <target>
        <path>/dev/lvm_pool</path>
      </target>
    </pool>
```

可以看出，Libvirt 已经将存储池的 XML 配置信息进行了完善。

（6）给存储池扩容：由于采用了 LVM 的存储池类型，存储池扩容也变得很方便，只需要创建一个分区，然后将这个分区创建为 PV 并加到现有 VG 中。这相当于是给卷组扩容，当卷组的容量变大了，存储池的容量也会随之增大。

```
[root@libvirt ~]# fdisk /dev/sda
[root@libvirt ~]# partprobe
[root@libvirt ~]# lsblk
NAME    MAJ:MIN RM   SIZE RO TYPE MOUNTPOINT
sda       8:0    0 557.8G  0 disk
├─sda1    8:1    0   500M  0 part /boot
├─sda2    8:2    0   7.8G  0 part [SWAP]
├─sda3    8:3    0   400G  0 part /
├─sda4    8:4    0   512B  0 part
├─sda5    8:5    0    10G  0 part
├─sda6    8:6    0    10G  0 part
└─sda7    8:7    0     5G  0 part
[root@libvirt ~]# pvcreate /dev/sda7
  Physical volume "/dev/sda7" successfully created.
[root@libvirt ~]# vgextend lvm_pool /dev/sda7
  Volume group "lvm_pool" successfully extended
[root@libvirt ~]# vgs
  VG       #PV #LV #SN Attr   VSize   VFree
  lvm_pool   3   0   0 wz--n- <24.99g <24.99g
[root@libvirt ~]# virsh pool-refresh lvm_pool
Pool lvm_pool refreshed
[root@libvirt ~]# virsh pool-info lvm_pool
Name:           lvm_pool
UUID:           25681006-75b2-4ca1-b4ac-610639fcb799
State:          running
Persistent:     yes
Autostart:      no
Capacity:       24.99 GB
```

```
Allocation:      0.00 B
Available:       24.99 GB
```
可以看到，将卷组扩容，存储池的大小也同卷组一样被扩大了。

（7）删除存储池：与前面创建客户机的方法类似，由于之前是通过 define 来定义存储池再启动的，所以删除也是先关闭存储池再 undefine，命令如下：

```
[root@libvirt ~]# virsh pool-destroy lvm_pool
Pool lvm_pool destroyed
[root@libvirt ~]# virsh pool-list --all
 Name                 State      Autostart
-------------------------------------------
 default              active     yes
 lvm_pool             inactive   no
[root@libvirt ~]# virsh pool-undefine lvm_pool
Pool lvm_pool has been undefined
[root@libvirt ~]# virsh pool-list --all
 Name                 State      Autostart
-------------------------------------------
 default              active     yes
```

【实验 8】 virsh 命令行工具存储卷的管理

（一）实验目的
- 了解存储池、存储卷与设备之间的状态转换关系。
- 掌握如何在已有存储池的基础上创建存储卷。

（二）实验内容
Libvirt 中存储对象的存储池、存储卷、设备的状态转换关系如图 3-17 所示。

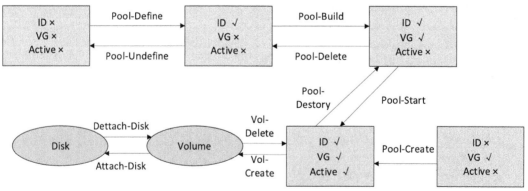

图 3-17　存储池和存储卷状态转换

存储卷从存储池中划分出来，分配给虚拟机成为可用的存储设备。存储池在 Libvirt 中分配的 ID 标志着它成为 Libvirt 可管理的对象，生成 VG 卷组就有了可划分存储卷的存储池，其状态为活跃（Active）时才可以执行划分存储卷的操作。

本次实验将从已创建好的存储池中创建存储卷，然后将其添加至客户机中，做到更加灵活地对客户机存储空间进行控制。

（三）实验步骤

（1）创建存储池。方法在实验 7 中已经介绍过了，此处不过多叙述。

```
[root@libvirt ~]# virsh pool-define lvm_pool.xml
Pool lvm_pool defined from lvm_pool.xml
[root@libvirt ~]# virsh pool-start lvm_pool
Pool lvm_pool started
[root@libvirt ~]# virsh pool-list
 Name              State      Autostart
-------------------------------------------
 default           active     yes
 lvm_pool          active     no
```

（2）创建存储卷。创建存储卷有两种方法：一种是直接由 XML 文件定义；一种是从存储池中创建存储卷。在此介绍后者。查看存储卷的 XML 文件即可对存储卷的 XML 定义有比较好的理解。

```
[root@libvirt ~]# virsh vol-create-as --pool lvm_pool --name vol1 --capacity 100M
Vol vol1 created
```

在此使用了 vol-create-as 这个子命令来创建一个来自 lvm_pool 存储池，名称为 vol1，大小为 100 MB 的存储卷。下面查看这个存储卷的基本信息与 XML 配置文件：

```
[root@libvirt ~]# virsh vol-info vol1 --pool lvm_pool
Name:           vol1
Type:           Block
Capacity:       100.00 MB
Allocation:     100.00 MB
[root@libvirt ~]# virsh vol-dumpxml vol1 --pool lvm_pool
<volume type='Block'>
  <name>vol1</name>
  <key>daCvVl-Nx6b-Ugat-fi91-Z21b-S5v8-ZDsjN7</key>
  <source>
    <device path='/dev/sda5'>
      <extent start='0' end='104857600'/>
    </device>
  </source>
  <capacity unit='bytes'>104857600</capacity>
  <allocation unit='bytes'>104857600</allocation>
  <physical unit='bytes'>104857600</physical>
  <target>
    <path>/dev/lvm_pool/vol1</path>
    <permissions>
      <mode>0600</mode>
      <owner>0</owner>
      <group>6</group>
      <label>system_u:object_r:fixed_disk_device_t:s0</label>
```

```
            </permissions>
            <timestamps>
                <atime>1530866442.130918911</atime>
                <mtime>1530866442.130918911</mtime>
                <ctime>1530866442.130918911</ctime>
            </timestamps>
        </target>
    </volume>
```

从这个存储卷的 XML 配置文件中可以看出，这个存储卷是由/dev/sda5 上分出空间的。

（3）查看存储卷的路径。

```
[root@libvirt ~]# virsh   vol-path --vol vol1 --pool lvm_pool
/dev/lvm_pool/vol1
[root@libvirt ~]# lvs
  LV    VG       Attr        LSize    Pool Origin Data%  Meta%  Move Log Cpy%Sync Convert
  vol1  lvm_pool -wi-a----- 100.00m
```

由以上信息可以看出，由 LVM 类型存储池创建的存储卷，相当于创建了一个逻辑卷，与直接创建的逻辑卷没有任何差异。

（4）将存储卷挂载至客户机。

```
[root@libvirt ~]# virsh vol-list --pool lvm_pool
 Name                 Path
-------------------------------------------------------------------------------
 vol1                 /dev/lvm_pool/vol1
[root@libvirt ~]# virsh list
 Id    Name                           State
----------------------------------------------------
 2     centos 7.0                     running
```

//使用 attach-disk 子命令将存储卷挂载至客户机，--source 为存储卷的路径，--target 为挂载至客户机时的盘符

```
[root@libvirt ~]# virsh attach-disk --domain 2 --source /dev/lvm_pool/vol1 --target sdb
Disk attached successfully
```

（5）查看存储卷是否已经分配至客户机。

```
[root@libvirt ~]# virsh domblklist 2
Target     Source
------------------------------------------------
vda        /var/lib/libvirt/images/centos7.0-1.qcow2
hda        -
sdb        /dev/lvm_pool/vol1
```

将客户机重启后即可看到/dev/sdb 设备。在客户机中这个/dev/sdb 是一个裸设备，只需要进一步分区格式化就可以挂载使用了。

（6）将存储卷从客户机上分离。

```
[root@libvirt ~]# virsh detach-disk --domain 2 --target sdb
Disk detached successfully
[root@libvirt ~]# virsh domblklist 2    //已成功分离设备
```

```
Target          Source
------------------------------------------------
vda             /var/lib/libvirt/images/centos 7.0-1.qcow2
hda             -
```

（7）删除存储卷。

```
[root@libvirt ~]# virsh vol-delete vol1 --pool lvm_pool
Vol vol1 deleted
```

3.6 本章小结

本章介绍了 KVM 管理工具之一的 Libvirt，主要对其架构及原理进行了简单的介绍。Libvirt 有丰富的 API，能够让开发人员随意地调用并完成更多的任务。其命令行工具之一 Virsh 也将 Libvirt 的便捷性展现得淋漓尽致。Libvirt 的客户机、网络、存储等都可以通过 XML 文件来定义，这也是 Libvirt 能够最大化定义客户机的基础。对于如何使用 XML 文件自定义需要的客户机，读者在课后可自行尝试。

思考题

（1）简单叙述 Libvirt 的架构及工作原理。
（2）简单叙述 Libvirt API 的种类及作用。
（3）简单叙述如何用 XML 文件定义客户机配置。
（4）简单叙述 Libvirt 支持的网络类型。
（5）简单叙述 Libvirt 存储池支持的后端存储介质。

第 4 章
Virt-Manager

> **学习目标**
>
> ① 了解 Virt-Manager 的功能。
> ② 掌握在 CentOS 7 下安装 Virt-Manager。
> ③ 掌握 Virt-Manager 的基本使用。
> ④ 了解 WebVirtMgr 的基本原理及使用。

Virt-Manager 应用程序是通过 Libvirt 管理虚拟机的用户界面，它主要针对 KVM、VMS，但也管理 Xen 和 LXC（Linux 容器），并能给出运行域的概要视图、详细性能和资源利用统计。通过向导可以创建、配置和调整域的资源分配和虚拟硬件，嵌入式 VNC 和 SPICE 客户端查看器向访客域呈现完整的图形控制台。本章主要介绍了 Virt-Manager 工具的安装、配置和使用。

4.1 Virt-Manager 简介

Virt-Manager 是虚拟机管理器（Virtual Machine Manger）这个应用程序的缩写，也是该管理工具的软件包名称。Virt-Manager 是用于管理虚拟机的图形化的桌面用户接口，目前仅支持在 Linux 或其他类 UNIX 系统中运行。和 Libvirt、Ovirt 等类似，Virt-Manager 是由 Red Hat 公司发起的项目，在 RHEL 6.X、Fedora、CentOS 等 Linux 发行版中有较广泛的使用，当然在 Ubuntu、Debian、openSUSE 等系统中也可以正常使用 Virt-Manager。为了实现既快速开发而又不太多地降低程序运行性能的需求，Virt-Manager 项目选择使用 Python 语言开发其应用程序部分，使用 GNU Autotools（包括 Autoconf、Automake 等工具）进行项目的构建。Virt-Manager 是一个完全开源的软件，使用 Linux 广泛采用的 GNU GPL 许可证发布。Virt-Manager 依赖的一些程序库主要包括 Python（用于程序逻辑部分的实现）、GTK+PyGTK（用于 UI 界面）和 Libvirt（用于底层的 API）。

Virt-Manager 工具在图形界面中实现了一些比较丰富且易用的虚拟化管理功能，已经为用户提供的功能如下。

（1）对虚拟机（即客户机）生命周期的管理，如创建、编辑、启动、暂停、恢复和停止虚拟机，还包括虚拟快照、动态迁移等功能。

（2）运行中客户机的实时性能、资源利用率等的监控，统计结果的图形化展示。

（3）对创建客户机的图形化的引导，对客户机的资源分配、虚拟硬件的配置和调整等功能也提供了图形化的支持。

（4）内置了一个 VNC 客户端，可以用于连接到客户机的图形界面并进行交互。

（5）支持本地或远程管理 KVM、Xen、Qemu、LXC 等 Hypervisor 上的客户机。

在没有成熟的图形化管理工具之时，由于需要记忆大量的命令行参数，Qemu-KVM 的使用和学习比较复杂，常常让部分习惯于 GUI 界面的初学者望而却步。不过现在情况有所改变，已经出现了一些开源的、免费的、易用的图形化管理工具，可以用于 KVM 虚拟化管理。Virt-Manager 作为 KVM 虚拟化管理工具中最易用的工具之一，其最新版本已经提供了比较成熟的功能、易用的界面和不错的性能。对于习惯于图形界面或不需要了解 KVM 原理和 Qemu-KVM 命令细节的部分用户来说，通过 Virt-Manager 工具来使用 KVM 也是一个不错的选择。

4.2　Virt-Manager 安装

4.2.1　环境准备

通过 VMware 虚拟化安装 CentOS 7 操作系统，选择安装 Gnome 桌面，进入系统后配置系统 IP 地址、DNS、YUM 源，关闭防火墙及 SELinux。（如何配置 YUM 源参见前几章的介绍）

```
[root@virt-manager ~]# ping www.baidu.com -c 2
[root@virt-manager ~]# yum list
[root@virt-manager ~]# systemctl stop firewalld
[root@virt-manager ~]# systemctl disable firewalld
[root@virt-manager ~]# setenforce 0
[root@virt-manager ~]# vi /etc/selinux/config
# This file controls the state of SELinux on the system.
# SELINUX= can take one of these three values:
#     enforcing - SELinux secURIty policy is enforced.
#     permissive - SELinux prints warnings instead of enforcing.
#     disabled - No SELinux policy is loaded.
SELINUX=permissive
```

4.2.2　检查 Qemu-KVM、Libvirt 服务

由于 Virt-Manager 工具是调用 Libvirt 的 API 来实现的，所以要确保 Qemu-KEM、Libvirt 服务的正常运行。

```
[root@virt-manager ~]# rpm -qa | grep qemu
ipxe-roms-qemu-20130517-7.gitc4bce43.el7.noarch
libvirt-daemon-driver-qemu-1.2.17-13.el7.x86_64
[root@virt-manager ~]# rpm -qa | grep libvirt
libvirt-daemon-1.2.17-13.el7.x86_64
……
```

如果未安装，请参阅第 3 章 Libvirt 的安装，此处不过多叙述。

4.2.3　检查 VNC 服务的运行

在创建虚拟机后，要保证系统的 VNC 服务正常运行，以供在 Windows 客户端也能够使用 VNC Viewer 连接至虚拟机桌面（如果未安装或配置请参阅第 2 章实验 1 内容）。

```
[root@virt-manager ~]# rpm -qa | grep vnc
tigervnc-server-1.8.0-5.el7.x86_64
```

……
[root@virt-manager ~]# netstat -ntpl | grep vnc
tcp   0   0 0.0.0.0:5901   0.0.0.0:*   LISTEN   3728/xvnc
VNC 服务已经正常运行。

4.2.4 安装 Virt-Manager

许多流行的 Linux 发行版（如 RHEL、Fedora、Ubuntu 等）中都提供了 Virt-Manager 软件包供用户自行安装。例如，在 CentOS 7 系统中，使用 yum install virt-manager 命令即可安装 Virt-manager 的 RPM 软件包及相关依赖包。

[root@virt-manager ~]# yum install -y virt-manager
[root@virt-manager ~]# rpm -qa | grep virt-manager
virt-manager-1.2.1-8.el7.noarch
virt-manager-common-1.2.1-8.el7.noarch
[root@virt-manager ~]# virt-manager –version 1.2.1

4.3 Virt-Manager 使用介绍

本节将以 CentOS 7（中文版）系统中的 Virt-Manager 1.2.1 版本为例，简单地介绍它的使用方法。

4.3.1 打开 Virt-Manager

使用 Windows 端的 VNC Viewer，或者通过在 CentOS 7 的图形界面中执行"应用程序"→"系统工具"→"虚拟系统管理器"命令，打开 Virt-Manager 的使用界面，如图 4-1 所示。

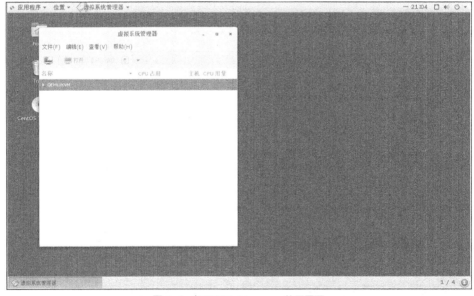

图 4-1 打开 Virt-Manager 使用界面

还可以在终端命令行中直接输入 virt-manager 命令，调用并进入虚拟系统管理器，如图 4-2 所示。

图 4-2　输入 virt-manager 命令进入虚拟系统管理器

4.3.2　连接至远程 Virt-Manager

可以通过 Virt-Manager 的工具远程连接到其他主机，前提是这个主机已经配置好 Libvirtd 服务。下面先演示一遍通过图形界面的操作方法。

（1）打开 Virt-Manager 的主界面，执行"文件"→"添加连接"→输入远程主机的地址→"安装"命令即可，输入密码后即可连接至远程主机，如图 4-3、图 4-4 所示。

图 4-3　远程连接 Virt-Manager

图 4-4 安装所需软件包并输入密码

> **注意**
> 图 4-4 提示安装的软件包如果出错,请手工配置 YUM 源,手工 YUM 安装。

连接后界面如图 4-5 所示。

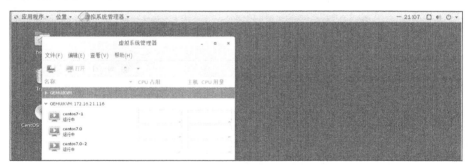

图 4-5 已连接的远程主机

连接完成后即可看到远程主机的信息,并可以对远程主机进行操控。单击"连接详情"按钮即可查看远程主机的具体信息,如图 4-6 所示。

图 4-6 远程主机具体信息

在这里可以详细地看到远程主机的 CPU、内存用量、网络配置、存储配置及网络接口信息。

（2）在基本详情中，可以看到 Libvirt URI，第 3 章已经介绍了 Libvirt 的几种连接方法，通过这个 URI，在命令行也可以查看远程主机的信息：

```
[root@virt-manager ~]# virsh -c qemu+ssh://root@172.16.21.116/system list
root@172.16.21.116's password:
 Id    名称                         状态
----------------------------------------------------
 2     centos 7.0                   running
```

后续在实验 10 将介绍使用 Virt-Manager 来创建虚拟机的方法。

4.4 WebVirtMgr 介绍

4.4.1 WebVirtMgr 管理平台介绍

WebVirtMgr 是一个基于 Libvirt 的 Web 界面，用于管理虚拟机。它允许创建和配置新的虚拟机，并调整虚拟机的资源分配，通过 VNC 来为虚拟机提供完整的图形控制台。KVM 是目前它唯一支持的虚拟机管理程序。由其名字也可以看出，其定位是将 Virt-Manager 页面化。

4.4.2 WebVirtMgr 的主要功能

WebVirtMgr 几乎是纯 Python 编写的，其前端基于 Django，后端基于 Libvirt 的 Python 接口，风格也是 Python 的风格。

其特点如下：
① 容易使用；
② 基于 Libvirt 连接；
③ 对虚拟机生命周期进行管理。

在宿主机管理方面，WebVirtMgr 支持以下功能：
① 查看宿主机的 CPU 利用率；
② 查看宿主机的内存利用率；
③ 管理网络资源池；
④ 管理存储资源池；
⑤ 管理虚拟机镜像；
⑥ 克隆虚拟机；
⑦ 管理虚拟机快照；
⑧ 管理日志。

在虚拟机管理方面，WebVirtMgr 支持以下功能：
① 查看虚拟机的 CPU 利用率；
② 查看虚拟机的内存利用率；
③ 管理光盘；
④ 关闭虚拟机；
⑤ 安装虚拟机；
⑥ 连接 VNC 网页；

⑦ 创建快照。

【实验9】 使用 Virt-Install 安装虚拟机并使用 Virt-Viewer 连接桌面

（一）实验目的
- 掌握并使用 Virt-Install 安装虚拟机。
- 掌握 Virt-Install 的常用参数及安装。
- 掌握 Virt-Viewer 的使用及安装。

（二）实验内容
（1）Virt-Install

Virt-Install 是 Virt Install 工具的命令名称，Virt-Install 工具为虚拟机的安装创建提供了一个便捷的方式，它也通过 Libvirt API 来创建 KVM、Xen、LXC 等上面的客户机。同时，它也为 Virt-Manager 的图形界面创建客户机提供了安装系统的 API。Virt-Install 工具使用文本模式的串行控制台和 VNC 图形接口，可以支持基于文本模式和图形界面的客户机安装。Virt-Install 中使用到的安装介质（如光盘、ISO 文件）可以存放在本地系统上，也可以存放在远程的 NFS、HTTP、FTP 服务器上。Virt-Install 支持本地的宿主机系统，也可以通过--connect URI（或-c URI）参数来支持在远程宿主机中安装客户机。

virt-install 常用参数如下：
① -n --name：虚拟机名称；
② -r --ram：虚拟机分配的内存；
③ -u --uuid：虚拟机的 UUID，不填写则系统会自动生成；
④ --vcpus：虚拟机的 VCPU 个数；
⑤ -v --hvm：全虚拟化；
⑥ -p --paravirt：半虚拟化；
⑦ -l --location：localdir 安装源，有本地、NFS、HTTP、FTP 几种，多用于 KS 网络安装；
⑧ --vnc：使用 VNC，另有--vnclient：监听的 IP；--vncport：VNC 监听的端口；
⑨ -c --cdrom：光驱的途径，通过光驱安装；
⑩ --disk：使用不同选项作为硬盘使用安装介质；
⑪ -w network,--network：network 连接虚拟机到主机的网络；
⑫ -s --file-size：使用硬盘镜像的大小，单位为 GB；
⑬ -f --file：作为硬盘镜像使用的文件；
⑭ --cpuset：设置哪个物理 CPU 能够被虚拟机使用；
⑮ --os-type：OS_TYPE，针对一类操作系统优化虚拟机配置（例如：Linux、Windows）；
⑯ --os-variant：OS_VARIANT，针对特定操作系统变体（如"RHEL6""WinXP"）进一步优化虚拟机配置；
⑰ --accelerate：KVM 或 KQEMU 内核加速，这个选项推荐都加上，如果 KVM 和 KQEMU 都支持，KVM 加速器优先使用；
⑱ -x EXTRA, --extra-args：EXTRA 当执行从--location 选项指定位置的客户机安装时，附加内核命令行参数到安装程序。

其他详细选项可以通过 man virt-install 查看手册。

第 4 章 Virt-Manager

（2）Virt-Viewer

Virt-Viewer 是 Virtual Machine Viewer（虚拟机查看器）工具的软件包和命令行工具名称，它是一个用于虚拟化客户机图形显示的轻量级的交互接口工具。Virt-Viewer 使用 GTK-VNC 作为它的显示能力，使用 Libvirt API 去查询客户机的 VNC 服务器端的信息。Virt-Viewer 经常用于去掉传统的 VNC 客户端查看器，因为后者通常不支持 X509 认证授权的 SSL/TLS 加密，而对 Virt-Viewer 是支持的。在 Virt-Manager 中查看的客户机图形界面进行的交互，就是通过 Virt-Viewer 实现的。

Virt-viewer 的使用语法如下：

    virt-viewer [options] domain-name|id|uuid

Virt-viewer 连接到虚拟机可以通过虚拟机的名称、ID、UUID 来唯一指定。Virt-viewer 还支持 -c uri 或 -connection uri 参数来指定连接到远程主机上的一个虚拟机。

下面将介绍安装这两个工具的方法。

（三）实验步骤

（1）安装 Virt-Install 和 Virt-Viewer 工具。在以上安装好的系统上直接使用 YUM 安装即可。

```
[root@virt-manager ~]# yum install -y virt-install virt-viewer
[root@virt-manager ~]# virt-install --version
1.2.1
[root@virt-manager ~]# virt-viewer --version
virt-viewer 版本 2.0-6.el7
```

（2）使用 Virt-Install 安装虚拟机。通过 SecureFX 将 CentOS-7-x86_64-DVD-1511.iso 镜像上传至虚拟机。使用 qemu-img 创建虚拟机硬盘，然后创建虚拟机。

```
[root@virt-manager ~]# ll CentOS-7-x86_64-DVD-1511.iso
-rw-r--r--. 1 root root 4329570304 7 月   7 15:36 CentOS-7-x86_64-DVD-1511.iso
[root@virt-manager ~]# qemu-img create -f qcow2 /opt/centos 7.qcow2 20g
Formatting '/opt/centos 7.qcow2', fmt=qcow2 size=21474836480 encryption=off cluster_size=65536 lazy_refcounts=off
[root@virt-manager ~]# virt-install --connect qemu:///system --name=centos 7-1 --os-type=linux --cdrom=/root/centos-7-x86_64-dvd-1511.iso --os-variant=rhel7 --ram 1024 --vcpus 2 --vnc --vncport=5907 --vnclisten=0.0.0.0 --network network:default --accelerate --disk=/opt/centos 7.qcow2 --force
```

创建参数已经在 Virt-Install 知识里介绍过了，在此不过多叙述。

注意 此操作命令最好是在物理机的图形界面里打开终端输入，如果在 SecureCRT 命令行终端中输入的话会无法开启 Virt-Viewer，在虚拟机的图形界面里打开终端输入后按 Enter 键会自动开启 Virt-Viewer 安装系统。

注意 如果通过 virsh start 开启虚拟机出现类似 "Could not open '/root/CentOS-7-x86_64-DVD-1511.iso': Permission denied" 的字样，代表没有配置 root 用户对 Qemu 的操作权限，配置方法同第 3 章所述，编辑 /etc/libvirt/qemu.conf 文件，添加以下内容后重启 Libvirtd 服务即可。

```
user = "root"
group = "root"
```

103

dynamic_ownership = 0

接下来，在 Virt-Viewer 中安装虚拟机，如图 4-7 所示，安装完成后单击"重启"按钮进入虚拟机。

图 4-7　在 Virt-Install 中安装虚拟机

（3）使用 Virt-Viewer 连接虚拟机，前面已经介绍过 Virt-Viewer 连接虚拟机的方法了，下面是操作命令和结果。

```
[root@virt-manager ~]# virsh list
 Id    名称                         状态
----------------------------------------------------
 3     centos 7-1                     running
[root@virt-manager ~]# virt-viewer 3
```

从图 4-8 可以看出已连接至虚拟机。

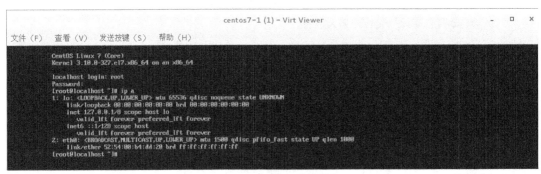

图 4-8　虚拟机网络信息

第 4 章 Virt-Manager

注意，使用 Virt-viewer 的操作同上面，必须要在图形化界面的终端中输入，才能正常打开虚拟机的操作界面。

【实验 10】 使用 Virt-Manager 创建虚拟机（在 KVM 上安装 CentOS 7 虚拟机）

（一）实验目的
- 熟悉 Virt-Manager 的使用方法。
- 掌握并使用 Virt-Manager 安装 CentOS 7 虚拟机。

（二）实验内容
通过 Virt-Manager 的界面安装 CentOS 7 虚拟机。

（三）实验步骤
（1）打开 Virt-Manager
执行"应用程序"→"系统工具"→"虚拟系统管理器"命令，打开 Virt-Manager。
（2）开始安装
① 执行"文件"→"新虚拟机"→"新建虚拟机"命令，接下来自定义虚拟机的配置，与 VMware 创建虚拟机类似。选择本地安装介质，接下来选择已经上传的 CentOS 7 镜像，勾选"使用 ISO 映像"单选框，单击"浏览"按钮，如图 4-9 所示。

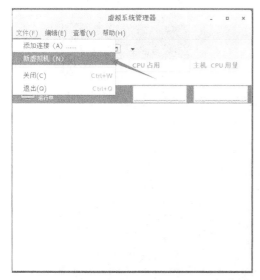 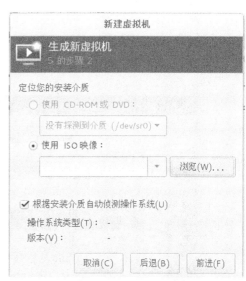

图 4-9 创建虚拟机并选择 ISO 镜像

② 一开始打开的是存储卷，单击"本地浏览"按钮，选择 CentOS-7-x86_64-DVD-1511.iso 镜像，如图 4-10、图 4-11 所示。
③ Virt-Manager 会根据安装介质自动选择操作系统，当然也可以自己手动填写，取消勾选，如图 4-12 所示。
④ 设置虚拟机的内存大小和 VCPU 数量，如图 4-13 所示。
⑤ 设置虚拟机硬盘的大小，这里与在命令行使用 Qemu-img 创建虚拟机硬盘一样。这里创建的虚拟机硬盘占用的空间是 Default 存储池的空间，如图 4-14 所示。

105

图 4-10 选择存储卷

图 4-11 选择 CentOS 7 的 ISO 镜像

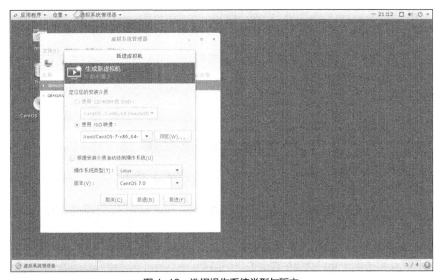

图 4-12 选择操作系统类型与版本

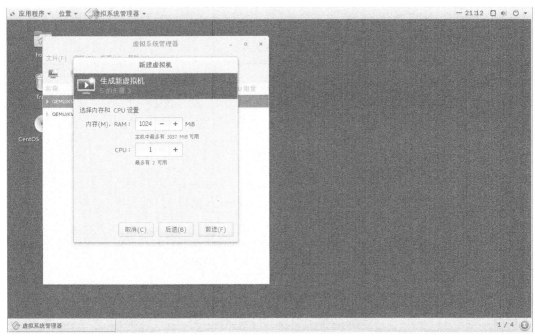

图 4-13 设置虚拟机的内存大小及 VCPU 数量

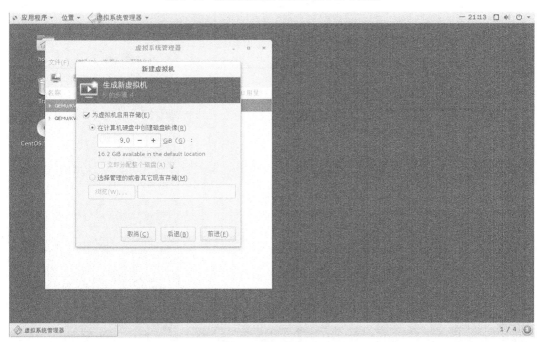

图 4-14 设置虚拟机硬盘大小

⑥ 自定义虚拟机的名称，可以勾选"在安装前自定义配置"，单击"完成"按钮后会进入更详细的虚拟机配置界面。在"网络选择"下拉框中，可以选择 KVM 网络，也可以选择已有的网络接口，或者已创建的网桥，如图 4-15 所示。

⑦ 更详细的虚拟机配置界面如图 4-16 所示。可以根据需求自定义虚拟机的配置。

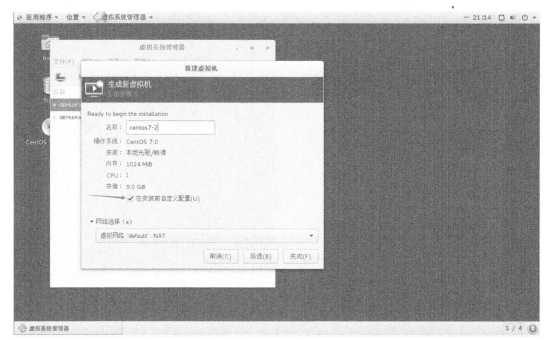

图 4-15 选择网络

图 4-16 虚拟机的详细配置

⑧ 单击左下角的"添加硬件"按钮,能够看到,几乎所有的设备都可以再添加,我们试着添加一块虚拟硬盘,如图 4-17 所示。

配置完毕后,单击"开始安装"按钮即进入虚拟机的安装界面,安装界面如图 4-18 所示。

安装过程与正常安装操作系统无异,此处省略。

第 4 章
Virt-Manager

图 4-17 添加虚拟硬盘

图 4-18 虚拟机安装界面

【实验 11】 使用 Virt-Manager 管理存储和网络

(一)实验目的
- 掌握并使用 Virt-Manager 管理存储池及镜像。
- 掌握并使用 Virt-Manager 配置桥接网络。

109

(二)实验内容

关于存储池和存储卷的概念第3章已详细说明,本实验将使用Virt-Manager对存储池和存储卷进行一些操作,创建及配置存储池、存储卷等。

另外,Virt-Manager 可以自定义网络,这也是通过调用 Libvirt API 来实现的,下面将使用Virt-Manager对3种网络,即仅主机模式、NAT模式、桥接模式进行配置,使得KVM虚拟机内部能够通信,同时也能够访问外部网络。

(三)实验步骤

(1)通过Virt-Manager创建存储池

① 打开Virt-Manager,选择"本地连接"选项,双击进入"本地Qemu/KVM"配置详情页面(或者选中Qemu/KVM,执行"编辑"→"连接详情"命令),如图4-19所示。

图 4-19　存储池详情

② 选择"存储",能够看到已经存在的存储池。default 是安装 Libvirt 时自动创建的,可以看到其类型为文件系统目录,位置为/var/lib/libvirt/images,这是默认位置,还有 opt 和 root 两个文件系统目录。

在第3章的实验7中已经介绍过使用LVM创建存储池的方法了,这里所采用的文件系统目录意为当前文件系统的总空间即此存储池的空间,在同一个文件系统中创建不同存储池,其大小是一样的,可以查看下opt和root的大小,如图4-20所示。

图 4-20　其他存储目录的空间

通过 Virt-Manager 创建的虚拟机,如果不指定其虚拟硬盘存放的位置,则都会创建在 default 池所在的/var/lib/libvirt/images 目录下。

③ 通过VMware给物理虚拟机添加一块硬盘,将此硬盘创建分区再格式化,将此分区挂载至目录,然后将此目录创建为文件系统目录型的存储池,如图4-21所示。

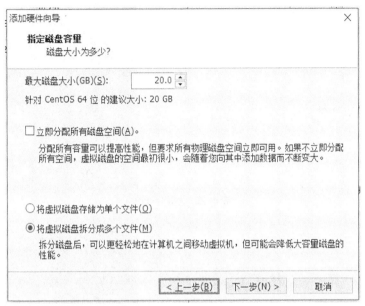

图 4-21 通过 VMware 给物理虚拟机添加硬盘

这里给虚拟机添加了一块 20GB 的硬盘，添加完成后重启 VMware 虚拟机。

下面给此硬盘分区，创建文件系统并挂载至/mnt 目录。

```
[root@virt-manager ~]# lsblk
NAME            MAJ:MIN RM   SIZE RO TYPE MOUNTPOINT
……
sdb               8:16    0    20G  0 disk
 [root@virt-manager ~]# fdisk /dev/sdb
[root@virt-manager ~]# partprobe
[root@virt-manager ~]# lsblk
NAME            MAJ:MIN RM   SIZE RO TYPE MOUNTPOINT
……
sdb               8:16    0    20G  0 disk
└─sdb1            8:17    0    10G  0 part
[root@virt-manager ~]# mkfs.ext3 /dev/sdb1
[root@virt-manager ~]# mount /dev/sdb1 /mnt/
[root@virt-manager ~]# ll /mnt/
drwx------. 2 root root 16384 7月    7 21:30 lost+found
```

④ 创建存储池。重新打开 Virt-Manager 的存储管理界面，单击左下角的加号按钮创建存储池，如图 4-22 所示。

输入存储池名称，单击"浏览"按钮，选择"目标路径"为/mnt，单击"完成"按钮即可创建，如图 4-23 所示。

查看存储池的可用空间，能够看到是刚才分区分出来的大小，这与本地执行 df -h 查看/mnt 目录已挂载的/dev/sdb1 设备的可用空间几乎是一致的，显示界面如图 4-24 所示。

图 4-22 创建存储池

图 4-23 选择目录

图 4-24 mnt 存储池的空间大小

```
[root@virt-manager ~]# df -h
文件系统                  容量  已用  可用 已用% 挂载点
```

......
/dev/sdb1   9.8G   56M   9.2G   1% /mnt

（2）通过 Virt-Manager 创建存储卷并挂载至 KVM 虚拟机

① 打开存储池列表，选中刚才创建的 mnt 存储池，单击"卷"旁边的加号按钮，如图 4-25 所示。

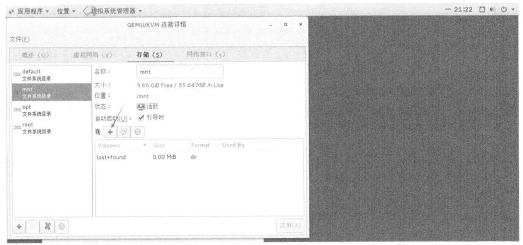

图 4-25　创建存储卷

② 输入名称与容量，这里创建了一个名为 test，格式为 qcow2，容量为 1GB 的存储卷。可以单击"格式"复选框，查看存储卷支持的格式都有什么，如图 4-26 所示。

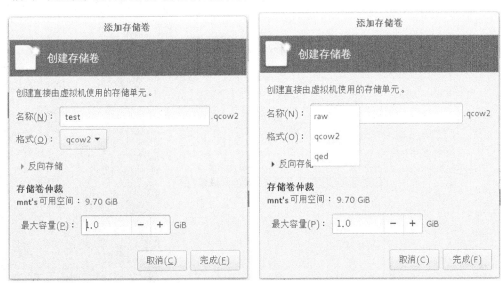

图 4-26　存储卷支持的格式

③ 单击"完成"按钮即可创建存储卷。

④ 将存储卷添加至 KVM 虚拟机，可以看到已经有一台正在运行的虚拟机了。双击运行的虚拟机，单击上面的小灯泡图标进入虚拟机配置页，单击"添加硬件"按钮，如图 4-27 至图 4-29 所示。

可以直接选择"在计算机硬盘中创建磁盘镜像"，这样会占用 default 存储池的空间，选择刚才创建的 test.qcow2 存储卷，单击"选择管理的或其他现有存储"按钮，单击"浏览"按钮，选择 mnt 存储池的 test.qcow2 存储卷，单击"完成"按钮，如图 4-30 所示。

图 4-27 虚拟机添加创建的存储

图 4-28 进入虚拟机配置页

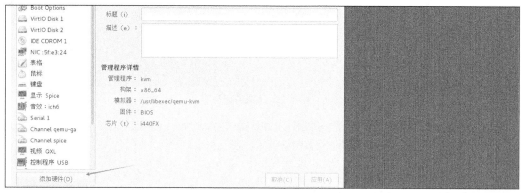

图 4-29 添加硬件

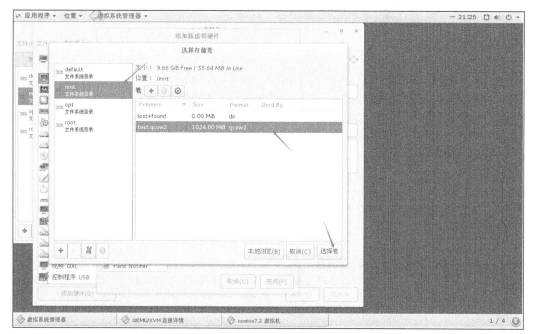

图 4-30 选择 test.qcow2 存储卷

⑤ 登录至虚拟机查看是否已挂载。

如图 4-31 所示，虚拟机中已有 vdb 硬盘，存储添加成功。

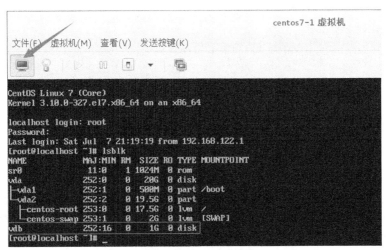

图 4-31 虚拟机的硬盘信息

⑥ 在宿主机使用 ssh 登录至虚拟机，将添加的存储卷分区并格式化，测试是否可用，如图 4-32 所示。

```
[root@localhost ~]# ip a
1: lo: <LOOPBACK,UP,LOWER_UP> mtu 65536 qdisc noqueue state UNKNOWN
    link/loopback 00:00:00:00:00:00 brd 00:00:00:00:00:00
    inet 127.0.0.1/8 scope host lo
       valid_lft forever preferred_lft forever
    inet6 ::1/128 scope host
       valid_lft forever preferred_lft forever
2: eth0: <BROADCAST,MULTICAST,UP,LOWER_UP> mtu 1500 qdisc pfifo_fast state UP qlen 1000
    link/ether 52:54:00:b4:dd:20 brd ff:ff:ff:ff:ff:ff
    inet 192.168.122.10/24 brd 192.168.122.255 scope global eth0
       valid_lft forever preferred_lft forever
    inet6 fe80::5054:ff:feb4:dd20/64 scope link
       valid_lft forever preferred_lft forever
```

图 4-32 查看虚拟机的 IP 地址

```
[root@virt-manager ~]# ssh 192.168.122.10
root@192.168.122.10's password:
Last login: Sat Jul  7 21:38:19 2018
[root@localhost ~]# lsblk
NAME              MAJ:MIN RM   SIZE RO TYPE MOUNTPOINT
……
vdb               252:16   0     1G  0 disk
[root@localhost ~]# fdisk /dev/vdb
[root@localhost ~]# lsblk
NAME              MAJ:MIN RM   SIZE RO TYPE MOUNTPOINT
S……
vdb               252:16   0     1G  0 disk
└─vdb1            252:17   0  1023M  0 part
[root@localhost ~]# mkfs.ext3 /dev/vdb1
```

```
[root@localhost ~]# mount /dev/vdb1 /mnt/
[root@localhost ~]# ls /mnt/
lost+found    //出现此目录代表可用。
[root@localhost ~]# df -h
文件系统              容量   已用   可用  已用%  挂载点
……
tmpfs                497M    0    497M   0%   /sys/fs/cgroup
/dev/vda1            497M  125M   373M  25%   /boot
tmpfs                100M    0    100M   0%   /run/user/0
/dev/vdb1            991M  1.3M   939M   1%   /mnt
```

注意　存储卷的概念与在本地使用 qemu-img 命令创建虚拟机硬盘一样,在本地使用 qemu-img 命令创建虚拟机硬盘再挂载至虚拟机,与在 Virt-Manager 的存储池界面创建存储卷效果是一样的,这部分读者可在课后自行尝试(注意使用 qemu-img 创建虚拟硬盘时,不要采用 QCOW2 格式,因为这是自增长的格式,期初大小可能只是这个文件的大小,这也是其与通过 Virt-Manager 创建存储卷的不同之处)。

(3)创建仅主机网络

① 单击"连接详情"按钮进入本机 Qemu/KVM 管理界面,选中"虚拟网络",单击左下角的加号按钮以创建新的虚拟网络,具体界面如图 4-33 所示。

图 4-33　创建虚拟网络操作方法

② 输入网络名称,单击"前进"按钮,输入子网,如图 4-34 所示。

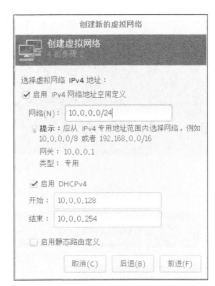

图 4-34　新建网络配置

③ 继续单击"前进"按钮，不配置 IPv6 地址，选择隔离的虚拟网络，隔离的虚拟网络即仅主机模式的网络，这种模式的网络虚拟机仅能与宿主机访问，也可以访问外部网络，但是外部网络访问不了虚拟机。

④ 单击"完成"按钮即可。

⑤ 添加虚拟网络至虚拟机。添加步骤同添加存储卷至虚拟机一样，我们这里选择"Network"选项，选择创建的 exam_host 网络，如图 4-35 所示。

图 4-35　添加 exam_host 网络

⑥ 单击"完成"按钮，返回后单击"应用"按钮即可。

⑦ 进入虚拟机查看是否已增加网络接口，界面如图 4-36 所示。

```
2: eth0: <BROADCAST,MULTICAST,UP,LOWER_UP> mtu 1500 qdisc pfifo_fast state UP qlen 1000
    link/ether 52:54:00:b4:dd:20 brd ff:ff:ff:ff:ff:ff
    inet 192.168.122.10/24 brd 192.168.122.255 scope global eth0
       valid_lft forever preferred_lft forever
    inet6 fe80::5054:ff:feb4:dd20/64 scope link
       valid_lft forever preferred_lft forever
3: ens9: <BROADCAST,MULTICAST,UP,LOWER_UP> mtu 1500 qdisc pfifo_fast state UP qlen 1000
    link/ether 52:54:00:dc:3d:48 brd ff:ff:ff:ff:ff:ff
    inet 10.0.0.232/24 brd 10.0.0.255 scope global dynamic ens9
       valid_lft 3544sec preferred_lft 3544sec
    inet6 fe80::5054:ff:fedc:3d48/64 scope link
       valid_lft forever preferred_lft forever
[root@localhost ~]#
```

图 4-36　新增 ens9 网卡

可以看到 Virt-Manager 自动给虚拟机添加了一个名为 ens9 的网卡，其 IP 地址为 10.0.0.232。

下面试试能不能 ping 通宿主机，如图 4-37 所示。

```
[root@localhost ~]# ping 172.16.21.128 -c 2
PING 172.16.21.128 (172.16.21.128) 56(84) bytes of data.
64 bytes from 172.16.21.128: icmp_seq=1 ttl=64 time=0.250 ms
64 bytes from 172.16.21.128: icmp_seq=2 ttl=64 time=0.267 ms

--- 172.16.21.128 ping statistics ---
2 packets transmitted, 2 received, 0% packet loss, time 1000ms
rtt min/avg/max/mdev = 0.250/0.258/0.267/0.018 ms
```

图 4-37　测试虚拟机能否 ping 通宿主机

可以 ping 通宿主机。下面测试能否 ping 通外网，如图 4-38 所示。

```
[root@localhost ~]# ping www.baidu.com -c 2
ping: unknown host www.baidu.com
```

图 4-38　测试虚拟机能否 ping 通外网

可以发现 ping 不通，这时修改下虚拟机的 DNS 即可，编辑/etc/resolv.conf，添加 DNS 服务器的地址，如图 4-39 所示。

```
# Generated by NetworkManager
search emam_host
nameserver 114.114.114.114
```

```
[root@localhost ~]# ping www.baidu.com -c 2
PING www.a.shifen.com (112.80.248.75) 56(84) bytes of data.
64 bytes from 112.80.248.75: icmp_seq=1 ttl=54 time=14.9 ms
64 bytes from 112.80.248.75: icmp_seq=2 ttl=54 time=15.7 ms

--- www.a.shifen.com ping statistics ---
2 packets transmitted, 2 received, 0% packet loss, time 1002ms
rtt min/avg/max/mdev = 14.903/15.338/15.773/0.435 ms
```

图 4-39　更改 DNS 服务器地址再 ping 外网

（4）创建 NAT 模式的网络

① 与上面添加仅主机模式的网络一样，这里需要将虚拟机网络中的数据包转发到宿主机的特定接口上，当然也可以选择任意物理设备，这里选择转发到宿主机的 eno16777736 网卡上，模式选为 NAT，如图 4-40 所示。

图 4-40　添加 NAT 模式网络

图 4-40　添加 NAT 模式网络（续）

② 添加此网络至虚拟机。首先要先将上一步骤中添加的仅主机模式的网络接口删除，再添加网卡，添加方法与添加仅主机模式网络一样，如图 4-41 与图 4-42 所示。

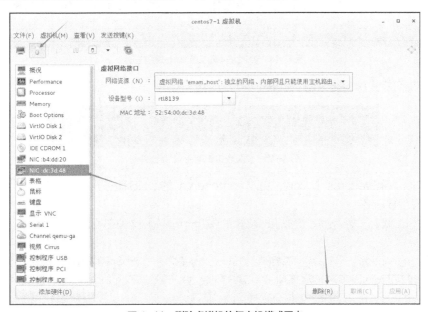

图 4-41　删除虚拟机的仅主机模式网卡

图 4-42　添加 NAT 模式网卡

③ 登录至虚拟机查看网络信息，如图 4-43 所示。

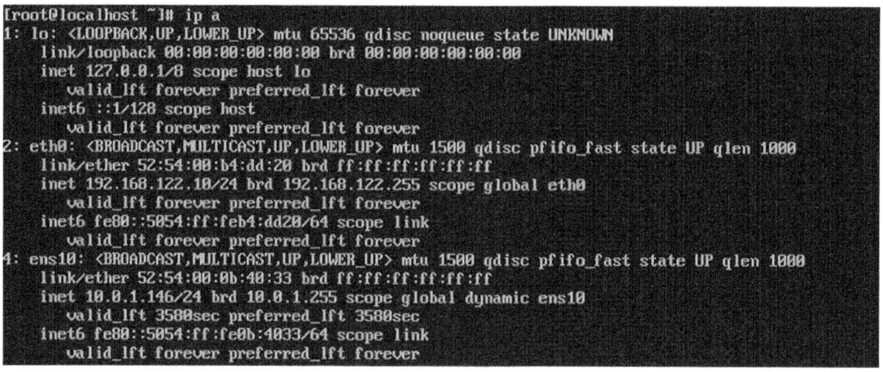

图 4-43 虚拟机网络信息

虚拟机内部添加了一块名为 ens10 的网卡，地址正好在刚刚创建的 NAT 网络地址池中。
④ 测试是否可以 ping 通宿主机，如图 4-44 所示。

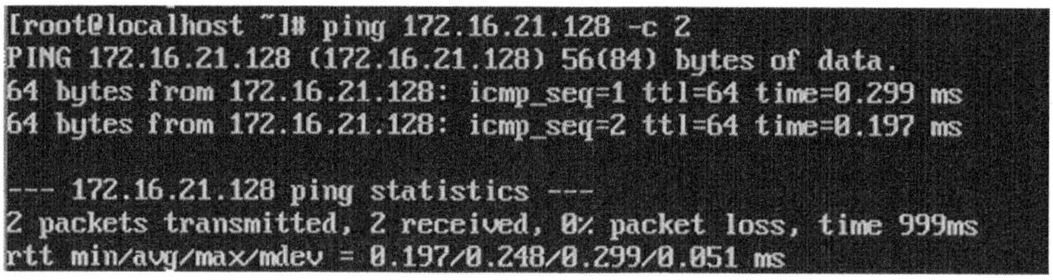

图 4-44 测试虚拟机能否 ping 通宿主机

⑤ 测试是否能够 ping 通外网，如图 4-45 所示。

图 4-45 测试虚拟机能否 ping 通外网

更改 DNS，编辑/etc/resolv.conf，更改 nameserver 的 DNS 服务器地址为 114.114.114.114。
（5）创建桥接网络
① 宿主机配置。在 VMware 虚拟机的配置中添加一个 NAT 模式的网卡，完成后进入 VMware 虚拟机。

[root@virt-manager ~]# ip a   //查看网络信息，已添加名为 eno33554984 的网卡
2: eno16777736: <BROADCAST,MULTICAST,UP,LOWER_UP> mtu 1500 qdisc pfifo_fast state UP qlen 1000
    link/ether 00:0c:29:3f:4b:a3 brd ff:ff:ff:ff:ff:ff
    inet 172.16.21.128/24 brd 172.16.21.255 scope global eno16777736
       valid_lft forever preferred_lft forever
    inet6 fe80::20c:29ff:fe3f:4ba3/64 scope link
       valid_lft forever preferred_lft forever
3: eno33554984: <BROADCAST,MULTICAST,UP,LOWER_UP> mtu 1500 qdisc pfifo_fast state UP qlen 1000
    link/ether 00:0c:29:3f:4b:ad brd ff:ff:ff:ff:ff:ff

inet 192.168.154.130/24 brd 192.168.154.255 scope global dynamic eno33554984
    valid_lft 1733sec preferred_lft 1733sec
inet6 fe80::20c:29ff:fe3f:4bad/64 scope link
    valid_lft forever preferred_lft forever

由于创建虚拟网桥时需要通过 eno33554984 网卡把 KVM 虚拟机内部的数据包转发出去，在创建虚拟网络时，由于开启的状态是无法创建虚拟网络的，所以此网卡的状态不能为 UP。先将此网卡关闭。

[root@virt-manager ~]# ip link set eno33554984 down
[root@virt-manager ~]# ip a
3: eno33554984: <BROADCAST,MULTICAST> mtu 1500 qdisc pfifo_fast state DOWN qlen 1000
    link/ether 00:0c:29:3f:4b:ad brd ff:ff:ff:ff:ff:ff

② 使用 Virt-Manager 添加桥接网络。添加方法与前面添加仅主机、NAT 模式一样，这里要更改其中 IP 地址池的范围为 VMware 虚拟网卡中 NAT 模式的地址池范围，连接到物理网络选择"转发到物理网络"，目的设备为 eno33554984 网卡，如图 4-46 与图 4-47 所示。

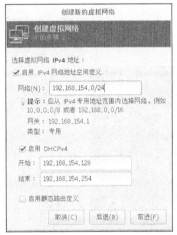

图 4-46　创建桥接网络

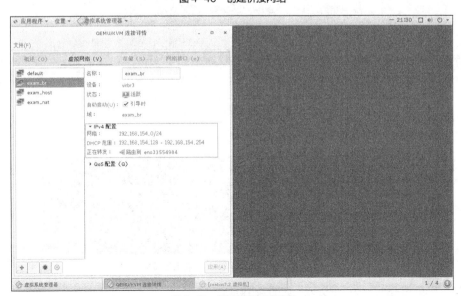

图 4-47　桥接网络配置信息

③ 将 eno33554984 开启，并将其添加至 exam_br 虚拟网络的物理网桥 virbr3 的接口上。

```
[root@virt-manager ~]# ip link set eno33554984 up
[root@virt-manager ~]# brctl show
bridge name     bridge id               STP enabled     interfaces
virbr3          8000.5254000bdb91       yes             virbr3-nic
[root@virt-manager ~]# brctl addif virbr3 eno33554984
[root@virt-manager ~]# brctl show
bridge name     bridge id               STP enabled     interfaces
virbr3          8000.000c293f4bad       yes             eno33554984
                                                        virbr3-nic
```

④ 在 KVM 虚拟机中添加此虚拟网络，测试是否能够与外界通信及外部网络能否访问 KVM 虚拟机。先将虚拟机中原有的网络都删除，再重新添加，完成后重启 KVM 虚拟机。

⑤ 登录虚拟机，查看网络信息，如图 4-48 所示。

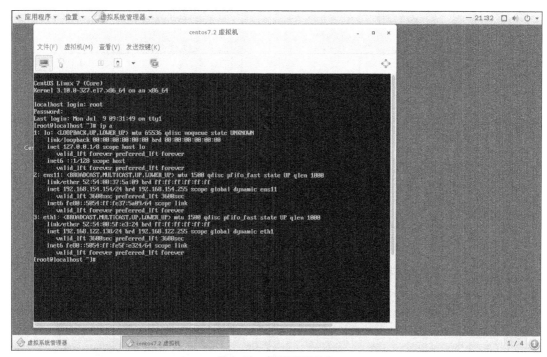

图 4-48　虚拟机网络信息

如图 4-49 所示，已经分配到 192.168.154.154/24 的 IP 地址，测试其是否可以 ping 通宿主机。

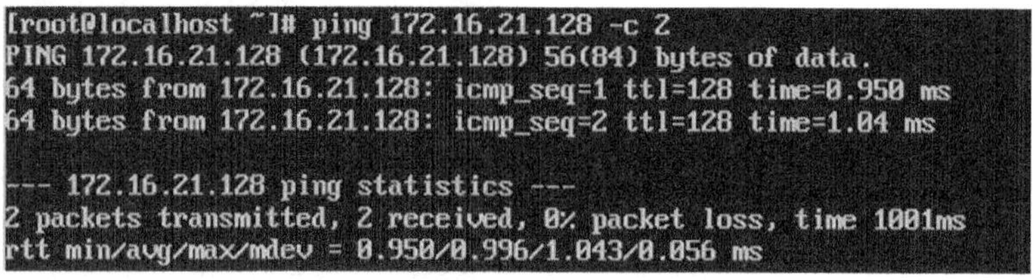

图 4-49　测试虚拟机能否 ping 通宿主机

可通，下面测试能否 ping 通外网，如图 4-50 所示。

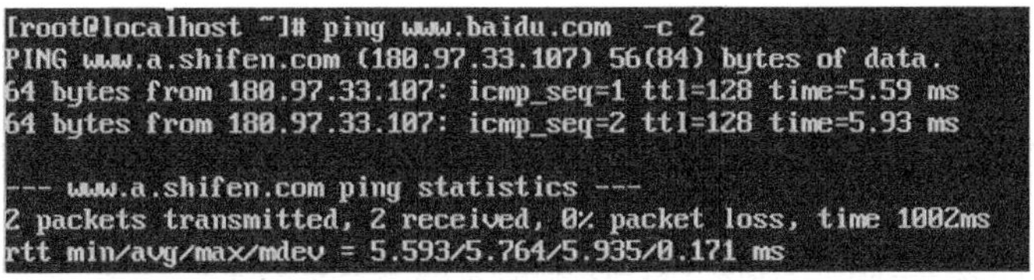

图 4-50　测试虚拟机能否 ping 通外网

下面通过 Windows 端的 SecureCRT 工具连接至虚拟机，测试外部网络是否可以访问 KVM 虚拟机，如图 4-51 所示。

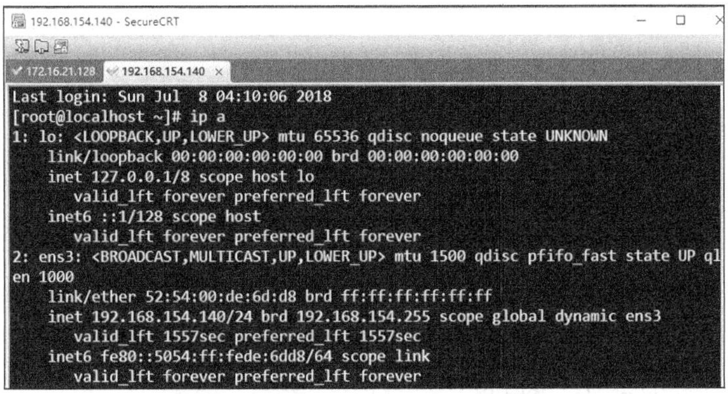

图 4-51　连接至 KVM 虚拟机的网络信息

【实验 12】　WebVirtMgr 安装

（一）实验目的
- 掌握 WebVirtMgr 的安装。
- 熟悉安装过程中出现的问题及解决办法。
- 加深对 Libvirt 安装方法的理解。

（二）实验内容
虚拟化出一台物理机器，其配置如下。

主机名	内存	硬盘	CPU	IP 地址	VMware 网络模式
WebVirtMgr	4GB	30GB	开启 intel VT-x/EPT 或 AMD-V 虚拟化	192.168.154.130	NAT

安装系统时选择最小化安装，安装完成后修改虚拟机 IP 地址，通过 SecureCRT 终端连接工具连接至虚拟机开始安装。

（三）实验步骤
详见北京西普阳光教育科技股份有限公司提供的本书配套产品资源。

【实验 13】　WebVirtMgr 使用

（一）实验目的
- 掌握在 WebVirtMgr 上添加连接。

- 掌握并使用 WebVirtMgr 创建及管理虚拟机。

（二）实验内容

实验 12 中已经介绍了安装 WebVirtMgr 的方法，WebVirtMgr 是一个基于 Libvirt 的 Web 界面，用于管理虚拟机。它允许创建和配置新的虚拟机，并调整虚拟机的资源分配，通过 VNC 来为虚拟机提供完整的图形控制台。本实验将介绍使用 WebVirtMgr 添加连接并创建 KVM 虚拟机的方法。

（三）实验步骤

详见北京西普阳光教育科技股份有限公司提供的本书配套产品资源。

4.5 本章小节

本章介绍了两种在图形化界面上创建虚拟机的工具：Virt-Manager 及 WebVirtMgr，并对两种工具的安装方法进行了详细的介绍。另外，本章简单说明了使用 Virt-Install 命令创建虚拟机的方法及常用参数。其原理都是通过调用底层 Qemu-KVM 命令操作虚拟机，通过本章的介绍，读者能够对 KVM 虚拟机的运行机制有比较深的理解。

思考题

（1）简单叙述 Virt-Manager 的功能。
（2）Virt-Manager 的安装需要哪些服务正常运行？
（3）简单叙述 WebVirtMgr 的主要功能。
（4）简单叙述 Virt-Install 常用参数的含义。

第 5 章
网络虚拟化

▶ 学习目标

① 了解软件定义网络 SDN 的架构及其特点。
② 掌握虚拟交换机 Open vSwitch 的安装、配置。
③ 掌握并利用 Open vSwitch 创建虚拟二层 VLAN 环境。
④ 掌握并利用 Open vSwitch 创建 GRE 隧道网络环境。

随着互联网技术的不断发展，网络虚拟化技术能够实现用户在同一移动设备上进行多个应用的操作。作为云计算数据中心的重点技术，网络虚拟化技术具有其独特优势，能够实现云计算数据中心的多种功能。本章将介绍网络虚拟化驱动力及关键需求、软件 Overlay SDN 网络、Underlay SDN 网络、OpenvSwitch 虚拟交换安装与应用、OVS 创建 VLAN 网络、OVS 创建 GRE 隧道网络、用 Brctl 搭建 Linux 网桥等知识点。

5.1 网络虚拟化的驱动力与关键需求

5.1.1 网络虚拟化的驱动力

路由器由软件控制（路由计算或处理部分）和硬件数据通道（包转发或交换部分）组成。软件控制包括管理（CLI、SNMP）以及路由协议（OSPF、ISIS、BGP）等。数据通道包括针对每个包的查询、交换和缓存。网络拓扑发生变化或网络中任何路由器发生故障时，路由协议会自动学习网络拓扑，并且路由器之间通过 IGP 路由协议交互拓扑信息，并分别独立计算出转发报文所需的路由表数据。这个过程是完全分布式计算的，没有集中点，任何结点出现故障都会重新计算路由，保障了网络的最大通信能力。这种在路由计算和拓扑变化后全分布式地重新进行路由计算的过程，称为分布式控制过程。IGP 和 BGP 两种核心分布式路由协议构建了全球互联网，大量 IP 标准协议（MPLS、多播、IPv6 等）均采用分布式控制架构，故传统网络是一种全分布式控制的网络，路由器组成结构如图 5-1 所示。

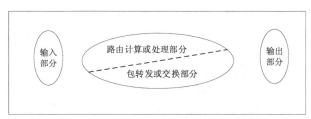

图 5-1 路由器的组成结构

1. 网络的管理面、控制面、数据面

管理面：可离线。

网元管理系统（Network Element Management System，EMS）：网元设备管理、网元业务配置。

网络业务管理 OSS（Operation Support System，运营支撑系统）：策略管理、业务管理。

控制面：实时性、可靠性要求高，网络控制。网络状态发生变化时，对网络进行实时的反馈、调整网络的各种数据和行为，使网络保持在正常工作和提供承诺服务的状态。

数据面：即用户面，用户业务的转发和处理。

2. 传统网络的局限性

（1）流量路径的灵活调整能力不足。

为避免形成回路，采用统一算法规则，这会造成最短路径拥塞（如采用了最短路径算法，流量只能走在最短路径上，即便最短路径已经拥塞，系统也没有办法进行自动调节，面对其他路径空闲的情况，也无能为力）。传统网络为解决此类问题，也定义了 MPLS 流量工程，但其采用 RSVP，复杂且扩展性不好，只能采用预先规划流量路径的方式进行部署，不能解决实时流量动态调整的问题，还会因为流量工程的分布式计算的时序问题导致一些网络业务无法部署。

（2）传统网络协议复杂，运行维护成本高。

庞大的协议体系，不同厂商提供设备的差异，网络维护的复杂性，提高了网络维护人员的技能要求，增加网络运行维护成本。

（3）传统网络的新业务创新速度太慢，新业务部署周期长。

5.1.2 网络虚拟化的关键需求

通过网络能力的软件化，满足业务系统的敏捷性、自动化、效率提升要求，这成为虚拟化和云时代下对网络虚拟化的关键诉求。首先，敏捷性和业务快速上线的诉求，要求网络不能成为阻碍 IT 业务的绊脚石，能支撑业务系统的快速创新和上线；其次，网络业务的下发和配置，要改变基于手工或静态配置的方式，支撑业务系统实时、按需、动态化地部署网络业务，从静态网络演进为动态网络，从单点部署演进为整体部署，从人机接口演进为机机接口；最后，要提升网络资源的利用率，从以设备和连接为中心的模式，转化为以应用和服务为中心的模式，最大化利用网络资源，同时细分用户的业务流量，提供不同 SLA（Service-Level Agreement，服务等级协议）的保障。具体来说，自下而上地对网络的需求包括如下几点。

（1）与物理层解耦：网络虚拟化的目标是接管所有的网络服务、特性和应用的虚拟网络必要的配置（VLANS、VRFS、防火墙规则、负载均衡池、IPAM、路由、隔离、多租户等）。从复杂的物理网络中抽取出简化的逻辑网络设备和服务，将这些逻辑对象映射给分布式虚拟化层，通过网络控制器和云管理平台的接口来消费这些虚拟网络服务。应用只需和虚拟化网络层打交道，复杂的网络硬件本身作为底层实现，对用户的网络控制面屏蔽。

（2）共享物理网络，支持多租户平面及安全隔离：计算虚拟化使多种业务或不同租户资源共享同一个数据中心资源，网络资源也同样需要共享，在同一个物理网络平面，需要为多租户提供逻辑的、安全隔离的网络平面。

（3）网络按需自动化配置：通过 API 自动化部署，一个完整的、功能丰富的虚拟网络可以自由定义任何约束在物理交换基础上的设施功能、拓扑或资源。通过网络虚拟化，每个应用的虚拟网络和安全拓扑就拥有了移动性，同时实现了和流动的计算层的绑定，并且可通过 API 自动部署，又确保了和专有物理硬件解耦。

（4）网络服务抽象：虚拟网络层可以提供逻辑端口、逻辑交换机和路由器、分布式虚拟防火墙、虚拟负载均衡器等，并可同时确保这些网络设备和服务的监控、QoS 和安全。这些逻辑网络对象就像服务器虚拟化虚拟出来的 VCPU 和内存一样，可以提供给用户，实现任意转发策略、安全策略的自由组合，构筑任意拓扑的虚拟网络。

5.1.3 软件定义网络 SDN

SDN（Software Defined Network）最初是由美国斯坦福大学 Clean Slate 研究组提出的一种新型网络创新架构，其核心技术 OpenFlow 通过将网络设备控制面与数据面分离开来，实现了网络流量的灵活控制，为核心网络及应用的创新提供了良好的平台，其结构如图 5-2 所示。

随着产业界设备制造商和运营商 SDN 实践的不断展开，SDN 也变成一个意义模糊的营销名称，它统指任何允许软件对网络进行编程或者配置的网络架构，而实现的技术和接口协议是各种各样的。

SDN 是满足下面 4 点原则的一种网络架构：

（1）控制和转发分离原则：网络的控制实体独立于网络转发和处理实体，进行独立部署。需要说明的是控制和转发分离原则并不是全新的网络架构原则，实际上传统光网络的部署方式一直是控制和转发分离的，而传统的分组网络（IP/MPLS/Ethernet）是控制和转发合一的分布式部署方式。控制和转发分离带来的好处是，控制可以集中化来实现更高效的控制，以及控制软件和网络硬件的分别独立优化发布。

（2）集中化控制原则：集中化控制的原则主要追求网络资源的高效利用。集中的控制器对网络资源和状态有更加广泛的视野，可以更加有效地调度资源来满足客户的需求。同时控制器也可以对网络资源细节进行抽象，从而简化客户对网络的操作。

（3）网络业务可编程：这个原则允许客户在整个业务生命周期里通过同控制器进行信息交换来改变业务的属性，以满足客户自己变化的需求。这个原则的目的是实现业务的敏捷性，客户可以协助业务、启动业务、改变业务、撤销业务等。

（4）开放的接口：这个是 SDN 技术实现的原则，它要求接口的技术实现标准化并且可供整个产业使用，这个原则主要是对网络领域通用和公共的功能接口进行标准化，从而保证应用同网络的解构，防止厂商锁定。这个原则并不反对厂商在满足公共接口标准和兼容性前提下的功能扩展。

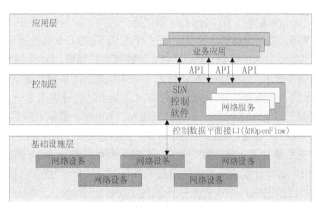

图 5-2 SDN 结构

相比传统的网络，SDN 提出控制层面的抽象。MAC 层和 IP 层能做到很好的抽象，但是对于控制接口来说并没有作用，以处理高复杂度（因为有太多的复杂功能加入体系结构，如 OSPF、BGP、组播、区分服务、流量工程、NAT、防火墙、MPLS、冗余层等）的网络拓扑、协议、算法和控制来让网络工作，完全可以对控制层进行简单、正确的抽象。SDN 给网络设计规划与管理提供了极大的灵活性，可以选择集中式或是分布式的控制，可以对微流（如校园网的流）或是聚合流（如主干网的流）进行转发时的流表项匹配，可以选择虚拟实现或是物理实现。

HP、IBM、Cisco、NEC 以及国内的华为、H3C、中兴等传统网络设备制造商都已纷纷加入 OpenFlow 的阵营，同时已经有一些支持 OpenFlow 的网络硬件设备面世。

传统 IT 架构中的网络，根据业务需求部署上线以后，如果业务需求发生变动，重新修改相应网络设备（路由器、交换机、防火墙）上的配置是一件非常烦琐的事情。在互联网/移动互联网瞬息万变的业务环境下，网络的高稳定性与高性能还不足以满足业务需求，灵活性和敏捷性反而更为关键。SDN 所做的事是将网络设备上的控制权分离出来，由集中的控制器管理，无须依赖底层网络设备（路由器、交换机、防火墙），屏蔽了来自底层网络设备的差异。而控制权是完全开放的，用户可以自定义任何想实现的网络路由和传输规则策略，更加灵活和智能。

进行 SDN 改造后，无须对网络中每个结点的路由器反复进行配置，网络中的设备本身就是自动化连通的。只需要在使用时定义好简单的网络规则即可。如果使用者不喜欢路由器自身内置的协议，可以通过编程的方式对其进行修改，以实现更好的数据交换性能。假设网络中有 SIP、FTP、流媒体几种业务，由于网络的总带宽是一定的，因此如果某个时刻流媒体业务需要更多的带宽和流量，这在传统网络中就很难处理，而在 SDN 改造后的网络中很容易实现，SDN 可以将流量整形、规整，临时让流媒体的"管道"更粗一些，让流媒体的带宽更大些，甚至关闭 SIP 和 FTP 的"管道"，待流媒体需求减少时再恢复原先的带宽占比。正是因为这种业务逻辑的开放性，网络作为"管道"的发展空间变为无限可能。如果未来云计算的业务应用模型可以简化为"云—管—端"，那么 SDN 就是"管"这一环的重要技术支撑。

5.2 软件 Overlay SDN 网络，L2/L3 网络

Overlay SDN 由于可以在现有网络的架构上叠加虚拟化技术，因而可以在对基础网络不进行大规模修改的情况下，实现应用在网络上的承载，并能与其他网络业务分离。Overlay 的网络是物理网络向云和虚拟化的延伸，使云资源池化能力可以摆脱物理网络的重重限制，是实现云网融合的关键。由于软件的灵活性，以及现在 CPU 的能力不断增强，加上服务器虚拟化技术的助力，现在业界网络设备由软件实现的趋势越来越明显，从最基本的交换机，到防火墙和负载均衡器等，无不如此。vSwitch 的出现最早是因为 VM 迁移后配置在网络设备上的相关策略无法随之迁移，因此服务器虚拟化厂商就在 Hypervisor 上内嵌了 vSwitch 功能，由 vSwitch 取代原来的物理接入交换机执行基本的二层转发和接入策略执行功能。后来发现，接入策略等本来就是通过 IT 系统下发的，vSwitch 和虚拟机等也都是由 IT 系统进行管理的，由 vSwitch 来执行策略，简化了整个策略管理和部署。另外，采用软件实现的 vSwitch 可以快速实现各种新的转发技术，满足当前解决数据中心网络遇到的各种问题的要求。因此，vSwitch 渐渐地成了 Hypervisor 的一个重要部件，也成了 IT 和 CT 场上的争夺焦点之一。对 vSwitch 的争夺最典型的就是 VMware 的 DVS 和 Cisco 的 Nexus 1000v。VMware 最早采用 Cisco 的 Nexus 1000v 作为其虚拟化平台的 vSwitch，但是它自己开发的 DVS 也逐渐成熟，逐渐取代了 Nexus 1000v，使两家原本亲密无间的合作关系蒙上了一层阴影。另外，业界可获得的 vSwitch 数量，特别是能够运行在 VMware 和微软的 Hypervisor 上的 Vswich 的数量非常有限，从这一点也可以看出 Vswich 的重要性。业界其他著名的 Vswich 还包括由 Nicira 开发并开源的 Open vSwitch、IBM 的 DOVE 等。微软也在其 Hyper-V 中内嵌了 vSwitch。目前的虚拟化主机软件在 vSwitch 内支持 VXLAN，使用 VTEP（VXLAN TUNnel End Point）封装和终结 VXLAN 的隧道。为了使得 VXLAN Overlay 网络的运行管理更加简化，便于云的服务提供，各厂家使用集中控制的模型，将分散在多个物理服务器上的 vSwitch 构成一个大型的、虚拟化的分布式 Overlay vSwitch。只要在分布式 vSwitch 范围内，虚拟机在不同物理服务器上的迁移，便被视为在一个虚拟的设备上迁移，如此大大降低了云中资源的调度难度和复杂度。

5.2.1 Open vSwitch

Open vSwitch 是一个开源软件，是利用虚拟平台，通过软件的方式形成的交换机部件。跟传统的物理交换机相比，Open vSwitch 配置更加灵活，一台普通的服务器可以配置出数十甚至上百台虚拟交换机，且端口数目可以灵活选择。由于大部分的代码使用平台独立的 C 写成，所以其可移植性非常好。

网卡收到数据包后，会交给 Datapath 内核模块处理，当匹配到对应的 Datapath 会直接输出，如果没有匹配到，会交给用户态的 OVS vSwitchd 查询 Flow，用户态处理后，会把处理完的数据包输出到正确的端口，并且设置新的 Datapath 规则，后续数据包可以通过新的 Datapath 规则实现快速转发。Open vSwitch 的主要模块包含以下几个。

（1）ovsdb-server：轻量级的数据库服务，主要保存了整个 OVS 的配置信息，包括接口、交换内容、VLAN 等。ovs-vswitchd 会根据数据库中的配置信息工作。

（2）ovs-vswitchd：守护程序，实现交换功能，和 Linux 内核兼容模块一起，实现基于流的交换。

（3）ovs-dpctl：用来配置交换机内核模块的工具，可以控制转发规则。

（4）ovs-vsctl：用于获取或者修改 ovs-vswitchd 的配置信息，操作的时候会更新 ovsdb-server 中的数据库。

（5）ovs-appctl：主要用于向 OVS 守护进程发送命令。

（6）ovsdbmonitor：GUI 工具，用于显示 ovsdb-server 中的数据信息。

（7）ovs-ofctl：用于控制 OVS 作为 OpenFlow 交换机工作时的流表内容。

5.2.2 Overlay L2/L3 数据流

1. Overlay L2 数据流

图 5-3 描述了基于 VXLAN 的跨主机 L2 数据流量：

（1）VM1 发送同网段流量至 VM2，经过 Br-Int 匹配流表，打上 VM1 子网本地的 VLAN Tag 后，流量转发至 Br-Tun；

（2）Br-Tun 匹配流表，剥离 VM1 子网本地 VLAN Tag 后直接进行 VXLAN 封装，通过承载网转发至对端主机结点；

（3）VM2 所在主机结点收到流量后进行 VXLAN 解封装，并且打上 VM2 子网本地 VLAN Tag，将流量转发至 Br-Int；Br-Int 匹配流表，剥离 VM2 子网本地 VLAN Tag，将流量转发至 VM2。

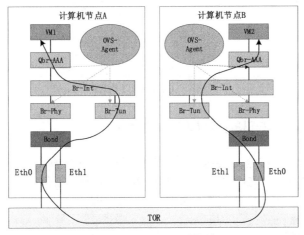

图 5-3　Overlay L2 数据流

2. Overlay L3 数据流

对于跨子网的 L3 通信，在 OpenStack 中，传统的集中式 L3 Router 不论东西向还是南北向的流量都需要经过网络结点的虚拟路由器，会造成流量瓶颈的问题。为了解决流量瓶颈的问题，产生了 DVR（分布式路由器）技术。DVR 的核心作用是，通过东西向横向流量扩展，将 Vrouter 的路由功能同时分布于计算结点和网络结点上，减轻网络结点的性能瓶颈/流量集中。当某个租户建立了一个 VRouter 的时候，如果某台主机上存在其路由所连接子网的虚拟机，那么这台主机上就会建立一个分布式 VRouter。

所有的东西向流量都会由这个路由进行转发而不是通过网络结点进行转发。通过使用 DVR，三层的转发功能都会被分布到计算结点上，这意味着计算结点也有了网络结点的功能。图5-4描述了基于VXLAN的跨主机 L3 数据流量。

（1）从 VM1 中发出带有 VM2 目的 IP 的数据流，首先发往本网段网络的默认网关 MAC，上行至 Br-Int 匹配流表，发送数据流，直接发送至本地 DVR VM1 网关。

（2）本地 DVR 路由器 VM1 网关接口接受这个数据帧，然后路由这个数据帧。

（3）路由之后，本地 DVR 将这个数据帧发送到 VM2 网关接口，这个数据帧被 Br-Int 交换到 Br-Tun，并且打上 VM2 子网的本地 VLAN Tag。

（4）在计算机结点 A 上的 Br-Tun 用结点上唯一的 DVR MAC 地址代替帧的源 MAC 地址。更改后的数据帧通过 Br-Tun 发送到计算机结点 B，在发送前它也去除了 VM2 子网本地 VLAN Tag，并打上隧道 VNI/VXLAN ID。

（5）计算机结点 B 上的 Br-Tun 收到这个隧道数据帧，去除 VM2 对应的 VNI 标签。随后打上 VM2 子网本地 VLAN Tag，然后发送这个帧到 Br-Int。

（6）计算机结点 B 上的 Br-Int 识别到数据帧的源 MAC 地址是一个独特的 DVR MAC 地址之后，将这个 MAC 地址替换成 VM2 子网的 MAC 地址，然后发送这个数据帧给 VM2。

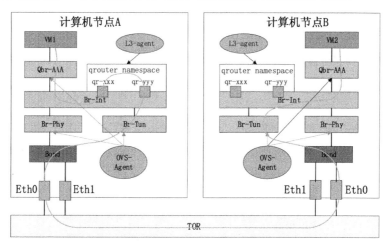

图 5-4　Overlay L3 数据流

5.3　硬件 Underlay SDN 网络

硬件 Underlay SDN 网络包含云平台和硬件 SDN 控制器，通过控制器插件集成 OpenStack Neutron，与 Neutron 协同完成网络的编排和控制。Neutron 框架提供了多种灵活的插件接入方式，包括 Plugin、Plugin Driver、Agent 和 Agent Driver，甚至它们的组合也可以实现设备接入 Neutron 框架，并实现统一建模和业务编排。各厂商硬件设备及控制器可以按需接入 Neutron 管理硬件设备，而 vSwitch 虚拟网元由 Neutron 负责管理，实现物理和虚拟网络的解耦。这种组网环境下，支持提供由 OVS 配置的 VLAN，并由 TOR 和 L3Gateway 提供 VXLAN 的硬件 VXLAN 网络，也支持提供由 OVS 配置的 VXLAN，并由 L3Gateway 提供 VXLAN 的硬件+软件 VXLAN 网络。同时，它还支持由控制器通过 L3/FW/LB/VPN 的插件方式，与 OpenStack 协同，完成由硬件提供的 Router/FW/LB 等网络服务。

整体的逻辑架构分为以下几层，如图 5-5 所示。

1. 业务呈现/协同层

业务呈现/协同层。业务呈现功能主要面向数据中心用户，例如，运营商与企业用户，向业务/网络管理员、租户管理员提供运维管理界面，实现服务管理、业务自动化发放、资源和服务保障等功能。业务协同层主要包括 OpenStack 云平台中的 Nova、Neutron、Cinder 等组件；通过各种组件实现对应资源的控制与管理，实现数据中心内的计算、存储、网络资源的虚拟化与资源池化，通过不同组件间交互实现各资源间的协同。

2. 网络控制层

网络控制层完成网络建模和网络实例化，协同虚拟与物理网络，提供网络资源池化与自动化；同时构建全网络视图，对业务流表实现集中控制与下发，这是实现 SDN 网络控制与转发分离的关键部件。

3. Fabric 网络层

Fabric 网络层是数据中心网络的基础设施，提供业务承载的高速通道。它采用 VXLAN 技术，使用 MAC-IN-UDP 封装来延伸 L2 层网络，实现业务和资源与物理位置解耦，为数据中心构建一个大二层逻辑网络，同时 VXLAN 使用 24bit 的 VNI 字段标识二层网络，可支持 16MB 的网络分段，解决了 VLAN 标签（4096）日益不足的缺陷。

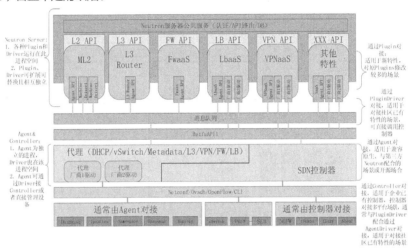

图 5-5　Neutron 的插件机制

4. 服务器层

服务器层提供虚拟化服务器或 Baremetal 服务器接入。其中虚拟化服务器是指将一台物理服务器使用虚拟化技术虚拟成多台虚拟机和虚拟网络交换机，虚拟机通过虚拟交换机接入 Fabric 网络。方案兼容当前主流的服务器虚拟化产品：VMware、Hyper-V 以及开源 KVM/Xen。Baremetal 服务器是 OpenStack G 版本支持的特性，通过将一个物理机看作一个实例，使 OpenStack 同服务器的硬件直接进行交互，实现 OpenStack 云平台对物理机的直接管理。

5.4　软件化 L4~L7 网络功能

5.4.1　L4~L7 网络功能

除了 vSwitch，很多厂商已经在提供纯软件的防火墙和负载均衡器等。这些 L4 层以上的网络设备本来就大多是通过软件实现的，但毕竟传统的交付形态是一个专有硬件，其采用的 CPU 也大多不是 X86 这种通用的计算平台，而且往往还有一些硬件加速引擎等。此类专用的硬件设备原来的优势是单设备性能相对较高，但最大的缺点在于多租户支持能力不足，而且缺乏弹性扩展能力。在网络中增加一个这种设备，会涉及大量网络设备的配置更改。由于不是每个设备都可支持 Overlay 隧道技术，通常将隧道终结在 vSwitch 上，设备与 Overlay 网络的对接需要通过 VLAN 到 VXLAN Mapping 来实现。随着 X86 CPU

计算能力的增强，L4 层以上的网络设备的性能已经不是最大的问题，在云计算环境下，业务能力的弹性扩展和多租户支持能力成为关键。采用虚拟机实现的虚拟网络设备，可以方便地在需要时增加，不需要时减少，弹性很强；通过定义私有封装，可以很方便地携带租户信息，因此可以有很强的多租户支持能力。

5.4.2 OpenStack Neutron 的 L4～L7 控制面

除了 L2/L3 网络，OpenStack Neutron 的插件机制也涵盖了 L4～L7 的网络业务，包括 VPN、Firewall、Loadbalancer，如图 5-6 所示。L4～L7 设备可以支持通过 Neutron 的 L4～L7 的 Plugin/Agent/Driver 机制直接接入 OpenStack，提供对 L4～L7 的网络业务配置下发和管理。（如 Cisco、Brocade 通过 Firewall/VPN 的 Plugin/Agent Driver 方式接入自己的防火墙和 VPN 设备；A10、F5 通过 Lbplugin/Driver 方式接入自己的负载均衡设备。同时，为了更灵活地统一编排，L4～L7 设备也可以通过 SDN 控制器接入 Neutron，提供对 L4～L7 的网络业务的统一编排、配置下发和调度管理。对于 Plugin/Driver/Agent 的接入方式，各厂商的实现有所差异。

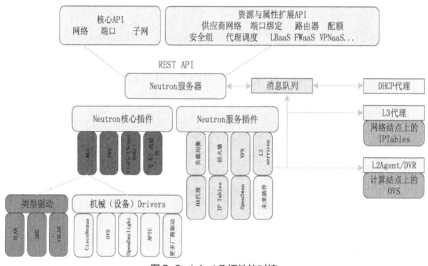

图 5-6　L4～L7 插件的对接

5.5 网络虚拟化端到端解决方案

5.5.1 端到端关键需求

软件 Overlay SDN 提供了智能、集中控制的全局优化，开放可编程、端到端 QOS、网络快速修复的能力。典型的解决方案包括以下几个方面。

1. 网络自动化配置

系统具备统一标准的数据库，所有设备提供基于 OpenFlow 和 RESTful 的接口。标准 OpenFlow 也消除了需要分别使用厂商定制的 EMS 来逐个配置各个网络服务的复杂过程。

2. 网络虚拟化及资源动态化分配

网络虚拟化需要能抽象出底层网络的物理拓扑，在逻辑上对网络资源进行分片或者整合，从而满足各种应用对于网络的不同需求。虚拟网络也可支持 IP 地址重叠，通过 VXLAN/VRF 进行隔离。软件 Overlay 技术可根据工作负荷按需分配、动态规划，不仅可以提高资源的利用率，还可以在网络负载不高的情况下选择性地关闭或者挂起部分网络设备，使其进入节电模式，达到节能环保、降低运营成本的目的。

5.5.2 端到端解决方案

网络虚拟化的整体方案如图 5-7 所示。

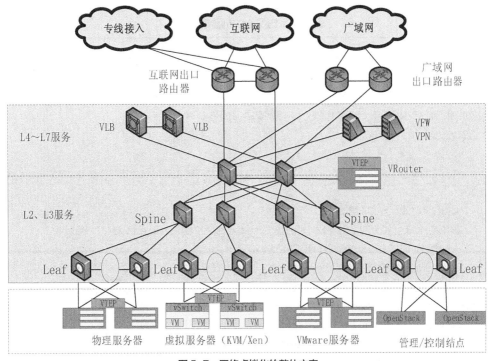

图 5-7 网络虚拟化的整体方案

1. 物理网络架构设计

（1）采用两层扁平化架构，实现大带宽、灵活扩展。
（2）Leaf 层接入计算（物理服务/虚拟服务器）、VMware 服务器、管理/控制结点。
（3）VXLAN 完全由软件实现。POD 区实现 L2/L3 VXLAN 互通，L4/L7 区实现南北互联。
（4）VXLAN 网络纯软实现，同硬件网络分离组网。

2. VXLAN Overlay 网络架构

（1）VXLAN VTEP 在虚拟化平台 vSwitch 上实现，东西流量/DVR 通过 VXLAN 互通，南北流量终结在 VRouter 服务器集群。
（2）Overlay 层面网络业务由分布式控制架构控制和发放。
（3）VDC（Virtual Data Center）是指虚拟数据中心，对应到 OpenStack 里的 Domain 概念。

【实验 14】 Open vSwitch 安装部署

（一）实验目的

- 了解 Open vSwitch 的组成部分及其功能。
- 掌握通过配置 YUM 安装 Open vSwitch 以及 Open vSwitch 的启动、关闭和状态查看。
- 掌握通过命令行正确配置 Open vSwitch。

（二）实验内容

通过 YUM 源或者 RPM 方式在 CentOS 7 环境中安装 Open vSwitch 虚拟交换机组件，能够对虚拟交换机服务进行管理、查询，对 OVS 虚拟交换机相关命令进行简单的运行维护。

（三）实验步骤

（1）通过物理环境或者 VMware 虚拟化出一台机器，实验主机名、网络 IP 配置、角色分配如表 5-1 所示。

表 5-1　虚拟出的机器的说明

结点号	主机名	网络 IP 地址/掩码	角色
1	node-1	网卡 1：192.168.1.102/24 网卡 2：192.168.1.103/24	网卡 1：eno16777736 网卡 2：eno33554984

检查机器网络配置情况，配置 DNS 并测试网络连通性。

```
[root@node-1 ~]# ip a
...
2: eno16777736: <BROADCAST,MULTICAST,UP,LOWER_UP> mtu 1500 qdisc pfifo_fast state UP qlen 1000
    link/ether 00:0c:29:07:d5:92 brd ff:ff:ff:ff:ff:ff
    inet 192.168.1.102/24 brd 192.168.1.255 scope global dynamic eno16777736
       valid_lft 1740sec preferred_lft 1740sec
    inet6 fe80::20c:29ff:fe07:d592/64 scope link
       valid_lft forever preferred_lft forever
[root@node-1 ~]# vi /etc/resolv.conf
nameserver 114.114.114.114
[root@node-1 ~]# ping -c 2 mirrors.aliyun.com
PING mirrors.aliyun.com.w.alikunlun.com (118.212.224.105) 56(84) bytes of data.
64 bytes from 105.224.212.118.adsl-pool.jx.chinaunicom.com (118.212.224.105): icmp_seq=1 ttl=128 time=19.7 ms
...
```

（2）配置系统 YUM 源，采用国内 aliyun 的 YUM 源 Centos-7.repo、epel-7.repo，具体 YUM 配置文件查看光盘内容。

```
[root@node-1 /]# vi /etc/yum.repos.d/Centos-7.repo
[base]
name=CentOS-$releasever - Base - mirrors.aliyun.com
failovermethod=priority
baseurl=http://mirrors.aliyun.com/centos/$releasever/os/$basearch/
        http://mirrors.aliyuncs.com/centos/$releasever/os/$basearch/
        http://mirrors.cloud.aliyuncs.com/centos/$releasever/os/$basearch/
gpgcheck=1
gpgkey=http://mirrors.aliyun.com/centos/RPM-GPG-KEY-CentOS-7
[root@node-1 /]#vi /etc/yum.repos.d/epel-7.repo
[epel]
name=Extra Packages for Enterprise Linux 7 - $basearch
baseurl=http://mirrors.aliyun.com/epel/7/$basearch
failovermethod=priority
```

```
enabled=1
gpgcheck=0
gpgkey=file:///etc/pki/rpm-gpg/RPM-GPG-KEY-EPEL-7
[root@node-1 /]# yum clean all
[root@node-1 /]# yum list|grep OpenvSwitch
OpenvSwitch.x86_64                    2.0.0-7.el7                    base
……
```

（3）通过 yum 安装 Open vSwitch。

```
[root@node-1 /]# yum install -y openvswitch
……
Complete!
```

（4）启动服务并设置开机自动启动。

```
[root@node-1 /]# systemctl    start openvSwitch
[root@node-1 /]# systemctl    enable openvSwitch
Created symlink from /etc/systemd/system/multi-user.target.wants/OpenvSwitch.service to /usr/lib/systemd/system/OpenvSwitch.service.
[root@node-1 /]# systemctl    status openvSwitch
• OpenvSwitch.service - Open vSwitch
    Loaded: loaded (/usr/lib/systemd/system/OpenvSwitch.service; enabled; vendor preset: disabled)
    Active: active (exited) since Sat 2018-06-23 05:51:03 EDT; 2min 17s ago
  Main PID: 2337 (code=exited, status=0/SUCCESS)
    CGroup: /system.slice/OpenvSwitch.service
Jun 23 05:51:03 node-1 systemd[1]: Starting Open vSwitch...
Jun 23 05:51:03 node-1 systemd[1]: Started Open vSwitch.
```

（5）Open vSwitch 运维。

Open vSwitch 是一种基于开源 Apache 2 许可证的多层软件交换机。Open vSwitch 非常适合在 VM 环境中用作虚拟交换机。除了将标准控制和可视化接口暴露给虚拟网络层之外，它还支持跨多个物理服务器的分发。Open vSwitch 支持多种基于 Linux 的虚拟化技术，包括 Xen/XenServer、KVM 和 VirtualBox。

其主要组成部分如下。

① ovs-vswitchd，一个实现交换机的守护程序，以及用于基于流的切换的配套 Linux 内核模块。

② ovsdb-server 是一个轻量级数据库服务器，ovs-vswitchd 查询以获取其配置。

③ ovs-dpctl 是配置交换机内核模块的工具。用于构建 Citrix XenServer 和 Red Hat Enterprise Linux 的 RPM 的脚本和规范。XenServer RPM 允许将 Open vSwitch 安装在 Citrix XenServer 主机上，作为替代其交换机的附加功能。

④ ovs-vsctl，用于查询和更新 ovs-vswitchd 的配置的实用程序。

⑤ ovs-appctl，一个向运行 Open vSwitch 守护程序发送命令的实用程序。

对于用户来讲，ovs-vsctl 是比较重要的命令行工具，涉及交换机网桥管理、交换机端口管理、数据库管理等，使用的命令比较多，可以用 Help 或 man 帮助命令进行学习练习。

```
[root@node-1 /]# ovs-vsctl    --help
ovs-vsctl: ovs-VSwitchd management utility
usage: ovs-vsctl [options] command [arg...]
Open vSwitch commands:
```

```
  init                              initialize database, if not yet initialized
  show                              print overview of database contents
  emer-reset                        reset configuration to clean state
Bridge commands:
  add-br BRIDGE                     create a new bridge named BRIDGE
  add-br BRIDGE PARENT VLAN         create new fake BRIDGE in PARENT on VLAN
  del-br BRIDGE                     delete BRIDGE and all of its ports
  list-br                           print the names of all the bridges
  br-exists BRIDGE                  exit 2 if BRIDGE does not exist
  br-to-VLAN BRIDGE                 print the VLAN which BRIDGE is on
  br-to-parent BRIDGE               print the parent of BRIDGE
  br-set-external-id BRIDGE KEY VALUE   set KEY on BRIDGE to VALUE
  br-set-external-id BRIDGE KEY     unset KEY on BRIDGE
  br-get-external-id BRIDGE KEY     print value of KEY on BRIDGE
  br-get-external-id BRIDGE         list key-value pairs on BRIDGE
Port commands (a bond is considered to be a single port):
  list-ports BRIDGE                 print the names of all the ports on BRIDGE
  add-port BRIDGE PORT              add network device PORT to BRIDGE
  add-bond BRIDGE PORT IFACE...     add bonded port PORT in BRIDGE from IFACES
  del-port [BRIDGE] PORT            delete PORT (which may be bonded) from BRIDGE
  port-to-br PORT                   print name of bridge that contains PORT
Interface commands (a bond consists of multiple interfaces):
  list-ifaces BRIDGE                print the names of all interfaces on BRIDGE
  iface-to-br IFACE                 print name of bridge that contains IFACE
Controller commands:
  get-controller BRIDGE             print the controllers for BRIDGE
  del-controller BRIDGE             delete the controllers for BRIDGE
  set-controller BRIDGE TARGET...   set the controllers for BRIDGE
  get-fail-mode BRIDGE              print the fail-mode for BRIDGE
  del-fail-mode BRIDGE              delete the fail-mode for BRIDGE
  set-fail-mode BRIDGE MODE         set the fail-mode for BRIDGE to MODE
Manager commands:
  get-manager                       print the managers
  del-manager                       delete the managers
  set-manager TARGET...             set the list of managers to TARGET...
SSL commands:
  get-ssl                           print the SSL configuration
  del-ssl                           delete the SSL configuration
  set-ssl PRIV-KEY CERT CA-CERT     set the SSL configuration
Switch commands:
  emer-reset                        reset switch to known good state
Database commands:
  list TBL [REC]                    list RECord (or all records) in TBL
```

```
    find TBL CONDITION...            list records satisfying CONDITION in TBL
    get TBL REC COL[:KEY]            print values of COLumns in RECord in TBL
    set TBL REC COL[:KEY]=VALUE set COLumn values in RECord in TBL
    add TBL REC COL [KEY=]VALUE add (KEY=)VALUE to COLumn in RECord in TBL
    remove TBL REC COL [KEY=]VALUE   remove (KEY=)VALUE from COLumn
    clear TBL REC COL                clear values from COLumn in RECord in TBL
    create TBL COL[:KEY]=VALUE       create and initialize new record
    destroy TBL REC                  delete RECord from TBL
    wait-until TBL REC [COL[:KEY]=VALUE]   wait until condition is true
Potentially unsafe database commands require --force option.
Options:
    --db=DATABASE                connect to DATABASE
                                 (default: unix:/var/run/OpenvSwitch/db.sock)
    --no-wait                    do not wait for ovs-VSwitchd to reconfigure
    --retry                      keep trying to connect to server forever
    -t, --timeout=SECS           wait at most SECS seconds for ovs-VSwitchd
    --dry-run                    do not commit changes to database
    --oneline                    print exactly one line of output per command
Logging options:
    -v, --verbose=[SPEC]         set logging levels
    -v, --verbose                set maximum verbosity level
    --log-file[=FILE]            enable logging to specified FILE
                                 (default: /var/log/OpenvSwitch/ovs-vsctl.log)
    --no-syslog                  equivalent to --verbose=vsctl:syslog:warn
Active database connection methods:
    tcp:IP:PORT                  PORT at remote IP
    ssl:IP:PORT                  SSL PORT at remote IP
    unix:FILE                    UNIX domain socket named FILE
Passive database connection methods:
    ptcp:PORT[:IP]               listen to TCP PORT on IP
    pssl:PORT[:IP]               listen for SSL on PORT on IP
    punix:FILE                   listen on UNIX domain socket FILE
```

（6）通过 ovs-vsctl 新建网桥 share，将网卡 2：eno33554984 添加到 share 网桥中并查看。

```
[root@node-1 ~]# ovs-vsctl add-br share
[root@node-1 ~]# ovs-vsctl add-port share eno33554984
[root@node-1 ~]# ovs-vsctl show              //查看整个 ovs 数据库
bd92ea7b-5428-4fdc-b8fb-2807a6851972
    Bridge share
        Port "eno33554984"
            Interface "eno33554984"
        Port share
            Interface share
                type: internal
```

```
        ovs_version: "2.0.0"
[root@node-1 ~]# ovs-vsctl   list-br              //ovs 查看网桥和端口
share
[root@node-1 ~]# ovs-vsctl list-ports share
eno33554984
```

【实验 15】 Net Namespace 综合实验

（一）实验目的
- 了解 Linux Namespace 功能。
- 通过实验掌握 Namespace 在网络隔离上面的应用。

（二）实验内容

实验网络拓扑结构如下：如图 5-8 所示，利用 Linux Namespace 隔离 2 个域 T1 和 T2，建立网卡 Veth 对（A1 和 A2，B1 和 B2），Veth 对相当于一根水管的两头，任何一头发送的数据，另一头都能收到；将 A2 和 B2 的端口加入 Open vSwitch，Open vSwitch 当作默认的 2 层虚拟交换机使用，交换机某个端口收到数据包之后会向其他任何端口进行转发。A1 和 B1 相当于 2 个 PC 或者类似 KVM 虚拟终端的网卡，通过配置相同网段的 IP 地址测试联通性。

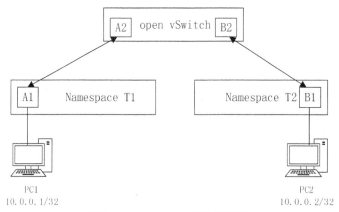

图 5-8 Namespace 综合实验架构

（三）实验步骤

（1）配置系统 YUM 源，安装 Open vSwitch，开启服务并设置开机自动启动。

```
[root@node-1 /]# yum install -y openvswitch
[root@node-1 /]# systemctl   start openvswitch
[root@node-1 /]# systemctl   enable openvswitch
```

（2）利用 ip netns 命令创建 2 个 Namespace T1 和 T2。

```
[root@node-1 ~]# ip netns add T1
[root@node-1 ~]# ip netns add T2
[root@node-1 ~]# ip netns list
T2
T1
```

（3）利用 ip link 命令创建 2 对 Veth 对。

```
[root@node-1 ~]# ip link add A1 type veth peer name A2
```

```
[root@node-1 ~]# ip link add B1 type veth peer name B2
[root@node-1 ~]# ip link set A1 up
[root@node-1 ~]# ip link set A2 up
[root@node-1 ~]# ip link set B1 up
[root@node-1 ~]# ip link set B2 up
[root@node-1 ~]# ip a
......
10: B2@B1: <BROADCAST,MULTICAST,UP,LOWER_UP> mtu 1500 qdisc pfifo_fast state UP qlen 1000
    link/ether 4a:bb:bb:16:16:95 brd ff:ff:ff:ff:ff:ff
    inet6 fe80::48bb:bbff:fe16:1695/64 scope link
       valid_lft forever preferred_lft forever
11: B1@B2: <BROADCAST,MULTICAST,UP,LOWER_UP> mtu 1500 qdisc pfifo_fast state UP qlen 1000
    link/ether 4a:2c:43:8b:b7:29 brd ff:ff:ff:ff:ff:ff
    inet6 fe80::482c:43ff:fe8b:b729/64 scope link
       valid_lft forever preferred_lft forever
```

（4）在 Open vSwitch 中创建网桥 share，将 A2 和 B2 添加到网桥 share 的内部端口中。

```
[root@node-1 ~]# ovs-vsctl add-br share
[root@node-1 ~]# ovs-vsctl show
bd92ea7b-5428-4fdc-b8fb-2807a6851972
    Bridge share
        Port share
            Interface share
                type: internal
    ovs_version: "2.0.0"
[root@node-1 ~]# ovs-vsctl add-port share A2
[root@node-1 ~]# ovs-vsctl add-port share B2
[root@node-1 ~]# ovs-vsctl show
bd92ea7b-5428-4fdc-b8fb-2807a6851972
    Bridge share
        Port "B2"
            Interface "B2"
        Port share
            Interface share
                type: internal
        Port "A2"
            Interface "A2"
    ovs_version: "2.0.0"
```

（5）分别将 A1 和 B1 网卡添加到 Linux Namespace T1 和 T2 中。

```
[root@node-1 ~]# ip link set A1 netns T1
[root@node-1 ~]# ip link set B1 netns T2
[root@node-1 ~]# ip netns list
```

T2 (id: 1)

T1 (id: 0)

（6）利用 ip netns 相关命令给网卡 A1 和 B1 设置 IP 地址并创建默认路由。

[root@node-1 ~]# ip netns exec T1 ip addr add 10.0.0.1/32 dev A1

[root@node-1 ~]# ip netns exec T1 ip link set A1 up

[root@node-1 ~]# ip netns exec T1 ip route add 10.0.0.2/32 dev A1

[root@node-1 ~]# ip netns exec T1 ip a

1: lo: <LOOPBACK> mtu 65536 qdisc noop state DOWN
    link/loopback 00:00:00:00:00:00 brd 00:00:00:00:00:00
9: A1@if8: <BROADCAST,MULTICAST,UP,LOWER_UP> mtu 1500 qdisc pfifo_fast state UP qlen 1000
    link/ether 1a:a6:60:2b:2e:90 brd ff:ff:ff:ff:ff:ff link-netnsid 0
    inet 10.0.0.1/32 scope global A1
       valid_lft forever preferred_lft forever
    inet6 fe80::18a6:60ff:fe2b:2e90/64 scope link
       valid_lft forever preferred_lft forever

[root@node-1 ~]# ip netns exec T1 ip route

10.0.0.2 dev A1   scope link

[root@node-1 ~]# ip netns exec T2 ip addr add 10.0.0.2/32 dev B1

[root@node-1 ~]# ip netns exec T2 ip link set B1 up

[root@node-1 ~]# ip netns exec T2 ip route add 10.0.0.1/32 dev B1

[root@node-1 ~]# ip netns exec T2 ip a

1: lo: <LOOPBACK> mtu 65536 qdisc noop state DOWN
    link/loopback 00:00:00:00:00:00 brd 00:00:00:00:00:00
11: B1@if10: <BROADCAST,MULTICAST,UP,LOWER_UP> mtu 1500 qdisc pfifo_fast state UP qlen 1000
    link/ether 4a:2c:43:8b:b7:29 brd ff:ff:ff:ff:ff:ff link-netnsid 0
    inet 10.0.0.2/32 scope global B1
       valid_lft forever preferred_lft forever
    inet6 fe80::482c:43ff:fe8b:b729/64 scope link
       valid_lft forever preferred_lft forever

[root@node-1 ~]# ip netns exec T2 ip route

10.0.0.1 dev B1   scope link

（7）测试 A1 和 B1 的联通性。

[root@node-1 ~]# ip netns exec T1 ping -c 2 10.0.0.2

PING 10.0.0.2 (10.0.0.2) 56(84) bytes of data.

64 bytes from 10.0.0.2: icmp_seq=1 ttl=64 time=1.06 ms

64 bytes from 10.0.0.2: icmp_seq=2 ttl=64 time=0.078 ms

--- 10.0.0.2 ping statistics ---

2 Packets transmitted, 2 received, 0% Packet loss, time 1002ms

rtt min/avg/max/mdev = 0.078/0.573/1.069/0.496 ms

[root@node-1 ~]# ip netns exec T2 ping -c 2 10.0.0.1

PING 10.0.0.1 (10.0.0.1) 56(84) bytes of data.

64 bytes from 10.0.0.1: icmp_seq=1 ttl=64 time=0.717 ms
64 bytes from 10.0.0.1: icmp_seq=2 ttl=64 time=0.076 ms
--- 10.0.0.1 ping statistics ---
2 Packets transmitted, 2 received, 0% Packet loss, time 1000ms
rtt min/avg/max/mdev = 0.076/0.396/0.717/0.321 ms

测试成功。

【实验 16】 OVS 创建 VLAN 虚拟二层环境

（一）实验目的
- 了解 Open vSwitch VLAN 创建隔离网络的方法。
- 通过实验掌握 Namespace 在网络隔离上面的应用。

（二）实验内容

如图 5-9 所示，在 Host1 上面虚拟化出 2 台虚拟机 VM1 和 VM2，在 Host2 上面虚拟化出 2 台虚拟机 VM3 和 VM4，在 Host1 和 Host2 上面安装有 Open vSwitch 交换机，配置 Eth1 当作 2 台交换机所有 VLAN 的中继口，VM1 和 VM3 加入 VLAN100，VM2 和 VM4 加入 VLAN200，配置各网络的 IP 之后，测试 VM1 和 VM3、VM2 和 VM4 的联通性，测试 VM1 和 VM4、VM2 和 VM3 的 VLAN 隔离性，为了方便使用 Ip Netns 测试，VM 虚拟机的网卡采用 Veth 对的方式一端加入 OVS 交换机，一端加入 Namespace。

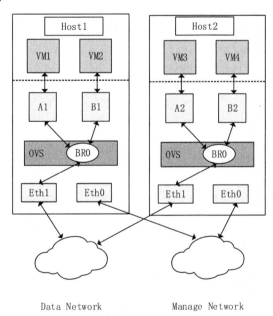

图 5-9　实验架构图

> **注意**　本次实验为了测试分配的 4 台虚拟机的 4 张网卡，可以通过 Linux 自带的 KVM 虚拟化 4 台虚拟化机，也可以通过 Docker 启动 4 个镜像，还可以通过 Linux Namespace+Veth 对的方式进行隔离，本实验采用 Linux Namespace +Veth 对的方式进行网卡联通性测试。

（三）实验步骤

（1）在 VMware 或者物理环境中安装 Host1 和 Host2，网络配置如表 5-2 所示：

表 5-2　Host1 和 Host2 的网络配置

结点号	主机名	物理网卡	虚拟网卡	Namespace
1	Host1 (node-1)	eno33554984（Eth1）	VM1 VLAN100	T1
			VM2 VLAN200	T2
		eno16777736 (Eth0)	192.168.1.107/24	管理口
2	Host2 (node-2)	eno33554984（Eth1）	VM3 VLAN100	T1
			VM4 VLAN200	T2
		eno16777736 (Eth0)	192.168.1.105/24	管理口

（2）在物理机 Host1、Host2 上配置好 YUM 源，安装 Open vSwitch，启动服务。以下为 node-1 结点操作，node-2 结点和 node-1 结点类似。

```
[root@node-1 ~]# yum install -y openvswitch.x86_64
[root@node-1 ~]# systemctl start openvswitch
[root@node-1 ~]# systemctl enable openvswitch
```

（3）在 Host1 上面创建 BR0 网桥，并将 eno33554984（Eth1）加入该网桥。Host2 执行一样的操作，2 台交换机通过 eno33554984（Eth1）形成中继转发接口。

```
[root@node-1 ~]# ovs-vsctl add-br BR0
[root@node-1 ~]# ovs-vsctl add-port BR0 eno33554984
[root@node-1 ~]# ovs-vsctl show
a44ea750-eb97-4b9b-8404-1da114288141
    Bridge "BR0"
        Port "BR0"
            Interface "BR0"
                type: internal
        Port "eno33554984"
            Interface "eno33554984"
    ovs_version: "2.0.0"
[root@node-2 ~]# ovs-vsctl add-br BR0
[root@node-2 ~]# ovs-vsctl add-port BR0 eno33554984
[root@node-2 ~]# ovs-vsctl show
4f237b69-0a8e-4755-8816-9235768986ce
    Bridge "BR0"
        Port "eno33554984"
            Interface "eno33554984"
        Port "BR0"
            Interface "BR0"
                type: internal
    ovs_version: "2.0.0"
```

（4）在 Host1、Host2 上分别创建 Veth 网卡对，创建 VLAN100 和 VLAN200。

① 在 Host1 上面创建 A1 和 BR0-A1，在 Host2 上创建 A2 和 BR0-A2，将 A1 和 A2 加入各自

Namespace T1，BR0-A1 和 BR0-A2 加入各自 OVS 网桥 BR0，并打上 VLAN Tag=100，将 A1 和 A2 配置相同网段的 IP 地址 10.1.1.0/24 段，后续测试它们的联通性。

② 在 Host1 上面创建 B1 和 BR0-B1，在 Host2 上创建 B2 和 BR0-B2，将 B1 和 B2 加入各自 Namespace T2，BR0-B1 和 BR0-B2 加入 OVS 网桥 BR0，并打上 VLAN Tag=200，将 B1 和 B2 配置相同网段的 IP 地址 20.1.1.0/24 段，后续测试它们的联通性。

Host1 和 Host2 上面 VLAN 100 配置如下：

```
[root@node-1 ~]# ip netns add T1
[root@node-1 ~]# ip link add A1 type veth peer name BR0-A1
[root@node-1 ~]# ip link set A1 up
[root@node-1 ~]# ip link set BR0-A1 up
[root@node-1 ~]# ip link set A1 netns T1
[root@node-1 ~]# ovs-vsctl add-port BR0 BR0-A1 tag=100
[root@node-1 ~]# ip netns exec T1  ip addr add 10.1.1.1/24 dev A1
[root@node-1 ~]# ip netns exec T1  ip link set A1 up
[root@node-1 ~]# ip netns exec T1 ip a
1: lo: <LOOPBACK> mtu 65536 qdisc noop state DOWN
    link/loopback 00:00:00:00:00:00 brd 00:00:00:00:00:00
7: A1@if6: <BROADCAST,MULTICAST,UP,LOWER_UP> mtu 1500 qdisc pfifo_fast state UP qlen 1000
    link/ether 02:cb:9e:2d:55:82 brd ff:ff:ff:ff:ff:ff link-netnsid 0
    inet 10.1.1.1/24 scope global A1
       valid_lft forever preferred_lft forever
    inet6 fe80::cb:9eff:fe2d:5582/64 scope link
       valid_lft forever preferred_lft forever
[root@node-1 ~]# ovs-vsctl show
ed28b482-5783-4fcb-bee3-5b0d72356c48
    Bridge "BR0"
        Port "BR0-A1"
            tag: 100
            Interface "BR0-A1"
        Port "eno33554984"
            Interface "eno33554984"
        Port "BR0"
            Interface "BR0"
                type: internal
    ovs_version: "2.0.0"

[root@node-2 ~]# ip netns add T1
[root@node-2 ~]# ip link add A2 type veth peer name BR0-A2
[root@node-2 ~]# ip link set A2 up
[root@node-2 ~]# ip link set BR0-A2 up
[root@node-2 ~]# ip link set A2 netns T1
[root@node-2 ~]# ovs-vsctl add-port BR0 BR0-A2 tag=100
```

```
[root@node-2 ~]# ip netns exec T1  ip addr add 10.1.1.2/24 dev A2
[root@node-2 ~]# ip netns exec T1  ip link set A2 up
[root@node-2 ~]# ip netns exec T1 ip a
1: lo: <LOOPBACK> mtu 65536 qdisc noop state DOWN
    link/loopback 00:00:00:00:00:00 brd 00:00:00:00:00:00
7: A2@if6: <BROADCAST,MULTICAST,UP,LOWER_UP> mtu 1500 qdisc pfifo_fast state UP qlen 1000
    link/ether a2:a6:03:bd:d2:42 brd ff:ff:ff:ff:ff:ff link-netnsid 0
    inet 10.1.1.2/24 scope global A2
       valid_lft forever preferred_lft forever
    inet6 fe80::a0a6:3ff:febd:d242/64 scope link
       valid_lft forever preferred_lft forever
[root@node-2 ~]# ovs-vsctl show
f88d5e73-20ca-438f-9e61-8470cffd9062
    Bridge "BR0"
        Port "eno33554984"
            Interface "eno33554984"
        Port "BR0"
            Interface "BR0"
                type: internal
        Port "BR0-A2"
            tag: 100
            Interface "BR0-A2"
    ovs_version: "2.0.0"
```

Host1 和 Host2 上面 VLAN 200 配置如下：

```
[root@node-1 ~]# ip netns add T2
[root@node-1 ~]# ip link add B1 type veth peer name BR0-B1
[root@node-1 ~]# ip link set B1 up
[root@node-1 ~]# ip link set BR0-B1 up
[root@node-1 ~]# ip link set B1 netns T2
[root@node-1 ~]# ovs-vsctl add-port BR0 BR0-B1 tag=200
[root@node-1 ~]# ip netns exec T2  ip addr add 20.1.1.1/24 dev B1
[root@node-1 ~]# ip netns exec T2  ip link set B1 up
[root@node-1 ~]# ip netns exec T2 ip a
1: lo: <LOOPBACK> mtu 65536 qdisc noop state DOWN
    link/loopback 00:00:00:00:00:00 brd 00:00:00:00:00:00
9: B1@if8: <BROADCAST,MULTICAST,UP,LOWER_UP> mtu 1500 qdisc pfifo_fast state UP qlen 1000
    link/ether aa:0e:36:de:74:5f brd ff:ff:ff:ff:ff:ff link-netnsid 0
    inet 20.1.1.1/24 scope global B1
       valid_lft forever preferred_lft forever
    inet6 fe80::a80e:36ff:fede:745f/64 scope link
       valid_lft forever preferred_lft forever
```

```
[root@node-1 ~]# ovs-vsctl show
ed28b482-5783-4fcb-bee3-5b0d72356c48
    Bridge "BR0"
        Port "BR0-A1"
            tag: 100
            Interface "BR0-A1"
        Port "eno33554984"
            Interface "eno33554984"
        Port "BR0-B1"
            tag: 200
            Interface "BR0-B1"
        Port "BR0"
            Interface "BR0"
                type: internal
    ovs_version: "2.0.0"

[root@node-2 ~]# ip netns add T2
[root@node-2 ~]# ip link add B2 type veth peer name BR0-B2
[root@node-2 ~]# ip link set B2 up
[root@node-2 ~]# ip link set BR0-B2 up
[root@node-2 ~]# ip link set B2 netns T2
[root@node-2 ~]# ovs-vsctl add-port BR0 BR0-B2 tag=200
[root@node-2 ~]# ip netns exec T2  ip addr add 20.1.1.2/24 dev B2
[root@node-2 ~]# ip netns exec T2 ip link set B2 up
[root@node-2 ~]# ip netns exec T2 ip a
1: lo: <LOOPBACK> mtu 65536 qdisc noop state DOWN
    link/loopback 00:00:00:00:00:00 brd 00:00:00:00:00:00
9: B2@if8: <BROADCAST,MULTICAST,UP,LOWER_UP> mtu 1500 qdisc pfifo_fast state UP qlen 1000
    link/ether 5a:c2:77:e3:16:42 brd ff:ff:ff:ff:ff:ff link-netnsid 0
    inet 20.1.1.2/24 scope global B2
        valid_lft forever preferred_lft forever
    inet6 fe80::58c2:77ff:fee3:1642/64 scope link
        valid_lft forever preferred_lft forever
```

（5）在 Host1 上面测试 VLAN100、VLAN200。相同 VLAN 之间内部可以互相通信，不同 VLAN 之间不能通信。

```
[root@node-1 ~]# ip netns exec T1 ping -c 2  10.1.1.2          //相同 VLAN100 之间可以通信
PING 10.1.1.2 (10.1.1.2) 56(84) bytes of data.
64 bytes from 10.1.1.2: icmp_seq=1 ttl=64 time=4.80 ms
64 bytes from 10.1.1.2: icmp_seq=2 ttl=64 time=0.681 ms
--- 10.1.1.2 ping statistics ---
2 Packets transmitted, 2 received, 0% Packet loss, time 1002ms
rtt min/avg/max/mdev = 0.681/2.744/4.808/2.064 ms
```

```
[root@node-1 ~]# ip netns exec T2 ping -c 2  20.1.1.2         //相同 VLAN200 之间可以通信
PING 20.1.1.2 (20.1.1.2) 56(84) bytes of data.
64 bytes from 20.1.1.2: icmp_seq=1 ttl=64 time=5.03 ms
64 bytes from 20.1.1.2: icmp_seq=2 ttl=64 time=0.650 ms
--- 20.1.1.2 ping statistics ---
2 Packets transmitted, 2 received, 0% Packet loss, time 1002ms
rtt min/avg/max/mdev = 0.650/2.841/5.033/2.192 ms
[root@node-1 ~]# ip netns exec T1 ping -c 2  20.1.1.2         //VLAN100 和 VLAN200 之间不能通信
connect: Network is unreachable
```

【实验 17】 OVS 创建 GRE 隧道网络

（一）实验目的
- 了解 GRE 协议及原理。
- 理解 Open vSwitch 如何配置 GRE 隧道实现通信。

（二）实验内容
GRE（通用路由协议封装）是由 Cisco 和 Net-Smiths 等公司于 1994 年提交给 IETF 的，标号为 RFC1701 和 RFC1702。GRE 规定了用一种网络协议去封装另一种网络协议的方法。GRE 的隧道由两端的源 IP 地址和目的 IP 地址来定义，允许用户使用 IP 包封装 IP、IPX、AppleTalk 包，并支持全部的路由协议（如 RIP2、OSPF 等）。通过 GRE，用户可以利用公共 IP 网络连接 IPX 网络、AppleTalk 网络，还可以使用保留地址进行网络互连，或者对公网隐藏企业网的 IP 地址。

OVS GRE 隧道通信架构如图 5-10 所示。

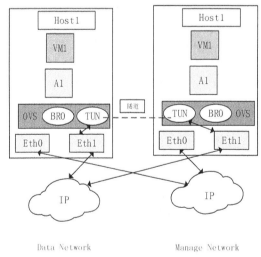

图 5-10　OVS GRE 隧道通信架构图

GRE 网络和前面的 VLAN 网络有明显的区别，即 GRE 可以通过 IP 协议的封装跨网段，跨路由通信。

（三）实验步骤
（1）在 VMware 或者物理环境中安装 Host1 和 Host2，网络配置如表 5-3 所示。

表 5-3 Host1 和 Host2 的网络配置

结点号	主机名	物理网卡	虚拟网卡	Namespace
1	Host1	eno33554984（Eth1）	VM1 测试	T1
		eno16777736 (Eth0)	192.168.1.107/24	管理口
2	Host2	eno33554984（Eth1）	VM2 测试	T1
		eno16777736 (Eth0)	192.168.1.105/24	管理口

其中 VM 测试网卡可以是 KVM 虚拟出来的机器，也可以是自行创建的虚拟网卡，本实验为了便于测试，创建了 Veth 虚拟网卡，并用 Namespace 进行隔离。需要管理口的原因是数据网卡加入 OVS 网桥，配置的所有信息全部封装在内部，不能访问，或者配置的内容已经丢失，为了便于 SecureCRT 连接到物理机，设置管理口进行终端操作。

本次实验给 BR0、TUN 网桥都配置好不同网段地址，首先建立隧道通信，隧道建立之后，后面可以在 OVS 上加设不同 VLAN，挂载不同 KVM 机器，进行测试。

（2）在物理机 Host1、Host2 上配置好 YUM 源，安装 Open vSwitch、启动服务，Host2 命令如下。

```
[root@node-1 ~]# yum install -y openvswitch.x86_64
[root@node-1 ~]# systemctl  start openvswitch
[root@node-1 ~]# systemctl enable openvswitch
```

（3）在 Host1 上创建连接 KVM 虚拟机的网桥 BR0，隧道通信用网桥 TUN，将物理机网卡 eno33554984 加入 TUN 网桥，保证物理链路的通信。Host1 和 Host2 添加网桥的操作类似。

```
[root@node-1 ~]# ovs-vsctl add-br BR0
[root@node-1 ~]# ovs-vsctl add-br TUN
[root@node-1 ~]# ip a
……
5: BR0: <BROADCAST,UP,LOWER_UP> mtu 1500 qdisc noqueue state UNKNOWN
    link/ether a2:54:41:26:23:43 brd ff:ff:ff:ff:ff:ff
    inet6 fe80::3c29:a3ff:fec2:c9ca/64 scope link
       valid_lft forever preferred_lft forever
6: TUN: <BROADCAST,UP,LOWER_UP> mtu 1500 qdisc noqueue state UNKNOWN
    link/ether ce:a3:b4:35:ff:47 brd ff:ff:ff:ff:ff:ff
    inet6 fe80::101e:a8ff:fe34:5bef/64 scope link
       valid_lft forever preferred_lft forever
[root@node-1 ~]# ovs-vsctl add-port TUN eno33554984
[root@node-1 ~]# ovs-vsctl show
863e1900-ba96-4cd8-93df-b34d695a54bd
    Bridge "BR0"
        Port "BR0"
            Interface "BR0"
                type: internal
    Bridge TUN
        Port TUN
            Interface TUN
                type: internal
```

```
                Port "eno33554984"
                    Interface "eno33554984"
    ovs_version: "2.0.0"
[root@node-2 ~]# ovs-vsctl add-br BR0
[root@node-2 ~]# ovs-vsctl add-br TUN
[root@node-2 ~]# ovs-vsctl add-port TUN eno33554984
[root@node-2 ~]# ovs-vsctl show
ae7df87a-1d19-4e4f-975f-ecd1b0b81b18
    Bridge "BR0"
        Port "BR0"
            Interface "BR0"
                type: internal
    Bridge TUN
        Port TUN
            Interface TUN
                type: internal
        Port "eno33554984"
            Interface "eno33554984"
    ovs_version: "2.0.0"
```

（4）在 Host1 和 Host2 上分别给网桥 BR0 和隧道网桥 TUN 设置不同网段的 IP 地址。

```
[root@node-1 ~]# ip addr add 192.168.4.1/24 dev BR0
[root@node-1 ~]# ip link set BR0 up
[root@node-1 ~]# ip addr add 192.168.1.103/24 dev TUN
[root@node-1 ~]# ip link set TUN up
[root@node-1 ~]# ip a
......
5: BR0: <BROADCAST,UP,LOWER_UP> mtu 1500 qdisc noqueue state UNKNOWN
    link/ether a2:54:41:26:23:43 brd ff:ff:ff:ff:ff:ff
    inet 192.168.4.1/24 scope global BR0
        valid_lft forever preferred_lft forever
    inet6 fe80::3c29:a3ff:fec2:c9ca/64 scope link
        valid_lft forever preferred_lft forever
6: TUN: <BROADCAST,UP,LOWER_UP> mtu 1500 qdisc noqueue state UNKNOWN
    link/ether 00:0c:29:07:d5:9c brd ff:ff:ff:ff:ff:ff
    inet 192.168.1.103/24 scope global TUN
        valid_lft forever preferred_lft forever
    inet6 fe80::101e:a8ff:fe34:5bef/64 scope link
        valid_lft forever preferred_lft forever
[root@node-2 ~]# ip addr add 192.168.4.2/24 dev BR0
[root@node-2 ~]# ip link set BR0 up
[root@node-2 ~]# ip addr add 192.168.1.106/24 dev TUN
[root@node-2 ~]# ip link set TUN up
[root@node-2 ~]# ip a
```

......

5: BR0: <BROADCAST,UP,LOWER_UP> mtu 1500 qdisc noqueue state UNKNOWN
    link/ether 8e:8f:0e:0a:e8:4f brd ff:ff:ff:ff:ff:ff
    inet 192.168.4.2/24 scope global BR0
       valid_lft forever preferred_lft forever
    inet6 fe80::ac9a:e7ff:feb1:b76d/64 scope link
       valid_lft forever preferred_lft forever
6: TUN: <BROADCAST,UP,LOWER_UP> mtu 1500 qdisc noqueue state UNKNOWN
    link/ether 00:0c:29:c6:21:e3 brd ff:ff:ff:ff:ff:ff
    inet 192.168.1.106/24 scope global TUN
       valid_lft forever preferred_lft forever
    inet6 fe80::856:c5ff:fe8d:6ff2/64 scope link
       valid_lft forever preferred_lft forever

（5）创建 GRE 前验证隧道 2 个结点 BR0 是否通信。

[root@node-1 ~]# ping -c 2 192.168.4.2
PING 192.168.4.2 (192.168.4.2) 56(84) bytes of data.
--- 192.168.4.2 ping statistics ---
2 Packets transmitted, 0 received, 100% Packet loss, time 1000ms

（6）在两个结点创建 GRE 隧道链路。

[root@node-1 ~]# ovs-vsctl add-port BR0 gre1 --set interface GRE1 type=gre option:remote_ip=192.168.1.106
[root@node-1 ~]# ovs-vsctl show
863e1900-ba96-4cd8-93df-b34d695a54bd
    Bridge "BR0"
        Port "BR0"
            Interface "BR0"
                type: internal
        Port "GRE1"
            Interface "GRE1"
                type: gre
                options: {remote_ip="192.168.1.106"}
    Bridge TUN
        Port TUN
            Interface TUN
                type: internal
        Port "eno33554984"
            Interface "eno33554984"
    ovs_version: "2.0.0"
[root@node-2 ~]# ovs-vsctl add-port BR0 GRE1 -- set interface GRE1 type=gre option:remote_ip=192.168.1.103
[root@node-2 ~]# ovs-vsctl show
ae7df87a-1d19-4e4f-975f-ecd1b0b81b18
    Bridge "BR0"

```
                Port "GRE1"
                    Interface "GRE1"
                        type: gre
                        options: {remote_ip="192.168.1.103"}
                Port "BR0"
                    Interface "BR0"
                        type: internal
        Bridge TUN
            Port TUN
                Interface TUN
                    type: internal
            Port "eno33554984"
                Interface "eno33554984"
        ovs_version: "2.0.0"
```

（7）测试两个结点 BR0 的联通性，测试成功。

```
[root@node-1 ~]# ping -c 2 192.168.4.2
PING 192.168.4.2 (192.168.4.2) 56(84) bytes of data.
64 bytes from 192.168.4.2: icmp_seq=1 ttl=64 time=4.79 ms
64 bytes from 192.168.4.2: icmp_seq=2 ttl=64 time=0.908 ms
--- 192.168.4.2 ping statistics ---
2 Packets transmitted, 2 received, 0% Packet loss, time 1001ms
rtt min/avg/max/mdev = 0.908/2.853/4.799/1.946 ms
[root@node-2 ~]# ping -c 2 192.168.4.1
PING 192.168.4.1 (192.168.4.1) 56(84) bytes of data.
64 bytes from 192.168.4.1: icmp_seq=1 ttl=64 time=6.73 ms
64 bytes from 192.168.4.1: icmp_seq=2 ttl=64 time=0.681 ms
--- 192.168.4.1 ping statistics ---
2 Packets transmitted, 2 received, 0% Packet loss, time 1002ms
rtt min/avg/max/mdev = 0.681/3.706/6.731/3.025 ms
```

（8）在 2 个结点上分别挂载 KVM 虚拟机网卡之后，实验操作与上个实验类似。可以进一步验证网卡的联通性，读者可以自行完成。

【实验 18】 Brctl 搭建 Linux 网桥

（一）实验目的
- 了解 Linux Brctl 网桥原理。
- 理解 Brctl 如何配置实现通信。

（二）实验内容
桥接工作在 OSI 网络参考模型的第二层，数据链路层，是一种以 MAC 地址作为判断依据来将网络划分成两个不同物理段的技术，其被广泛应用于早期的计算机网络当中。以太网是一种共享网络传输介质的技术，在这种技术下，在一台计算机发送数据的时候，在同一物理网络介质上的计算机都需要接收，在接收后分析目的 MAC 地址，如果是目的 MAC 地址和自己的 MAC 地址相同，便进行封装提供给网络层，如果目的 MAC 地址不是自己的 MAC 地址，那么就丢弃数据包。

实验架构如图 5-11 所示。

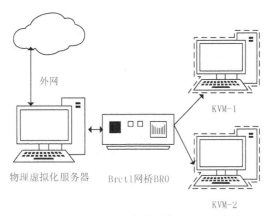

图 5-11 实验架构图

现有一台能上网的物理服务器，服务器只有一张网卡能上外网，服务中虚拟化出很多 KVM 虚拟机，现在需要配置 KVM，使其能够访问外网。

在服务器 Linux 系统中添加 Brctl 网桥 BR0，将服务器网卡 2、所有 KVM 网卡全部添加到 BR0 网桥中，实现共享网络。原来服务器网卡的 IP 地址配置到 BR0 网桥上面，实现远程管理。

（三）实验内容

详见北京西普阳光教育科技股份有限公司提供的本书配套产品资源。

5.6　本章小结

本章讲解了 SDN 网络的基础知识，基于 Linux 环境的 Open vSwitch 安装、配置命令的使用、通过 OVS 相关命令创建 VLAN 虚拟二层环境、OVS 创建 GRE 隧道网络、Brctl 搭建 Linux 网桥等内容，以及实验过程中涉及的 Linux Namespace 隔离技术，读者也可自行利用创建的 KVM 虚拟机测试。

思考题

（1）简单叙述 Open vSwitch 交换机的功能，配置命令有哪些，分别如何使用。
（2）简单叙述如何用 Open vSwitch 创建虚拟的 VLAN 环境。
（3）简单叙述如何用 Open vSwitch 创建虚拟的 GRE 隧道网络环境。

第 6 章
传统的存储技术

▶ 学习目标

① 了解传统存储技术的分类，常见的硬盘结构及接口使用的协议。
② 掌握 RAID 的分类及各自优缺点，学会使用 mdadm 命令创建软 RAID。
③ 掌握如何在 CentOS 7 上对硬盘进行分区及格式化。
④ 掌握逻辑卷技术，学会对逻辑卷组进行操作。
⑤ 掌握如何搭建、配置、管理 NFS 服务器。
⑥ 掌握如何搭建、配置、管理 ISCSI 环境。

数据的存储是虚拟化平台中各虚拟机、数据的落脚点，在学习分布式存储之前，先学习传统的存储技术。本章重点介绍传统存储技术的分类、硬盘结构及接口介绍、硬盘的分区、RAID、LVM、NFS 服务器、ISCSI 等技术。

6.1 传统存储技术的分类

6.1.1 概述

存储系统是整个 IT 系统的基石，是 IT 技术赖以存在和发挥效能的基础平台。早先的存储形式是存储设备（通常是硬盘）与应用服务器其他硬件直接安装于同一个机箱之内，并且该存储设备是给本台应用服务器独占使用的。

随着服务器数量的增多，硬盘数量也在增加，且分散在不同的服务器上，查看每一个硬盘的运行状况都需要到不同的应用服务器上去查看。更换硬盘也需要拆开服务器，中断应用。于是，一种希望将硬盘从服务器中脱离出来，集中到一起管理的需求出现了。不过，有一个问题：如何将服务器和盘阵连接起来？下面介绍几种传统存储技术，了解其组成及特点。

6.1.2 存储区域网络

存储区域网络（Storage Area Network，SAN），是一种高速的、专门用于存储操作的网络，通常独立于计算机局域网（LAN）。SAN 将主机和存储设备连接在一起，能够为其上的任意一台主机和任意一台存储设备提供专用的通信通道。SAN 也将存储设备从服务器中独立出来，实现了服务器层次上的存储资源共享。SAN 还将通道技术和网络技术引入存储环境，提供了一种新型的网络存储解决方案，能够同时满足吞吐率、可用性、可靠性、可扩展性和可管理性等方面的要求。

SAN 按照连接方式分为 FC-SAN 和 IP-SAN 两种：

1. FC-SAN

通常 SAN 由硬盘阵列（RAID）连接光纤通道（Fibre Channel）组成（为了区别于 IP-SAN，通常 SAN 也称为 FC-SAN），如图 6-1 所示。SAN 和服务器和客户机的数据通信通过 SCSI 命令而非 TCP/IP，数据处理是"块级"（Block Level）。SAN 也可以定义为以数据存储为中心，它采用可伸缩的网络拓扑结构，通过具有高传输速率的光通道的直接连接方式，提供 SAN 内部任意结点之间的多路可选择的数据交换，并且将数据存储管理集中在相对独立的存储区域网内。SAN 最终将实现在多种操作系统下，最大限度地进行数据共享和数据优化管理，以及对系统的无缝扩充。

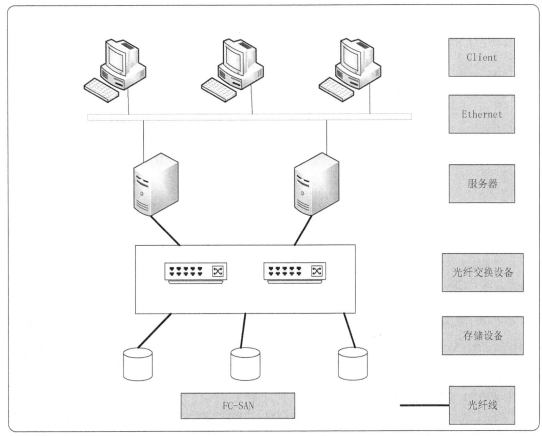

图 6-1　FC-SAN 架构

2. IP-SAN

简单来讲，IP-SAN（IP 存储）的通信通道是使用 IP 通道，而不是光纤通道，把服务器与存储设备连接起来的技术，除了标准已获通过的 ISCSI，还有 FCIP、IFCP 等正在制定的标准。而 ISCSI 发展最快，已经成了 IP 存储一个有力的代表，IP-SAN 架构如图 6-2 所示。

像光纤通道一样，IP 存储是可交换的，但是与光纤通道不一样的是，IP 网络是成熟的，不存在互操作性问题，而光纤通道 SAN 最令人头痛的就是这个问题。IP 已经被 IT 业界广泛认可，有非常多的网络管理软件和服务产品可供使用。

IP-SAN 的基本想法是通过高速以太网络连接服务器和后端存储系统。将 SCSI 指令和数据块经过高速以太网传输，继承以太网的优点，实现建立一个开放、高性能、高可靠性，高可扩展的存储资源平台。

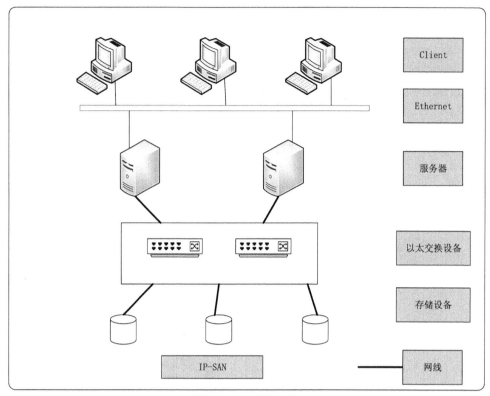

图 6-2　IP-SAN 架构

将数据块和 SCSI 指令通过 TCP/IP 协议承载，通过千兆/万兆专用的以太网络连接应用服务器和存储设备，这样的解决方案称为 IP-SAN。

IP-SAN 遵循 IETF 的 ISCSI 标准，通过以太网实现对存储空间的块级访问，由于早先以太网速度、数据安全性以及系统级高容错要求等问题，这一标准经历了三年的认证过程，在包括 IBM、HP、Sun、Compaq、Dell、Intel、Microsoft、EMC、HDS、Brocade 等众多家厂商的努力和万兆/吉比特以太网的支撑下，IP-SAN/ISCSI 已突破了网络瓶颈，解决了数据安全和容错等问题，进入了实用阶段。

3. DAS：直接附加存储

DAS（Direct Attached Storage，直接附加存储）直接附加存储是指将存储设备通过总线（SCSI、PCI、IDE 等）接口直接连接到一台服务器上使用。DAS 购置成本低，配置简单，因此对于小型企业很有吸引力，其架构如图 6-3 所示。

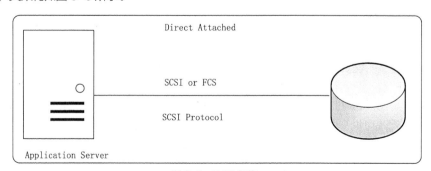

图 6-3　DAS 架构

4. NAS:网络附加存储

NAS(Network Attached Storage),即网络附加存储。在 NAS 存储结构中,存储系统不再通过 I/O 总线附属于某个服务器或客户机,而直接通过网络接口与网络相连,由用户通过网络访问。

NAS 实际上是一个带有瘦服务器的存储设备,其作用类似一个专用的文件服务器。这种专用存储服务器去掉了通用服务器原有的不适用的大多数计算功能,而仅仅提供文件系统功能。与传统以服务器为中心的存储系统相比,数据不再通过服务器内存转发,直接在客户机和存储设备间传送,服务器仅起控制管理的作用,如图 6-4 所示。

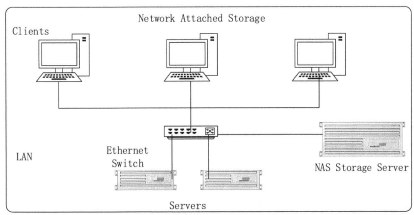

图 6-4 NAS 架构

5. FC-SAN、IP-SAN、DAS、NAS 的区别

DAS、NAS、FC-SAN 和 IP-SAN 的区别如表 6-1 所示。

表 6-1 DAS、NAS、FC-SAN 和 IP-SAN 的区别

	DAS	NAS	FC-SAN	IP-SAN
成本	低	较低	高	较高
数据传输速度	快	慢	极快	较快
扩展性	无扩展性	较低	易于扩展	最易扩展
服务区访问存储方式	直接访问存储	以文件方式访问	直接访问存储数据块	直接访问存储数据块
服务器系统性能成本	低	较低	低	较高
安全性	高	低	高	低
是否集中管理存储	否	是	是	是
备份效率	低	较低	高	较高
网络传输协议	无	TCP/IP	Fibre Channel	TCP/IP

6.2 硬盘结构及接口介绍

6.2.1 硬盘结构

1. 结构图

硬盘大致由盘片、读写头、马达、底座、电路板等几大项组合而成,硬盘结构如图 6-5 所示。

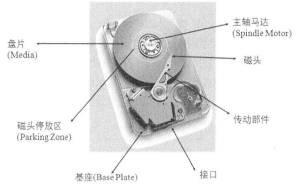

图6-5 硬盘结构

2. 盘片

盘片的基板由金属或玻璃材质制成,为达到高密度、高稳定性的要求,基板要求表面光滑平整,不可有任何瑕疵。然后,将磁粉溅镀到基板表面上,最后涂上保护润滑层。

盘片密度非常高,所以要求其不可有任何污染,任何异物和灰尘都会使得磁头摩擦到磁面而造成数据永久性损坏。

3. 磁头

硬盘的储存原理是将数据用其控制电路通过硬盘读写头(Read Write Head)去改变硬盘表面上极细微的磁性粒子簇的N、S极性来加以储存,所以这几片硬盘相当重要。

硬盘驱动器磁头的飞行悬浮高度低、速度大,一旦有小的尘埃进入硬盘密封腔内,或者磁头与盘体发生碰撞,就有可能造成数据丢失形成坏块,甚至造成磁头和盘体的损坏,所以在硬盘工作时不要有冲击碰撞,搬动时也要小心轻放。

6.2.2 硬盘的读写

硬盘的读写是和扇区有着紧密关系的。在说扇区和读写原理之前先说一下和扇区相关的"盘面""磁道"和"柱面"。

1. 盘面

硬盘的盘片一般用铝合金材料做基片,高速硬盘也可能用玻璃做基片。硬盘的每一个盘片都有两个盘面(Side),即上、下盘面,一般每个盘面都会被利用,都可以存储数据,成为有效盘片,也有极个别的硬盘盘面数为单数。每一个这样的有效盘面都有一个盘面号,按顺序从上至下从"0"开始依次编号。在硬盘系统中,盘面号又叫磁头号,因为每一个有效盘面都有一个对应的读写磁头。硬盘的盘片组在2~14片不等,通常有2~3个盘片,故盘面号(磁头号)为0~3或0~5。

2. 磁道

硬盘在格式化时被划分成许多同心圆,这些同心圆轨迹叫作磁道(Track)。磁道从外向内从0开始顺序编号。硬盘的每一个盘面有300~1024个磁道,新式大容量硬盘每面的磁道数更多。信息以脉冲串的形式记录在这些轨迹中,这些同心圆不是连续记录数据,而是被划分成一段段的圆弧,这些圆弧的角速度一样。由于径向长度不一样,所以,线速度也不一样,外圈的线速度较内圈的线速度大,即同样的转速下,外圈在同样时间段里,划过的圆弧长度要比内圈划过的圆弧长度大。每段圆弧叫作一个扇区,扇区从"1"开始编号,每个扇区中的数据作为一个单元同时读出或写入。一个标准的3.5寸硬盘盘面通常有几百到几千条磁道。磁道是"看"不见的,只是盘面上以特殊形式磁化了的一些磁化区,其在硬盘格式化时就已规划完毕。

3. 柱面

所有盘面上的同一磁道构成一个圆柱，通常称作柱面（Cylinder），每个圆柱上的磁头由上而下从"0"开始编号。数据的读/写按柱面进行，即磁头读/写数据时首先在同一柱面内从"0"磁头开始进行操作，依次向下在同一柱面的不同盘面即磁头上进行操作，只在同一柱面所有的磁头全部读/写完毕后，磁头才转移到下一柱面，因为选取磁头只需通过电子切换即可，而选取柱面则必须通过机械切换。

4. 扇区

操作系统以扇区（Sector）形式将信息存储在硬盘上，每个扇区包括 512 个字节的数据和一些其他信息。一个扇区有两个主要部分：存储数据地点的标识符和存储数据的数据段。

扇区的第一个主要部分是标识符。标识符，就是扇区头标，包括组成扇区三维地址的三个数字：扇区所在的磁头（或盘面）、磁道（或柱面号）以及扇区在磁道上的位置即扇区号。头标中还包括一个字段，其中有显示扇区是否能可靠存储数据，或者是否已发现某个故障因而不宜使用的标记。有些硬盘控制器在扇区头标中还记录有指示字，可在原扇区出错时指引硬盘转到替换扇区或磁道。最后，扇区头标以循环冗余校验（CRC）值作为结束，以供控制器检验扇区头标的读出情况，确保准确无误。

扇区的第二个主要部分是存储数据的数据段，可分为数据和保护数据的纠错码（ECC）。在初始准备期间，计算机用 512 个虚拟信息字节（实际数据的存放地）和与这些虚拟信息字节相应的 ECC 数字填入这个部分。

6.2.3 硬盘接口

硬盘制造是一项复杂的技术，到目前为止也只有美国、欧洲等发达国家和地区掌握了关键技术。但不管硬盘内部多么复杂，它必定要给使用者一个简单的接口，用来对其访问读取数据，而不必关心这串数据到底该什么时候写入，写入哪个盘片，用哪个磁头等。

下面就来看一下硬盘向用户提供的是什么样的接口。注意，这里所说的接口不是物理上的接口，而是包括物理、逻辑在内的抽象出来的接口。也就是说一个事物面向外部的时候，为达到被人使用的目的而向外提供的一种打开的、抽象的协议，类似说明书。

目前，硬盘提供的物理接口包括如下几种：
- 用于 ATA 指令系统的 IDE 接口；
- 用于 ATA 指令系统的 SATA 接口；
- 用于 SCSI 指令系统的并行 SCSI 接口；
- 用于 SCSI 指令系统的串行 SCSI（SAS）接口；
- 用于 SCSI 指令系统的 IBM 专用串行 SCSI 接口（SSA）；
- 用于 SCSI 指令系统的并且承载于 Fabre-Channel 协议的串行 FC 接口（FCP）。

1. IDE 硬盘接口

IDE 的英文全称为 Integrated Drive Electronics，即电子驱动集成器，它的本意是指把控制电路和盘片、磁头等放在一个容器中的硬盘驱动器，如图 6-6 所示。把盘体与控制电路放在一起的做法减少了硬盘接口的电缆数目并缩短了长度，数据传输的可靠性得到了增强。而且硬盘制造起来更加容易，因为硬盘生产厂商不需要担心自己的硬盘是否与其他厂商生产的控制器兼容。对用户而言，硬盘安装起来也更为方便了。IDE 这一接口技术从诞生至今就一直在不断发展，性能也不断地提高。其拥有价格低、兼容性强的特点。IDE 接口技术至今仍然有很多用户使用，但是使用者正在不断减少。

现在在存储系统中，主要应用各种串行接口硬盘，因为传输速度等技术发展的瓶颈问题，并行接口设备逐渐被串行接口硬盘所替代。IDE 接口的并行 ATA 技术，受限于 IDE 接口的技术规范，无论是连接器、连接电缆还是信号协议都表现出很大的技术瓶颈，而且其支持的最高数据传输率也有限。在 IDE 接口传输率提高的同时，也就是工作频率提高的同时，IDE 接口交叉干扰、地线增多、信号混乱等缺陷也给其发展带来了很大的制约，IDE 接口逐渐被新一代的 SATA 接口取代也是在所难免。

图 6-6　IDE 物理接口

2. SATA 硬盘接口

SATA（Serial Advanced Technology Attachment，串行高级附加技术）是 Serial ATA 的缩写，即串行 ATA，接口如图 6-7 所示。SATA 技术标准于 2000 年 11 月由 Serial ATA Working Group 团体制定，2001 年由 Intel、APT、Dell、IBM、Maxtor 和 Seagate 这几大厂商组成的 Serial ATA 委员会正式确立了 Serial ATA 1.0 规范。在 IDF Fall 2001 大会上，Seagate 宣布了 Serial ATA 1.0 标准，正式宣告了 SATA 规范的行业标准；在 2002 年确立了 Serial ATA 2.0 规范；在 2009 年正式发布了 Serial ATA 3.0 规范。

图 6-7　SATA 物理接口

SATA 接口的最大优势是传输速率高。SATA 的工作原理非常简单：采用连续串行的方式来实现数据传输从而获得较高的传输速率。Serial ATA 1.0 规范提供的传输速率就已经达到了 150MB/s，不但高出普通 IDE 硬盘所提供的 100MB/s（ATA100），甚至超过了 IDE 最高传输速率 133MB/s（ATA133）。

SATA 在数据可靠性方面也有了大幅度提高。SATA 可同时对指令及数据封包进行循环冗余校验（CRC），不仅可检测出所有单比特和双比特的错误，而且根据统计学的原理能够检测出 99.998% 可能出现的错误。相比之下，并行 ATA（Parallel ATA，PATA）只能对来回传输的数据进行校验，而无法对指令进行校验，加上高频率下干扰很大，因此数据传输稳定性很差。

除了传输速率更高、传输数据更可靠外，节省空间是 SATA 最具吸引力的地方。由于其线缆相对于 80 芯的 IDE 线缆来说"瘦"了不少，更有利于机箱内部的散热，线缆间的串扰也得到了有效控制。不过 Serial ATA 1.0 规范存在不少缺点，特别是缺乏对于服务器和网络存储应用所需的一些先进特性的支持。如在多任务、多请求的典型服务器环境里面，Serial ATA 1.0 硬盘会有性能大幅度下降、可维护性不强、可连接性不好等缺点。但是在后来的 Serial ATA 2.0 及 Serial ATA 3.0 规范中这些都得到了很好的改善。

Serial ATA 规范保留了多种向后兼容方式，在使用上不存在兼容性的问题。在硬件方面，Serial ATA 标准中允许使用转换器提供同并行 ATA 设备的兼容性，转换器能把来自主板的并行 ATA 信号转换成 Serial ATA 硬盘能够使用的串行信号，降低了升级成本；在软件方面，Serial ATA 和并行 ATA 保持了软件兼容性，使用 Serial ATA 不必重写任何驱动程序和系统操作代码。Serial ATA 接线也较传统的并行 ATA（Parallel ATA，PATA）接线要简单得多，而且扩充性很强并可以外置，外置式的硬盘柜能提供更好的扩容，而且可以通过冗余控制通道实现多重连接来防止单点故障；由于 SATA 和光纤通道的设计如出一辙，所以传输速度可用不同的通道来做保证，这在服务器和网络存储上具有重要意义。

SATA 与 IDE 接口比较：

SATA 硬盘采用新的设计结构，数据传输快，节省空间，相对于 IDE 硬盘具有很多优势：

（1）SATA 硬盘比 IDE 硬盘传输速度高。目前 SATA 可以提供 150MB/s 的高峰传输速率。今后将达到 300 MB/s 和 600 MB/s。到时将得到比 IDE 硬盘高近 10 倍的传输速率。

（2）相对于 IDE 硬盘的 PATA40 针的数据线，SATA 的线缆少而细，传输距离远，可延伸至 1m，使得安装设备和机内布线更加容易。另外，连接器的体积小。这种线缆有效地改进了计算机内部的空气流动，也改善了机箱内的散热。

（3）相对于 IDE 硬盘系统功耗有所降低。SATA 硬盘使用 500mV 的电压就可以工作。

SATA 可以通过使用多用途的芯片组或串行——并行转换器来向后兼容 PATA 设备。由于 SATA 和 PATA 可使用同样的驱动器，所以不需要对操作系统进行升级或其他改变。

（4）SATA 不需要设置主从盘跳线。BIOS 会为它按照 1、2、3 顺序编号。这取决于驱动器接在哪个 SATA 连接器上（安装方便）。而 IDE 硬盘需要设置通过跳线来设置主从盘。

（5）SATA 还支持热插拔，可以像 U 盘一样使用。而 IDE 硬盘不支持热插拔。

3. SCSI 硬盘接口

SCSI 与 ATA 是目前现行的两大主机与外设通信的协议规范，而且它们各自都有自己的物理接口定义。对于 ATA 协议，对应的就是 IDE 接口；对于 SCSI 协议，对应的就是 SCSI 接口。

SCSI 的全称是 Small Computer System Interface，即小型计算机系统接口，是一种较为特殊的接口总线，具备与多种类型的外设进行通信的能力，如硬盘、CD-ROM、磁带机和扫描仪等，如图 6-8 所示。SCSI 采用 ASPI（高级 SCSI 编程接口）的标准软件接口使驱动器和计算机内部安装的 SCSI 适配器进行通信。SCSI 接口是一种广泛应用于小型机上的高速数据传输技术。SCSI 接口具有应用范围广、多任务、带宽大、CPU 占用率低以及热插拔等优点。

图 6-8 SCSI 硬盘接口

SCSI 接口为存储产品提供了强大、灵活的连接方式，还提供了很高的性能，可以有 8 个或更多（最多 16 个）的 SCSI 设备连接在一个 SCSI 通道上，其缺点是价格过高。SCSI 接口的设备一般要配备价格不菲的 SCSI 卡一起使用（如果主板上已经集成了 SCSI 控制器，则不需要额外的适配器），而且 SCSI 接口的设备在安装、设置时比较麻烦，所以远远不如 IDE 和 SATA 设备使用广泛。

在系统中应用 SCSI 接口必须要有专门的 SCSI 控制器，也就是一块 SCSI 控制卡，才能支持 SCSI 设备，这与 IDE 硬盘不同。在 SCSI 控制器上有一个相当于 CPU 的芯片，它对 SCSI 设备进行控制，能处理大部分的工作，降低了 CPU 的负担（CPU 占用率）。在同时期的硬盘中，SCSI 硬盘的转速、缓存容量、数据传输率都要高于 IDE 硬盘，因此更多是应用于商业领域。

4. SAS 技术

串行 SCSI（Serial Attached SCSI，SAS）由并行 SCSI 物理存储接口演化而来，是由 ANSI INCITS T10 技术委员会开发的新的存储接口标准。与并行方式相比，串行方式提供更高的通信传输速度以及更简易的配置。此外 SAS 支持与串行 ATA 设备兼容，且两者可以使用相类似的线缆。SATA 的硬盘可接在 SAS 的控制器使用，但 SAS 硬盘并不能接在 SATA 的控制器使用。

SAS 是点对点连接，并允许多个端口集中于单个控制器上，可以创建在主板，也可以另外添加。该技术创建在强大的并行 SCSI 通信技术基础上。SAS 采用与 SATA 兼容的电缆线并采取点对点连接方式，从而在计算机系统中不需要创建菊花链（daisy-chaining）方式便可简单地实现线缆安装。

在系统中，每一个 SAS 端口可以最多可以连接 16256 个外部设备，并且 SAS 采取直接的点到点的串行传输方式，传输的速率高达 3Gbit/s，估计以后会有 6Gbit/s 乃至 12Gbit/s 的高速接口出现。SAS 的接口也做了较大的改进，它同时提供了 3.5 英寸和 2.5 英寸的接口，因此能够适合不同服务器环境的需求。SAS 依靠 SAS 扩展器来连接更多的设备，SAS 的扩展器以 12 端口居多，不过板卡厂商产品研发计划显示，未来会有 28、36 端口的扩展器引入，来连接 SAS 设备、主机设备或者其他的 SAS 扩展器。

5. SSA 技术

SSA（Serial Storage Architecture，串行存储体系结构）是 IBM 大力推广的面向 21 世纪的新型存储体系结构，支持海量存储，性能远远超过了传统的 SCSI 存储体系。

20 世纪 80 年代初，SCSI 接口作为硬盘与 PC 高速连接的技术开始流行时，人们都为它所能提供的外接大容量存储设备的能力而惊叹。如今，一些新的应用程序正在吞吐着 TB 级的存储容量，导致人们对存储器的需求量也爆炸性地增长，而 SCSI 由于其固有的局限性，显然已经不能满足这种要求了。SCSI 将块（Block）数据从硬盘并行传送到系统内存，当其总线上连接的驱动器不多时，这是个快速传送数据的好办法，而当连接的硬盘驱动器增多时，其性能就会大大下降。这是 SCSI 技术所固有的缺陷所致，即需要仲裁总线上每个设备，在同一时间只有一个硬盘驱动器占用总线。当有很多驱动器竞争总线时，将导致在给定时间内的数据传输总量明显减少。

6. FCP 技术

FC 硬盘是指采用 FC-AL（Fibre Channel Arbitrated Loop，光纤通道仲裁环）接口模式的硬盘。FC-AL 使用光纤通道，能够直接作为硬盘连接接口，为高吞吐量性能密集型系统的设计者开辟了一条提高 I/O 性能水平的途径。目前高端存储产品使用的都是 FC 接口的硬盘。

FC 硬盘由于通过光学物理通道进行工作，因此起名为光纤硬盘，现在也支持铜线物理通道。就像是 IEEE-1394、Fibre Channel 实际上定义为 SCSI-3 标准一类，属于 SCSI 的同胞兄弟。作为串行接口 FC-AL 峰值可以达到 2Gbit/s 甚至是 4Gbit/s，而且通过光学连接设备最大传输距离可以达到 10km。通过 FC-loop 可以连接 127 个设备，这也就是为什么基于 FC 硬盘的存储设备通常可以连接几百块甚至几千块硬盘以提供大容量存储空间。

6.3 RAID 技术介绍

6.3.1 RAID 基础知识

RAID 系统是 1987 年加利福尼亚大学进行的一个科研项目，并在 1988 年由伯克利分校的 D.A.Patterson 教授正式提出。

RAID，即 Redundant Array of Inexpensive Disks，直译为汉语是廉价冗余硬盘阵列，最初是为

了合成多个廉价小容量硬盘代替大容量昂贵硬盘，并保证单个小硬盘损坏不能影响数据安全性而开发的硬盘存储技术。随着科技的发展，硬盘单碟容量的迅速上升以及成本的下降，Inexpensive（廉价）一词已经用 Independent（独立）来替代，现今 RAID 就定义为独立冗余硬盘阵列，也称为硬盘阵列，而 RAID 技术的实现原理没有改变。

RAID 的作用：RAID 是为了获得更加安全的数据使用效果，更快的存储 I/O 速度，更大的存储容量而产生的解决方案。用户在应用角度上抛开了物理层面的多个硬盘管理，而从逻辑层面享有单独统一的应用空间。

标准 RAID 的级别：现在 RAID 技术经过了近 30 年的发展，已经发展出了 RAID 0、RAID 1、RAID 2、RAID 3、RAID 4、RAID 5、RAID 10、RAID 50 等各种级别的 RAID 系统。各级别之间没有技术水平高低之分，RAID 级别是根据不同用户的应用需求来选择的。RAID 10 由 RAID 0 和 RAID 1 组成，RAID 50 由 RAID 0 和 RAID 5 组成。

非标准 RAID 的级别：RAID1E、RAID5E、RAID5EE 级别是由 IBM 公司研发出的，RAID 双循环级别是康柏公司在被 HP 公司收购前研发成功的，RAID6 级别包含了多个公司开发出的多个版本，包括：Intel 公司的 P+Q 双校验技术、HP 公司的 RAID-ADG、NetApp 公司的 RAID DP（即双异或技术），而 X CODE 编码、ZZS 编码、PARK 编码、EVENODD 编码等 RAID6 技术也有应用。Intel 公司的 P+Q 双校验技术作为主流 RAID 6 技术得到了认可。

6.3.2　RAID 的实现方案

RAID 是如何构建出来的呢？RAID 构建包括两种方案：由 RAID 控制器实现的硬件 RAID 方案和由应用程序创建的软件 RAID 方案。

1. 硬件 RAID 的实现方案

硬件 RAID 是应用 RAID 控制器实现的 RAID 解决方案，RAID 控制器又叫作 RAID 卡。每块 RAID 卡支持 SCSI 接口、SAS 接口、IDE 接口、SATA 接口之中的一种接口用来连接硬盘存储器。随着 SATA、SAS 等技术的普及发展，这两款接口的 RAID 卡现已成为主流，如图 6-9 所示。

图 6-9　硬件 RAID 控制卡（左 SATA RAID 卡，右 SAS RAID 卡）

2. 软件 RAID 的实现方案

Windows 2008/2012 Server 等操作系统中内置了 RAID 功能，其具体方法是应用微机的 CPU+应用软件的运算来代替 RAID 控制器的运算功能，实现 RAID 功能。另外在 Linux 操作系统上，支持软件 RAID 管理的工具是 mdadm，在后续章节中将做详细介绍。

6.3.3　RAID 技术术语

在 RAID 知识学习中常常会用到一些基本的专用名词，为了便于今后的学习，现在将相关的技术术语做详细的讲解。

1. 物理盘

物理盘是指构建 RAID 所使用的独立的物理硬盘，RAID 创建完成后，物理盘即转换成成员盘。

2. 逻辑盘

多块物理盘通过 RAID 控制器（硬件 RAID 卡）或操作系统的 RAID 程序（软件 RAID）配置为设定的 RAID 级别后，多块物理硬盘就按固定的 RAID 级别逻辑算法构成了一块新的虚拟硬盘，这个虚拟硬盘就称为逻辑盘，也称为容器。

3. 逻辑卷

由逻辑盘形成的虚拟空间称为逻辑卷，也称为逻辑分区。

4. 热备盘

热备盘是指连接到 RAID 系统中的没有使用并处于加电待机状态的物理盘，当把此物理盘设定成热备盘，则 RAID 控制器通过监控 RAID 系统，有成员盘发生故障，RAID 控制器会自动应用热备盘换掉故障的成员盘，并通过相应 RAID 级别逻辑算法在热备盘上重建故障成员盘的数据，恢复 RAID 阵列的完整性。并且系统管理人员可以通过更换故障成员盘，并设定更换后的物理盘为新的热备盘来恢复系统的容错修复能力。

5. 去 RAID 化

RAID 出现故障后，RAID 中的逻辑盘会无法识别，而 RAID 成员盘并不是全部都有故障，为了检测和恢复 RAID 逻辑盘数据，常常要将成员盘从服务器的硬盘槽位上取下分析。当成员离开了服务器的槽位，也就是脱离了 RAID 控制器的控制，取下的硬盘就称为去 RAID 化。

6. 盘序

多个物理盘组成 RAID 阵列时，RAID 卡会按照硬盘的选择顺序为成员盘安排好序号，这称为盘序。当 RAID 生成后，盘序就不再发生改变，除非发生热备盘的替换操作，才会影响初始的盘序。

7. 条带

创建 RAID 阵列时，配置程序会按照 RAID 级别要求把每块物理盘分割成若干个容量为 2 的 n 次方扇区（每个扇区 512 字节）大小的单位空间，n 为整数，这每一个单位空间都叫作一个条带（Stripe），条带是 RAID 系统存取数据的基本单位。条带大小是可变的，每块 RAID 卡条带都有默认值可以默认设置，当然也可以手动调节为 RAID 卡的其他预设定值。条带也称为"带区"或者"块"，每个条带大小就代表着该条带包含的扇区数。

注：每块物理盘的条带都有一个编号，为了使对应关系明确，起始条带号从 0 开始，每块物理盘的第一个条带都称为 0 号条带。

8. 盘数

RAID 系统中包含的硬盘个数称为盘数，也称为条带（Stripe）数，并常在 RAID 配置程序中使用条带数代表成员盘个数。

9. 初始化

初始化（Initialize）是指将完成配置的逻辑盘阵列进行条带数据的重置的过程，可选择快速初始化、全面初始化以及不进行初始化三种操作。

10. 检测数据一致性

检测数据一致性（Check Consistency）是指检测组成逻辑阵列的成员盘的条带数据的运算是否完成的过程。

11. 在线扩容

在线扩容是指在不影响已存在的逻辑盘阵列的数据安全性的基础之上，对目标的逻辑盘添加成员盘的操作过程。

12. 在线迁移

在线迁移是指在不影响已存在的逻辑盘阵列的数据安全性的前提下，改变目标逻辑盘的阵列级别属性的过程。

6.4 RAID 技术的特点

1. RAID 0 技术

RAID 0 又称为 Stripe 或 Striping，代表了所有 RAID 级别中最高的存储 I/O 性能。RAID 0 是无容错、无冗余的 RAID 阵列系统，由两块或两块以上物理盘进行条带化组成一个逻辑盘，数据按条带化的方式存于各成员盘，由于写入和读取数据是并行的，所以 I/O 数据带宽加倍，数据存储速度加倍。但由于数据条带化并行存储于各硬盘，因此当任何一成员盘损坏，都会造成逻辑盘数据崩溃，进而损失全部数据。因此，RAID 0 级别的阵列的安全性是随着成员盘的增加而降低的。

从严格意义上说，RAID 0 不是 RAID，因为它没有数据冗余和校验。RAID 0 技术只是实现了带区组。在实现过程中，RAID 0 只是连续地分割数据并行地读/写于多个硬盘。由于数据块被并行地保存在不同的硬盘，因此 RAID 0 具有很高的数据传输率。另外，由于组成 RAID 0 的所有硬盘空间都可以用来保存数据，因此 RAID 0 的存储空间利用率也是最高的。RAID 0 只适用于类似 Video/Audio 信号存储、临时文件的转储等对速度要求极其严格的特殊应用。由于没有任何的数据冗余，所以安全性极低，只要 RAID 里的任何一块硬盘损坏，都会发生所有数据丢失的毁灭性的情况。换句话说，RAID 0 模式中，硬盘个数越多，安全性越低。因此，RAID 0 不适用于关键任务环境，但是，它非常适合于视频、图像的制作和编辑。

（1）RAID 0 工作原理

RAID 0 是将多个硬盘通过数据条带化的方式组合到一起成为一块逻辑硬盘使用的技术。

RAID 0 逻辑盘容量（MB）=最小容量成员盘（MB）×成员盘个数

如图 6-10 所示，系统向 2 个硬盘组成的逻辑硬盘（RAID 0 硬盘组）发出的 I/O 数据请求被转化为 2 项操作，其中的每一项操作都对应于一块物理硬盘。从图中可以清楚地看到通过建立 RAID 0，原先顺序的数据请求被分散到所有的 2 块硬盘中同时执行。从理论上讲，3 块硬盘的并行操作使同一时间内硬盘读写速度提升了 2 倍，但由于总线带宽等多种因素的影响，实际的提升速率肯定会低于理论值，但是，大量数据并行传输与串行传输比较，提速效果显著显然毋庸置疑。

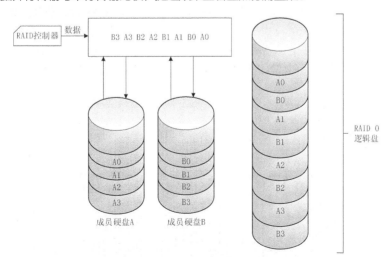

图 6-10　RAID 0 工作原理图

（2）RAID 0 级别的优缺点
- RAID 0 的缺点是不提供数据冗余，因此一旦用户数据损坏，损坏的数据将无法得到恢复。RAID 0

运行时只要其中一块硬盘出现问题就会导致整个阵列数据的故障。一般不建议企业用户单独使用。
- RAID 0 的优点是数据 I/O 操作速度快。
- 应用方面 RAID 0 具有的特点，使其特别适用于对性能要求较高而对数据安全要求不高的领域，如图形工作站等。对于个人用户，RAID 0 也是提高硬盘存储性能的绝佳选择，例如，作为操作系统存在的引导盘。

（3）RAID 0 容错级别

无容错能力。

2. RAID 1 技术

RAID 1 技术又称为 Disk Mirroring，由 2 块硬盘共同组成。2 块硬盘内容完全相同，数据采用条带化方式进行存储，具有数据的安全冗余容错机制，2 块成员盘同时工作，一块为 Working Disk，另一块为 Backup Disk。数据存储会同时向 2 块成员盘写入相同的数据，读取则同时由 2 块硬盘进行数据输出，增加输出的数据带宽。因此，RAID 1 标准硬盘阵列的基本标准与 RAID 0 相比是写入数据传输率低和安全性高，恰好与 RAID 0 标准相反。

如果一个硬盘的数据发生错误，或者硬盘出现了坏道，那么另一个硬盘可以补救硬盘故障而造成的数据损失和系统中断。另外，RAID 1 还可以实现双工——即可以复制整个控制器，这样在硬盘故障或控制器故障发生时，数据都可以得到保护。镜像和双工的缺点是需要多出一倍数量的驱动器来复制数据，但系统的读写性能并不会由此而提高，这可能是一笔不小的开支。RAID 1 可以由软件或硬件方式实现。

RAID 1 主要通过数据镜像实现数据冗余，在两对分离的硬盘上产生互为备份的数据，因此 RAID 1 具有很高的安全性，它甚至可以保证在一半数量的硬盘出现问题时还能不间断地工作，但是整个系统的处理能力会受到影响。不过，由于 RAID 1 需要通过两次读写来实现硬盘镜像，这样虽然保证了镜像硬盘随时与原硬盘上的数据完全一致，但是硬盘控制器的负载相当大。另外，RAID 1 的数据空间浪费极其严重，是 RAID 各种等级中成本最高的一种。它只有一半的硬盘空间利用率，只有当系统需要极高的可靠性时，人们才会选择使用 RAID 1。因此 RAID1 常用于对容错要求极严的应用场合。

（1）RAID 1 工作原理

RAID 1 逻辑盘容量（MB）=最小容量成员盘（MB）

如图 6-11 所示，系统向 2 个硬盘组成的逻辑硬盘（RAID 1 硬盘组）发出的 I/O 数据请求被转化为 2 项操作，其中的每一项操作都对应于 1 块物理硬盘。从图中可以清楚地看到通过建立 RAID 1，原先顺序的数据请求被分散到所有的 2 块硬盘中同时执行。从理论上讲，2 块硬盘的并行写操作并没有提高写入数据的性能，而读取数据时由于同时从 2 块硬盘中搜索并输出结果，因此效率会提高 2 倍。而 RAID 控制器会协调各成员硬盘对数据的输出顺序，保证数据输出的连续性、高效性。

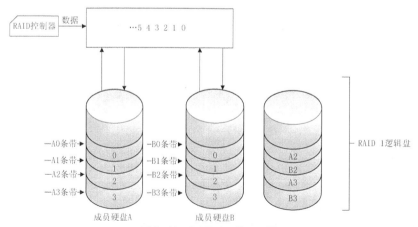

图 6-11　RAID 1 工作原理图

（2）RAID 1 级别的优缺点
- RAID 1 级别的优点：由于有冗余备份盘，数据安全性高，读操作性能表现优异。
- RAID 1 级别的缺点：物理硬盘容量的有效使用率低，写性能表现一般。
- 应用方面 RAID 1 级别的特点：由于其技术的重点在于最大限度地保证系统的数据安全性，因此适用于保存关键性重要数据的应用中，如小型公司的财务部门、客户信息管理部门做数据库的应用。

（3）RAID 1 容错级别

组成 RAID 1 级别的标准双盘系统，允许有 1 块成员盘离线损坏。在有 1 块热备份盘（Hostspare）的标准三盘系统应用环境下，允许热备份盘修复损坏的成员盘后，再有 1 块成员盘离线损坏。而及时更换故障成员盘或补充热备份盘，就会恢复 RAID 1 阵列的冗余容错能力。

3. RAID 2 技术

RAID 2 级别技术是将数据条块化分布于不同硬盘上，条块单位为位或字节。RAID 2 使用加重平均纠错码（海明码）的编码技术来实现错误检测和恢复。这种编码技术需要在硬盘阵列中将海明码间隔地写入多个硬盘来存放检查及恢复信息，而且海明码在每块硬盘的存储地址都是一样的（相同的磁道和扇区），这使得 RAID 2 技术实施更加复杂。因此，在商业环境中很少使用。基于加重平均纠错码的特点，它可以在数据发生错误的情况下将错误修正，以保证输出的正确。

（1）RAID 2 工作原理

$$RAID 2 逻辑盘容量（MB）=最小成员盘容量（MB）\times (N-A)$$

注：N 为成员盘数（N 为大于等于 3 的整数），A 是 2 的 n 次幂序位校验盘数量之和。

RAID 2 是一种为大型机和超级计算机开发的带海明码校验硬盘阵列。硬盘驱动器组中的第 1 个、第 2 个、第 4 个、直到第 2 的 n 次幂个硬盘驱动器是专门的校验盘，用于校验和纠错。RAID 2 是在数据 I/O 到来之后，控制器将数据按照位分散开，顺序在每块成员盘中存取 1bit。但是，硬盘数据操作最小 I/O 单位是扇区，每扇区有 512 字节，那么 1bit 如何写入呢？其实这个写入 1bit 并非只写入 1bit。每次操作的数据 I/O 先由操作系统的文件系统管理，然后才通过硬盘控制器驱动来向硬盘发出 I/O 操作。最终的 I/O 数据量大小都是扇区数的整数倍 N（$N\geq 1$），也就是 $N\times 512$ 字节，不可能发生 $N<1$ 的情况，即如果需要存取的数据只有几个字节，也一定要做出读出或写入整个扇区 512 字节的操作。

（2）RAID 2 级别的优缺点

- RAID 2 级别的优点：每次 I/O 都保证是多硬盘并行，所以其数据传输率是单盘的 N 倍；校验盘对系统不产生影响，但是会产生延时，因为多了计算校验的动作，校验位和数据位是一同并行写入或读取的；连续数据 I/O、大块数据 I/O 性能优异。
- RAID 2 级别的缺点：RAID 2 不能实现并发 I/O，因为每次 I/O 都占用了每块物理硬盘；采用海明码来校验数据，这种码可以判断修复一位错误的数据，并且使用校验盘的数量太多，4 块数据盘需要 3 块校验盘，但是随着数据盘数量的增多，校验盘所占的比例会显著减少；因为每次读写都需要全组硬盘联动，所以为了最大化其性能，最好保证每块硬盘主轴同步，使同一时刻每块硬盘磁头所处的扇区逻辑编号都一致，并存并取，达到最佳性能。如果不能同步，则会产生等待，影响速度。
- 应用方面 RAID 2 级别的特点：视频流服务、CAD/CAM 工作站等专门的应用适合 RAID 2；随机的非事务性存储性能差，多用户环境网络服务器等不适用，已经被 RAID 3 取代。

（3）RAID 2 容错级别

RAID 2 因为使用海明码的特点（可以检查和纠正一位错误），因此只能允许一块硬盘出问题，如果 RAID 2 阵列中 2 块或 2 块以上的盘出问题，那么 RAID 2 阵列就将崩溃，数据就将受到破坏。

4. RAID 3 技术

RAID 3 级别技术同 RAID 2 级别技术相似，是将单位为位或字节的数据条块化分布于不同的硬盘上。RAID 3 使用奇偶校验的编码技术来取代海明码实现错误检测和恢复。这种编码技术在硬盘阵列中只需要 1 块成员盘来存放校验信息，比 RAID 2 校验信息节省了大量的硬盘空间。

（1）RAID 3 工作原理

$$\text{RAID 3 逻辑盘容量（MB）} = \text{最小容量成员盘（MB）} \times (N-1)$$

N 为成员硬盘数（N 为大于等于 3 的整数）。

RAID 3 成员盘的数据存放并不是条带方式，而是以位或字节分割的，并以扇区的方式存储于 RAID 成员盘。校验数据 P 的生成是采取奇偶校验算法，如图 6-12 所示。

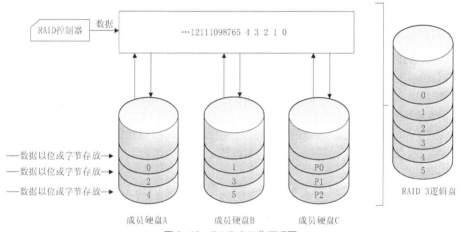

图 6-12　RAID 3 工作原理图

奇偶校验算法为逻辑运算中的异或算法，此算法的原则是：两元素值相同结果为 0，两元素值不同结果为 1。各成员盘运算完毕会得到一个值，即为所需要的校验数据值 P。

当任一成员盘损坏，只需要根据完好的成员盘相应扇区位置的数据进行逆运算，即可恢复出损坏成员盘的数据。

（2）RAID 3 级别的优缺点

- RAID 3 级别的优点：完好的 RAID 3 级别阵列，每次 I/O 的读操作都保证是多硬盘并行并发，所以其数据带宽是单盘的 N 倍，校验盘对系统不产生瓶颈。校验盘占用的存储空间小。
- RAID 3 级别的缺点：完好的 RAID 3 级别阵列，每次 I/O 的写操作都需要通过逻辑运算生成校验信息，因此写操作性能低于 RAID 0。危机状态下的 RAID 3 级别阵列如果损坏的是存储普通数据的成员盘，在 I/O 的读操作过程中校验盘会因为参与逆运算而成为系统 I/O 瓶颈，影响数据读效果。而如果是存储校验数据的成员盘损坏，则不会影响系统的读 I/O 性能。
- 应用方面 RAID 3 级别的特点：读操作性能优异，因此适用于数据库和 web 服务器的应用；适用于各种顺序处理数据应用的程序，如影视图像处理等。

（3）RAID 3 容错级别

允许一块硬盘损坏，如果 RAID 3 阵列中 2 块或 2 块以上的盘出问题，那么 RAID 3 阵列就将崩溃，数据就将受到破坏。拥有热备份盘的 RAID 3 则允许在热备盘已经修复替换故障成员盘完成，并且阵列已经恢复完好状态后，再损坏 1 块成员盘。

5. RAID 4 技术

RAID 4 级别阵列的特点与 RAID 3 基本相似，算法都是奇偶校验算法，校验数据都存储在单独 1 块成员盘上，不同的是数据存储大小的单位，RAID 4 以条带为单位，RAID 3 则是以位为单位。

（1）RAID 4 工作原理

$$\text{RAID 4 逻辑盘容量（MB）} = \text{最小容量成员盘（MB）} \times (N-1)$$

N 为成员硬盘数（N 为大于等于 3 的整数）。

RAID 4 工作原理与 RAID 3 完全相同，只是成员盘存储数据是以条带为单位存储的，如图 6-13 所示。

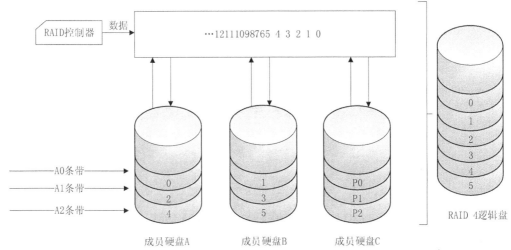

图 6-13　RAID 4 工作原理图

（2）RAID 4 级别的优缺点

● RAID 4 级别的优点：数据存储逻辑算法与 RAID 3 相同，因此继承了 RAID 3 技术的优点，并且由于数据是以条带为单位存储的，因此可以在各硬盘并行平行执行不同的读取指令，大幅度提高读性能；并且条带为单位存储的方式简化数据操作过程，写入数据速度比 RAID 3 有提高。

● RAID 4 级别的缺点：RAID 4 级别与 RAID 3 级别的缺点相同，会有校验盘 I/O 瓶颈问题。

● 应用方面 RAID 4 级别的特点：与 RAID 3 的应用相似，适用于数据库和 Web 服务器的应用，利用读写缓存技术能很好地服务于文件服务应用。

（3）RAID 4 容错级别

同 RAID 3 级别一样，允许一块硬盘损坏，拥有热备份盘的 RAID 4 则允许在热备盘已经修复替换故障成员盘完成，并阵列已经恢复成完好状态后，再损坏 1 块成员盘。

6. RAID 5 技术

RAID 5 也被叫作带分布式奇偶位的条带。每个条带上都有相当于一个"块"那么大的地方被用来存放奇偶位。与 RAID 3 不同的是，RAID 5 把奇偶位信息也分布在所有的硬盘上，而并非一个硬盘上，大大减轻了奇偶校验盘的负担。尽管有一些容量上的损失，RAID 5 却能提供较为完美的整体性能，因而也是被广泛应用的一种硬盘阵列方案。它适合于输入/输出密集、高读/写比率的应用程序，如事务处理等。RAID 3、RAID 4 与 RAID 5 相比，最主要的区别在于 RAID 3、RAID 4 每进行一次数据传输就需设计所有的阵列盘；而对于 RAID 5 来说，大部分数据传输只对 1 块硬盘操作，并且可以并行操作。为了具有 RAID 5 级的冗余度，至少需要 3 块硬盘组成的硬盘阵列。RAID 5 可以通过硬盘阵列控制器硬件实现，也可以通过某些网络操作系统软件实现。

（1）RAID 5 工作原理

$$RAID 5 逻辑盘容量（MB）=最小容量成员盘（MB）×（N-1）$$

N 为成员硬盘数（N 为大于等于 3 的整数）。

RAID 5 的校验盘信息生成的计算原理与 RAID 3、RAID 4 基本相同，重要的不同点是：RAID 5 将 P 校验数据条带分散存储在每一块成员硬盘，而不是集中存储在单独的一块校验信息硬盘中，如图 6-14 所示。

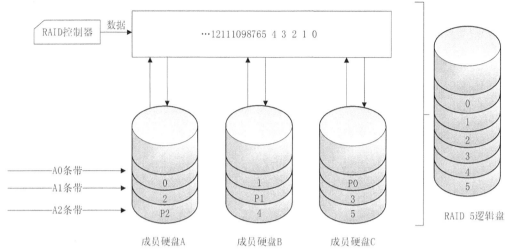

图 6-14 RAID 5 工作原理图

RAID 5 可以理解为是 RAID 0 和 RAID 1 的折中方案。RAID 5 可以为系统提供数据安全保障，但保障程度要比 Mirror 低而硬盘空间利用率要比 Mirror 高。RAID 5 具有和 RAID 0 相近似的数据读取速度，只是多了一个奇偶校验信息，写入数据的速度比对单个硬盘进行写入操作稍慢。同时由于多个数据对应一个奇偶校验信息，RAID 5 的硬盘空间利用率要比 RAID 1 高，存储成本相对较低。

（2）RAID 5 级别的优缺点

- RAID 5 级别的优点：由于数据是以条带为单位存储的，因此可以在各硬盘并行平行执行不同的读取、存储指令，大幅度提高读写性能，并且以条带为单位存储的方式简化数据操作过程，写入数据速度较高。RAID 5 具有数据冗余容错能力，算法较先进，综合考虑了容错能力与冗余功能对容量和读写操作性能及数据恢复时对阵列性能的影响。因校验数据分散在每个成员盘上，故没有重建故障成员盘时的校验盘 I/O 瓶颈问题。
- RAID 5 级别的缺点：写入数据时因需要进行校验数据生成的逻辑运算，因此有写数据时间消耗。写性能低于 RAID 0。
- 应用方面 RAID 5 级别的特点：各方面性能比较平均，因此适用于大多数服务器基本应用。又因条带化的数据结构和可并行的 I/O，因此尤其适用于频繁读取的小数据量操作，包括关系型数据库、读取密集型数据库表格、文件共享和 Web 应用程序等。

（3）RAID 5 容错级别

RAID 5 和 RAID 3、RAID 4 相同，允许任意一块成员盘故障离线而不会影响阵列的数据安全。

7. RAID 6 技术

RAID 6 级别的阵列利用的是双奇偶校验模式，通过对成员盘数据进行分条和旋转校验，提高数据冗余度和数据安全性。在使用大容量的光纤通道和 SATA 硬盘驱动器时，效果更佳。而双奇偶校验模式的结果是多出一个校验硬盘驱动器，即 RAID 6 级别的阵列包含 2 块成员盘的存储空间作为校验应用，写入操作时性能会受到影响，又比 RAID 5 级别的阵列多出一级写入损耗。

RAID 6 是由一些大型企业提出来的私有 RAID 级别标准，它的全称叫"Independent Data Disks With Two Independent Distributed Parity Schemes（带有两个独立分布式校验方案的独立数据硬盘）"。这种 RAID 级别在 RAID 5 的基础上发展而成，因此它的工作模式与 RAID 5 有异曲同工之妙，不同的是 RAID 5 将校验码写入一个驱动器，而 RAID 6 将校验码写入两个驱动器，这样就增强了硬盘的容错能力，同时 RAID 6 阵列中允许出现故障的硬盘也就达到了 2 块，但相应的阵列硬盘数量最少也要 4 个。

（1）RAID 6 工作原理

$$\text{RAID 6 逻辑盘容量（MB）} = \text{最小容量成员盘（MB）} \times (N-2)$$

N 为成员硬盘数（N 为大于等于 4 的整数）。

RAID 6 的校验信息生成处理过程分为两个步骤，如图 6-15 所示。

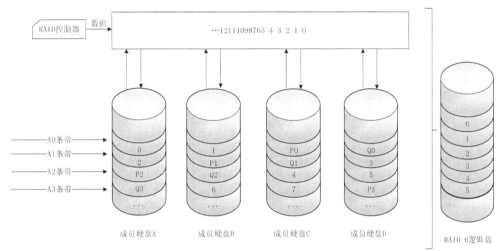

图 6-15　RAID 6（P+Q）工作原理图

- P 校验信息的生成：与 RAID 3、4、5 相同，为奇偶校验（异或运算）法。
- Q 校验信息的生成：不同厂家标准不一，有的采用"李德-所罗门"编码，也有的采用竖列条带异或算法等。

其最终目的是由原始数据条带，生成两组不同的冗余校验信息条带，来保证优于 RAID 5 的容错性能。

（2）RAID 6 级别的优缺点

- RAID 6 级别的优点：读性能同 RAID 5 一样优秀。RAID 6 数据冗余度高，容错能力优秀。校验数据分散在每个成员盘，没有重建故障成员盘时的校验盘 I/O 瓶颈问题。硬盘阵列成员盘数量越多，冗余存储空间的消耗比越低。
- RAID 6 级别的缺点：写入数据时因需要进行两次校验数据生成的逻辑运算，因此写数据时间消耗巨大，写性能低于其他级别的阵列；成员盘发生故障后更换硬盘修复重建的消耗时间多。
- 应用方面 RAID 6 级别的特点：使用于成员盘数量多、物理硬盘可靠性不高的应用环境，由于读操作性能理想，因此适用于频繁读取数据的操作，包括类似 RAID 5 级别应用的关系型数据库、读密集型数据库表格、文件共享和 Web 应用程序等。

（3）RAID 6 容错级别

容错能力高于 RAID 3、RAID 4、RAID 5 级别阵列，允许任意两块成员盘故障离线而不会影响阵列应用环境的数据安全。

8. RAID 10 技术

RAID 10，也被称为镜像阵列条带，现在一般称它为 RAID 0+1。RAID 10（RAID 0+1）提供 100%的数据冗余，支持更大的卷尺寸。组建 RAID 10（RAID 0+1）需要 4 个硬盘，其中 2 个为条带数据分布，提供了 RAID 0 的读写性能，而另外 2 个为前面 2 块硬盘的镜像，保证了数据的完整备份。RAID（0+1）允许多块硬盘损坏，因为它完全使用硬盘来实现资料备份。

RAID 10 级别的阵列相当于是两个镜像的 RAID 1 阵列基础上，加一个 SPAN 结构的 RAID 0 级别阵列，最终实现将 RAID 0 和 RAID 1 的优势互补，达到高容量、高 I/O 性能和高数据冗余容错性能的最优结果。

（1）RAID 10 工作原理

RAID 10 有两种生成方式，即先做 RAID 1，然后 SPAN 所有 RAID 1 组成 RAID 10，或者是先做 RAID 0 条带化，然后做 RAID 1 镜像备份。不同厂家可能选择的方案不同，但因为 RAID 1 然后 SPAN 的方式兼顾了容量和性能及安全性各方面的优点，因此为大多数 RAID 厂家所选择，如图 6-16 所示。

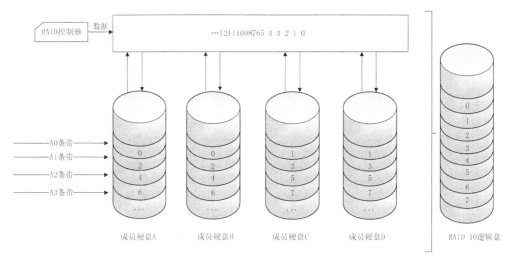

图 6-16　RAID 10 工作原理图

（2）RAID 10 级别的优缺点

- RAID 10 级别的优点：数据安全性冗余性能和数据 I/O 性能杰出。
- RAID 10 级别的缺点：可用的逻辑盘容量小，有一半的成员硬盘容量用于 RAID 1 的数据冗余存储。
- 应用方面 RAID 10 级别的特点：性能、安全性都很优异，只要对物理硬盘投入的预算资金没有问题，应该是应用的第一选择。

（3）RAID 10 容错级别

容错能力很高，只要不是同一 RAID 1 阵列的 2 块成员盘一同损坏就不会影响应用环境的数据安全，因此原则上最多有一半的成员盘损坏离线而不会影响阵列应用效果。

【实验 19】　mdadm 工具创建软件 RAID

（一）实验目的

- 了解如何使用 mdadm 命令。
- 掌握如何在 Linux 中创建软件 RAID。

（二）实验内容

在 Linux 系统中目前以 MD（Multiple Devices）虚拟块设备的方式实现软件 RAID，利用多个底层的块设备虚拟出一个新的虚拟设备，并且利用条带化（Stripping）技术将数据块均匀分布到多个硬盘上来提高虚拟设备的读写性能，利用不同的数据冗余算法来保护用户数据不会因为某个块设备的故障而完全丢失，而且能在设备被替换后将丢失的数据恢复到新的设备。

目前 MD 支持 Linear、Multipath、RAID 0(stripping)、RAID 1(mirror)、RAID 4、RAID 5、RAID 6、RAID 10 等不同的冗余级别和组成方式，当然也能支持多个 RAID 陈列的层叠组成 RAID 10、RAID 51 等类型的陈列。

（三）实验步骤

（1）环境准备。

通过物理环境或者 VMware 虚拟化创建一台实验虚拟机，本实验采用 CentOS 7 操作系统，使用 VMware 先创建一台虚拟机，然后给这个虚拟机加 4 块硬盘以供实验使用。

在虚拟机设置里面执行"添加"→"硬盘"→"设置大小"→"命名文件名称"→"完成"命令，如图 6-17 所示。

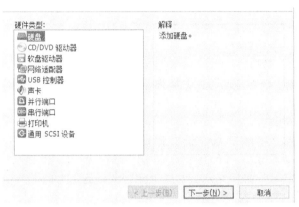

图 6-17 添加硬盘

重复此操作，直至添加 4 块硬盘。

（2）查看虚拟机硬盘信息。

```
[root@localhost ~]# lsblk
NAME            MAJ:MIN RM    SIZE RO TYPE MOUNTPOINT
......
sdb             8:16    0     10G  0 disk
sdc             8:32    0     10G  0 disk
sdd             8:48    0     10G  0 disk
sde             8:64    0     10G  0 disk
```

（3）由于后面安装 mdadm 命令需要使用 YUM 源，在此将本机 YUM 源改成国内阿里云的 YUM 源，清空 YUM 缓存，并重新生成新的 YUM 缓存。

```
[root@localhost ~]# rm -rf /etc/yum.repos.d/*
[root@localhost ~]# curl -o /etc/yum.repos.d/CentOS-Base.repo http://mirrors.aliyun.com/repo/Centos-7.repo
  % Total    % Received % Xferd  Average Speed   Time    Time     Time  Current
                                 Dload  Upload   Total   Spent    Left  Speed
 100  2523  100  2523    0     0  29227      0 --:--:-- --:--:-- --:--:-- 29682
[root@localhost ~]# yum clean all
```

（4）安装 mdadm 命令，已经配置好国内 YUM 源，直接使用 YUM 安装即可。

```
[root@localhost ~]# yum install -y mdadm
```

（5）查看系统是否支持 MD 驱动模块，现流行的系统中一般已经将 MD 驱动模块直接编译到内核中或编译为可动态加载的驱动模块，可以在机器启动后通过 cat/proc/MDStat 看内核是否已经加载 MD 驱动或者通过 cat /proc/devices 查看是否有 md 块设备，并且可以使用 lsmod 查看 md 是否可以模块加载到系统。

```
[root@localhost ~]# cat /proc/mdstat
Personalities :
unused devices: <none>
[root@localhost ~]# cat /proc/devices | grep md
    9 md
  254 mdp
[root@localhost ~]# mdadm --version
mdadm - v4.0 - 2017-01-09
```

（6）使用 mdadm 命令管理软件 RAID。

要求：刚才添加的 4 个硬盘，将其中 3 块创建为 RAID 5 阵列硬盘，1 块创建为热备份硬盘。测试热备份硬盘替换阵列中的硬盘并同步数据。移除损坏的硬盘，添加一块新硬盘作为热备份硬盘。最后要求开机自动挂载。

（7）mdadm 的基本模式。

assemble：将以前定义的某个阵列加入当前在用阵列
build：Build A Legacy Array，每个 Device 没有 SuperBlocks（元数据块）
create：创建一个新的阵列，每个 Device 具有 SuperBlocks（元数据块）
manage：管理阵列，如 Add 或 Remove
misc：允许单独对阵列中的某个 Device 做操作，如抹去 SuperBlocks 或终止在用的阵列
follow or monitor：监控 RAID 1,4,5,6 和 Multipath 的状态
grow：改变 RAID 容量或阵列中的 Device 数目
incremental：扫描阵列或者使阵列中的一块盘为错误状态

（8）mdadm 各个选项。

-A, --assemble：加入一个以前定义的阵列
-B, --build：Build A Legacy Array Without SuperBlocks
-C, --create：创建一个新的阵列
-Q, --query：查看一个 Device，判断它为一个 MD Device 或是一个 MD 阵列的一部分
-D, --detail：打印一个或多个 MD Device 的详细信息
-E, --examine：打印 Device 上的 MD SuperBlock 的内容
-F, --follow, --monitor：选择 Monitor 模式
-G, --grow：改变在用阵列的大小或形态
-h, --help：帮助信息，用在以上选项后，则显示该选项信息
--help-options
-V, --version
-v, --verbose：显示细节
-b, --brief：较少的细节。用于 --detail 和 --examine 选项
-f, --force
-c, --config=：指定配置文件,；默认为/etc/mdadm/mdadm.conf
-s, --scan：扫描配置文件或/proc/mdstat 以搜寻丢失的信息。配置文件、/etc/mdadm/mdadm.conf
create 或 build 使用的选项：
-c, --chunk=:Specify chunk size of kibibytes，默认为 64
--rounding=: Specify rounding factor for linear array (==chunk size)
-l, --level=:设定 RAID level
--create 可用: linear, raid 0, 0, stripe, raid 1,1, mirror, raid 4, 4, raid 5, 5, raid 6, 6, multipath, mp

--build 可用：linear, raid 0, 0, stripe

-p, --parity=：设定 RAID 5 的奇偶校验规则:left-asymmetric, left-symmetric, right-asymmetric, right-symmetric, la, ra, ls, rs。默认为 left-symmetric

--layout=:类似于--parity

-n, --RAID-devices=：指定阵列中可用 Device 数目，这个数目只能由 --grow 修改

-x, --spare-devices=：指定初始阵列的富余 Device 数目

-z, --size=：组建 RAID 1/4/5/6 后从每个 Device 获取的空间总数

--assume-clean:目前仅用于 --build 选项

-R, --run:阵列中的某一部分出现在其他阵列或文件系统中时，mdadm 会确认该阵列。此选项将不做确认

-f, --force:通常 mdadm 不允许只用一个 Device 创建阵列，而且创建 RAID 5 时会使用一个 Device 作为 missing drive。此选项正相反

-a, --auto{=no,yes,md,mdp,part,p}{NN}：

--fail 如果需要删除某个硬盘，需要先--fail，再--remove

（9）创建 RAID 5 及其热备份盘。

```
[root@localhost ~]# lsblk
NAME            MAJ:MIN RM   SIZE RO TYPE MOUNTPOINT
……
sdb             8:16    0    10G  0  disk
sdc             8:32    0    10G  0  disk
sdd             8:48    0    10G  0  disk
sde             8:64    0    10G  0  disk
sr0             11:0    1    4G   0  rom
[root@localhost ~]# mdadm -C /dev/md0 -l 5 -n 3 -x 1 /dev/sd{b,c,d,e}
mdadm: Defaulting to version 1.2 metadata
mdadm: array /dev/md0 started.
```

上述命令中指定 RAID 设备名为/dev/md0，级别为 5，使用 3 个设备建立 RAID，空余一个留作备用。上面的语法中，最后面是硬盘文件名，这些硬盘文件名可以是整个硬盘，本例就是这样操作的，也可以是硬盘上的分区，如/dev/sda1 之类。不过这些硬盘文件名的总数必须要等于--RAID-devices 与--spare-devices 的个数总和。此例中，/dev/sd{b,c,d,e}为简写，代表/dev/sdb、/dev/sdc、/dev/sdd、/dev/sde，其中/dev/sde 为备用。

（10）初始化时间和硬盘阵列的读写的应用相关，使用 cat /proc/mdstat 信息查询 RAID 阵列当前构建的速度和预期的完成时间。

```
[root@localhost ~]# cat /proc/mdstat
Personalities : [RAID6] [RAID5] [RAID4]
md0 : active RAID5 sdd[4] sde[3](S) sdc[1] sdb[0]
      20953088 Blocks super 1.2 level 5, 512k chunk, algorithm 2 [3/2] [UU_]
      [===============>....]  recovery = 84.3% (8841984/10476544) finish=0.1min speed=205295K/sec

unused devices: <none>
[root@localhost ~]# cat /proc/mdstat
Personalities : [RAID6] [RAID5] [RAID4]
md0 : active RAID5 sdd[4] sde[3](S) sdc[1] sdb[0]
      20953088 Blocks super 1.2 level 5, 512k chunk, algorithm 2 [3/3] [UUU]
```

unused devices: <none>

（11）为新创建的 RAID 设备建立类型为 Ext3 的文件系统。

[root@localhost ~]# mkfs -t ext3 -c /dev/md0

（12）将 RAID 设备挂载至/mnt、并检查是否正常（显示 lost+found 为正常）。

[root@localhost ~]# mount /dev/md0 /mnt/

[root@localhost ~]# ls /mnt/

lost+found

（13）查看 RAID 阵列的详细信息。

[root@localhost ~]# mdadm -D /dev/md0

/dev/md0:
              Version : 1.2
        Creation Time : Thu Jun 21 16:15:47 2018
           RAID Level : RAID5
           Array Size : 20953088 (19.98 GiB 21.46 GB)
        Used Dev Size : 10476544 (9.99 GiB 10.73 GB)
         RAID Devices : 3
        Total Devices : 4
          Persistence : SuperBlock is persistent

          Update Time : Thu Jun 21 16:27:09 2018
                State : clean
       Active Devices : 3
      Working Devices : 4
       Failed Devices : 0
        Spare Devices : 1

               Layout : left-symmetric
           Chunk Size : 512K

   Consistency Policy : unknown

                 Name : localhost.localdomain:0 (local to host localhost.localdomain)
                 UUID : e95f4639:1c7bd4a6:a5efacd2:4fcc99e3
               Events : 18

    Number   Major   Minor   RAIDDevice State
       0   8   16   0   active sync   /dev/sdb
       1   8   32   1   active sync   /dev/sdc
       4   8   48   2   active sync   /dev/sdd
       3   8   64   -   spare   /dev/sde

（14）由上面的信息可以看到，/dev/sde 盘为热备盘。模拟损坏其中的一个硬盘，这里选择/dev/sdc 硬盘。

[root@localhost ~]# mdadm /dev/md0 --fail /dev/sdc

mdadm: set /dev/sdc faulty in /dev/md0

（15）查看 RAID 详细信息，发现/dev/sde 自动替换了损坏的/dev/sdc 硬盘。

[root@localhost ~]# mdadm -D /dev/md0

/dev/md0:

```
         Version : 1.2
   Creation Time : Thu Jun 21 16:15:47 2018
      RAID Level : RAID5
      Array Size : 20953088 (19.98 GiB 21.46 GB)
   Used Dev Size : 10476544 (9.99 GiB 10.73 GB)
    RAID Devices : 3
   Total Devices : 4
     Persistence : SuperBlock is persistent

     Update Time : Thu Jun 21 16:32:43 2018
           State : clean
  Active Devices : 3
 Working Devices : 3
  Failed Devices : 1
   Spare Devices : 0

          Layout : left-symmetric
      Chunk Size : 512K

Consistency Policy : unknown

            Name : localhost.localdomain:0  (local to host localhost.localdomain)
            UUID : e95f4639:1c7bd4a6:a5efacd2:4fcc99e3
          Events : 37

    Number   Major   Minor   RAIDDevice State
       0       8       16       0      active sync   /dev/sdb
       3       8       64       1      active sync   /dev/sde
       4       8       48       2      active sync   /dev/sdd

       1       8       32       -      faulty        /dev/sdc
```

查看 RAID 设备初始化信息，正常情况下会是[UUU]，若有某个硬盘损坏，则会显示为[_UU]，第几个硬盘损坏则第几个 U 即会变成下划线。

```
[root@localhost ~]# cat /proc/mdstat
Personalities : [RAID6] [RAID5] [RAID4]
md0 : active RAID5 sdd[4] sde[3] sdc[1](F) sdb[0]
      20953088 Blocks super 1.2 level 5, 512k chunk, algorithm 2 [3/3] [UUU]
      unused devices: <none>
```

（16）移除损坏的硬盘。

```
[root@localhost ~]# mdadm /dev/md0 -r /dev/sdc
mdadm: hot removed /dev/sdc from /dev/md0
[root@localhost ~]# mdadm -D /dev/md0
/dev/md0:
         Version : 1.2
   Creation Time : Thu Jun 21 16:15:47 2018
      RAID Level : RAID5
      Array Size : 20953088 (19.98 GiB 21.46 GB)
   Used Dev Size : 10476544 (9.99 GiB 10.73 GB)
    RAID Devices : 3
```

```
           Total Devices : 3
            Persistence : SuperBlock is persistent
            Update Time : Thu Jun 21 16:35:26 2018
                  State : clean
         Active Devices : 3
        Working Devices : 3
         Failed Devices : 0
          Spare Devices : 0

                 Layout : left-symmetric
             Chunk Size : 512K
     Consistency Policy : unknown

                   Name : localhost.localdomain:0  (local to host localhost.localdomain)
                   UUID : e95f4639:1c7bd4a6:a5efacd2:4fcc99e3
                 Events : 38

    Number   Major   Minor   RAIDDevice State
       0       8       16        0         active sync    /dev/sdb
       3       8       64        1         active sync    /dev/sde
       4       8       48        2         active sync    /dev/sdd
```

（17）重新添加 1 块硬盘至虚拟机，然后将这块硬盘加入 RAID 作为热备份盘。

```
[root@localhost ~]# mdadm /dev/md0 --add /dev/sdf
mdadm: added /dev/sdf
[root@localhost ~]# mdadm -D /dev/md0
/dev/md0:
                Version : 1.2
          Creation Time : Thu Jun 21 16:15:47 2018
             RAID Level : RAID5
             Array Size : 20953088 (19.98 GiB 21.46 GB)
          Used Dev Size : 10476544 (9.99 GiB 10.73 GB)
           RAID Devices : 3
          Total Devices : 4
            Persistence : SuperBlock is persistent
            Update Time : Thu Jun 21 16:39:48 2018
                  State : clean
         Active Devices : 3
        Working Devices : 4
         Failed Devices : 0
          Spare Devices : 1

                 Layout : left-symmetric
             Chunk Size : 512K
     Consistency Policy : unknown

                   Name : localhost.localdomain:0  (local to host localhost.localdomain)
                   UUID : e95f4639:1c7bd4a6:a5efacd2:4fcc99e3
                 Events : 39
```

Number	Major	Minor	RAIDDevice	State	
0	8	16	0	active sync	/dev/sdb
3	8	64	1	active sync	/dev/sde
4	8	48	2	active sync	/dev/sdd
5	8	80	-	spare	/dev/sdf

（18）设置开机自动挂载，编辑/etc/fstab 文件，加入以下内容。

[root@localhost ~]# vi /etc/fstab

/dev/md0 /mnt EXT3 defaults 0 0

（19）扫描并显示 RAID 的详细信息。

[root@localhost ~]# mdadm -D --scan

ARRAY /dev/md/0 metadata=1.2 spares=1 name=localhost.localdomain:0 UUID=e95f4639:1c7bd4a6:a5efacd2:4fcc99e3

（20）创建软件 RAID 的配置文件，可用于快速启动 RAID。

[root@localhost ~]# mdadm -D --scan >> /etc/mdadm.conf

[root@localhost ~]# cat /etc/mdadm.conf

ARRAY /dev/md/0 metadata=1.2 spares=1 name=localhost.localdomain:0 UUID=e95f4639:1c7bd4a6:a5efacd2:4fcc99e3

（21）停止运行的 RAID 设备。

[root@localhost ~]# umount /mnt/

[root@localhost ~]# mdadm --stop /dev/md0

mdadm: stopped /dev/md0

（22）在已经创建配置文件的情况下，启动 RAID。

[root@localhost ~]# mdadm --assemble /dev/md0

mdadm: /dev/md0 has been started with 3 drives and 1 spare.

（23）删除软件 RAID 设备。

[root@localhost ~]# umount /mnt/

　　//解除挂载

[root@localhost ~]# mdadm /dev/md0 -f /dev/sdb

　　//将软件 RAID 设备中的所有硬盘设为 fail

mdadm: set /dev/sdb faulty in /dev/md0

[root@localhost ~]# mdadm /dev/md0 -f /dev/sde

mdadm: set /dev/sde faulty in /dev/md0

[root@localhost ~]# mdadm /dev/md0 -f /dev/sdd

mdadm: set /dev/sdd faulty in /dev/md0

[root@localhost ~]# mdadm /dev/md0 -f /dev/sdf

mdadm: set /dev/sdf faulty in /dev/md0

[root@localhost ~]# mdadm /dev/md0 --remove /dev/sdb

　　//把所有硬盘从软件 RAID 中移除掉

mdadm: hot removed /dev/sdb from /dev/md0

[root@localhost ~]# mdadm /dev/md0 --remove /dev/sde

mdadm: hot removed /dev/sde from /dev/md0

[root@localhost ~]# mdadm /dev/md0 --remove /dev/sdd

mdadm: hot removed /dev/sdd from /dev/md0

```
[root@localhost ~]# mdadm /dev/md0 --remove /dev/sdf
mdadm: hot removed /dev/sdf from /dev/md0
[root@localhost ~]# mdadm --stop /dev/md0
mdadm: stopped /dev/md0                          //停止软件 RAID 设备
[root@localhost ~]# mdadm --misc --zero-superBlock /dev/sdb
[root@localhost ~]# mdadm --misc --zero-superBlock /dev/sde
[root@localhost ~]# mdadm --misc --zero-superBlock /dev/sdd
[root@localhost ~]# mdadm --misc --zero-superBlock /dev/sdf   //将硬盘中的元数据块擦除
[root@localhost ~]# rm -rf /etc/mdadm.conf       //删除 mdadm 的配置文件
```

6.5 硬盘与分区

Linux 中硬盘的基本概念及信息在前面已经叙述过了，在此就不再赘述，本小节着重讲解 Linux 中硬盘分区的概念及分区工具 fdisk 的使用方法。

6.5.1 硬盘分区概述

在学习 Linux 的过程中，安装 Linux 是每一个初学者的第一个门槛。在这个过程中，最大的困惑莫过于给硬盘进行分区。虽然，现在各种发行版本的 Linux 已经提供了友好的图形交互界面，但是很多人还是感觉无从下手。这其中的原因主要是不清楚 Linux 的分区规定及分区方法。

首先要对硬盘分区的基本概念进行一些初步的了解，硬盘的分区主要分为基本分区（Primary Partition）和扩展分区（Extension Partition）两种，基本分区和扩展分区的数目之和不能大于 4 个。且基本分区可以马上被使用但不能再分区。扩展分区必须在进行分区后才能使用，也就是说它必须还要进行二次分区。那么由扩展分区再分下去的是什么呢？那就是逻辑分区（Logical Partition），并且逻辑分区没有数量上的限制。

对习惯于使用 DOS 或 Windows 的用户来说，有几个分区就有几个驱动器，并且每个分区都会获得一个字母标识符，然后就可以选用这个字母来指定在这个分区上的文件和目录，它们的文件结构都是独立的，非常好理解。但对于初上手 Linux 的用户就有点迷茫了，因为对 Linux 用户来说无论有几个分区，分给哪一目录使用，它归根结底就只有一个根目录，一个独立且唯一的文件结构。Linux 中每个分区都是用来组成整个文件系统的一部分，因为它采用了一种叫"载入"的处理方法，它的整个文件系统中包含了一整套的文件和目录，且将一个分区和一个目录联系起来。这时要载入的一个分区将使它的存储空间在一个目录下获得。

6.5.2 Linux 的分区规定

1. 设备管理

在 Linux 中，每一个硬件设备都映射到一个系统的文件，对于硬盘、光驱等 IDE 或 SCSI 设备也不例外。Linux 对各种 IDE 设备分配了一个由 hd 前缀组成的文件；而对于各种 SCSI 设备，则分配了一个由 sd 前缀组成的文件。

对于 IDE 硬盘，驱动器标识符为 hdx~，其中 hd 表明分区所在设备的类型，这里是指 IDE 硬盘。x 为盘号（a 为基本盘，b 为基本从属盘，c 为辅助主盘，d 为辅助从属盘），~代表分区，前 4 个分区用数字 1~4 表示，它们是主分区或扩展分区，从 5 开始就是逻辑分区。例，hda3 表示为第一个 IDE 硬盘上的第三个主分区或扩展分区，hdb2 表示为第二个 IDE 硬盘上的第二个主分区或扩展分区。对于 SCSI 硬盘则标识为 sdx~，SCSI 硬盘是用 sd 来表示分区所在设备的类型的，其余则和 IDE 硬盘的表示方法一样，这里不再多说。例如，第一个 IDE 设备，Linux 就定义为 hda；第二个 IDE 设备就定义为 hdb；下面以此类推。而 SCSI 设备就应该是 sda、sdb、sdc 等。

2. 分区数量

要进行分区就必须针对每一个硬件设备进行操作，这就有可能是一块 IDE 硬盘或是一块 SCSI 硬盘。对于每一个硬盘（IDE 或 SCSI）设备，Linux 分配了一个 1~16 的序列号码，这就代表了这块硬盘上面的分区号码。

例如，第一个 IDE 硬盘的第一个分区，在 Linux 下面映射的就是 hda1，第二个分区就称作 hda2。对于 SCSI 硬盘则是 sda1、sdb1 等。

3. 各分区的作用

在 Linux 中规定，每一个硬盘设备最多能由 4 个主分区（其中包含扩展分区）构成，任何一个扩展分区都要占用一个主分区号码，也就是在一个硬盘中，主分区和扩展分区一共最多是 4 个。

主分区的作用就是供计算机进行操作系统启动，因此每一个操作系统的启动，或者称作引导程序，都应该存放在主分区上。这就是主分区和扩展分区及逻辑分区的最大区别。在指定安装引导 Linux 的 Bootloader 的时候，都要指定在主分区上，这就是最好的例证。

Linux 规定了主分区（或者扩展分区）占用 1~16 号码中的前 4 个号码。以第一个 IDE 硬盘为例说明，主分区（或者扩展分区）占用了 hda1、hda2、hda3、hda4，而逻辑分区占用了 hda5 到 hda16 等 12 个号码。因此，Linux 下面每一个硬盘总共最多有 16 个分区。

对于逻辑分区，Linux 规定它们必须建立在扩展分区上（在 DOS 和 Windows 系统上也是如此规定），而不是主分区上。

因此，可以看到，扩展分区能够提供更加灵活的分区模式，但不能用来作为操作系统的引导。除去上面这些各种分区的差别外，就可以简单地把它们一视同仁了。

4. 分区指标

对于每一个 Linux 分区来讲，分区的大小和分区的类型是最主要的指标。容量的大小读者很容易理解，但是分区的类型就不是那么容易接受了。分区的类型规定了这个分区上面的文件系统的格式。

Linux 支持多种的文件系统格式，其中包含了读者熟悉的 FAT32、FAT16、NTFS、HP-UX，以及各种 Linux 特有的 Linux Native 和 Linux swap 分区类型。

在 Linux 系统中，可以通过分区类型号码来区别这些不同类型的分区。各种类型号码在介绍 fdisk 的使用方式的时候将会介绍。

5. 常用分区

（1）/boot 分区：它包含了操作系统的内核和在启动系统过程中所要用到的文件，建这个分区是有必要的，因为目前大多数的 PC 要受到 BIOS 的限制，况且如果有了一个单独的/boot 启动分区，即使主要的根分区出现了问题，计算机依然能够启动。这个分区的大小为 50~100MB。

（2）/usr 分区：是 Linux 系统存放软件的地方，如有可能应将最大空间分给它。

（3）/home 分区：是用户的 home 目录所在地，这个分区的大小取决于有多少用户。如果是多用户共同使用一台计算机的话，这个分区是完全有必要的，况且根用户也可以很好地控制普通用户使用计算机，如对用户或者用户组实行硬盘限量使用，限制普通用户访问哪些文件等。其实单用户也有建立这个分区的必要，因为没这个分区的话，那么只能以根用户的身份登录系统，这样做是危险的，因为根用户对系统有绝对的使用权，可一旦对系统进行了误操作，麻烦也就来了。

（4）/var/log 分区：是系统日志记录分区，如果设立了这一单独的分区，这样即使系统的日志文件出现了问题，它们也不会影响操作系统的主分区。

（5）/tmp 分区：用来存放临时文件。这对于多用户系统或者网络服务器来说是有必要的。这样即使程序运行时生成大量的临时文件，或者用户对系统进行了错误的操作，文件系统的其他部分仍然是安全的。因为文件系统的这一部分仍然承受着读写操作，所以它通常会比其他的部分更快地发生问题。

（6）/bin 分区：存放标准系统实时程序。
（7）/dev 分区：存放设备文件。
（8）/opt 分区：存放可选的安装软件包。
（9）/sbin 分区：存放标准系统管理文件。

上面介绍了几个常用的分区，一般来说需要一个 swap 分区，一个/boot 分区，一个/usr 分区，一个/home 分区，一个/var/log 分区。当然这没有什么规定，完全是依照个人来定的。但记住至少要有两个分区：一个 swap 分区，一个/分区。

6.5.3 Linux 文件系统类型简介

Linux 把设备都当作文件一样来进行操作，这样就大大方便了用户的使用。在 Linux 下与设备相关的文件一般都在/dev 目录下，它包括两种：一种是块设备文件；另一种是字符设备文件。这就涉及文件系统，以下介绍 Linux 常见的文件系统。

1. Ext2 和 Ext3

Ext3 是现在 Linux（包括 Red Hat、Mandrake 下）常见的默认的文件系统，它是 Ext2 的升级版本。正如 Red Hat 公司的首席核心的开发人员所说，从 Ext2 转换到 Ext3 主要有以下 4 个理由：可用性高、数据完整性好、速度快以及易于转化。Ext3 中采用了日志式的管理机制，它使文件系统具有很强的快速恢复能力，并且由于从 Ext2 转换到 Ext3 无须进行格式化，因此，更加推进了 Ext3 文件系统的推广。

2. swap 文件系统

swap 文件系统是 Linux 中作为交换分区使用的。在安装 Linux 的时候，交换分区是必须建立的，并且它所采用的文件系统类型必须是 swap 而没有其他选择。

3. VFAT 文件系统

Linux 中把 DOS 中采用的 FAT 文件系统（包括 FAT12、FAT16 和 FAT32）都称为 VFAT 文件系统。

4. NFS 文件系统

NFS 文件系统是指网络文件系统，这种文件系统也是 Linux 的独到之处。它可以很方便地在局域网内实现文件共享，并且使多台主机共享同一主机上的文件系统。而且 NFS 文件系统访问速度快、稳定性高，已经得到了广泛的应用，尤其在嵌入式领域，使用 NFS 文件系统可以很方便地实现文件本地修改，而免去了一次次读写 flash 的忧虑。

5. ISO9660 文件系统

ISO9660 是光盘所使用的文件系统，在 Linux 中对光盘已有了很好的支持，它不仅可以提供对光盘的读写，还可以实现对光盘的刻录。

6. 查看当前被内核支持的文件系统类型列表文件

```
[root@localhost ~]# cat /proc/filesystems
nodev     sysfs
nodev     rootfs
nodev     bdev
nodev     proc
nodev     cgroup
nodev     cpuset
nodev     tmpfs
nodev     devtmpfs
```

```
nodev    debugfs
nodev    secURItyfs
nodev    sockfs
nodev    pipefs
nodev    anon_inodefs
nodev    configfs
nodev    devpts
nodev    raMFS
nodev    hugetlbfs
nodev    autofs
nodev    pstore
nodev    mqueue
nodev    selinuxfs
         xfs
         ext3
         ext2
         ext4
```

7. 查看系统已经加载的文件系统

```
[root@localhost ~]# cat /etc/filesystems
xfs
ext4
ext3
ext2
nodev proc
nodev devpts
iso9660
vfat
hfs
hfsplus
*
```

【实验 20】 硬盘的分区及格式化

（一）实验目的
- 了解 Linux 中常见的分区格式。
- 掌握并使用 fdisk 命令划分硬盘分区。
- 掌握创建文件系统及挂载文件系统的方法。

（二）实验内容
下面通过介绍 fdisk 的使用方法，来巩固上面所学到的各种关于 Linux 分区的知识。fdisk 是各种 Linux 发行版本中最常用的分区工具，是被定义为 Expert 级别的分区工具，因此会使初学者有点望而却步。Linux 操作系统还支持 cfdisk、parted 等分区工具，本小节着重说明 fdisk 的使用方法（注意，下面所有的命令都是以新增一块 SCSI 硬盘为前提，新增的硬盘为/dev/sdb，请在开始实验前在虚拟机中增加一块新的硬盘）。

（三）实验步骤

fdisk 参数说明。

```
[root@localhost ~]# fdisk /dev/sdb
Welcome to fdisk (util-linux 2.23.2).
Changes will remain in memory only, until you decide to write them.
Be careful before using the write command.
Command (m for help): m
Command action
   a   toggle a bootable flag
   b   edit bsd disklabel
   c   toggle the dos compatibility flag
   d   delete a partition
   g   create a new empty GPT partition table
   G   create an IRIX (SGI) partition table
   l   list known partition types
   m   print this menu
   n   add a new partition
   o   create a new empty DOS partition table
   p   print the partition table
   q   quit without saving changes
   s   create a new empty Sun disklabel
   t   change a partition's system id
   u   change display/entry units
   v   verify the partition table
   w   write table to disk and exit
   x   extra functionality (experts only)
```

在上述代码中，可以在 fdisk 命令后面直接加上要分区的硬盘作为参数，在 fdisk 模式下输入 m 获得帮助命令，表 6-2 是 fdisk 常用命令选项：

表 6-2　fdisk 常用命令选项

命令	功能	命令	功能
a	调整硬盘启动分区	q	不保存更改，退出 fdisk 命令
d	删除硬盘分区	t	更改分区类型
l	列出所有支持的分区类型	u	切换所显示的分区大小的单位
m	列出所有命令	w	把修改写入硬盘分区表，然后退出
n	创建新分区	x	列出高级选项
p	列出硬盘分区表		

以下使用 fdisk 进行分区。

（1）在分区前，可以使用 fdisk -l 命令查看硬盘分区表及分区结构。

```
[root@localhost ~]# fdisk -l
Disk /dev/sda: 21.5 GB, 21474836480 bytes, 41943040 sectors
Units = sectors of 1 * 512 = 512 bytes
```

```
Sector size (logical/physical): 512 bytes / 512 bytes
I/O size (minimum/optimal): 512 bytes / 512 bytes
Disk label type: dos
Disk identifier: 0x000b5714
    Device Boot       Start         End      Blocks    Id  System
/dev/sda1    *         2048      1026047     512000    83  Linux
/dev/sda2           1026048     41943039   20458496    8e  Linux LVM
Disk /dev/sdb: 21.5 GB, 21474836480 bytes, 41943040 sectors
Units = sectors of 1 * 512 = 512 bytes
Sector size (logical/physical): 512 bytes / 512 bytes
I/O size (minimum/optimal): 512 bytes / 512 bytes
Disk /dev/mapper/centos-root: 18.8 GB, 18756927488 bytes, 36634624 sectors
Units = sectors of 1 * 512 = 512 bytes
Sector size (logical/physical): 512 bytes / 512 bytes
I/O size (minimum/optimal): 512 bytes / 512 bytes
Disk /dev/mapper/centos-swap: 2147 MB, 2147483648 bytes, 4194304 sectors
Units = sectors of 1 * 512 = 512 bytes
Sector size (logical/physical): 512 bytes / 512 bytes
I/O size (minimum/optimal): 512 bytes / 512 bytes
```

System 表示的是文件系统，由于这是 boot 分区，所以/dev/sda1 是 Linux 格式的。

（2）在 fdisk 内部查看当前分区表。

```
[root@localhost ~]# fdisk /dev/sdb
Welcome to fdisk (util-linux 2.23.2).

Changes will remain in memory only, until you decide to write them.
Be careful before using the write command.

Device does not contain a recognized partition table
Building a new DOS disklabel with disk identifier 0xf0830a0d.
Command (m for help): p
Disk /dev/sdb: 21.5 GB, 21474836480 bytes, 41943040 sectors
Units = sectors of 1 * 512 = 512 bytes
Sector size (logical/physical): 512 bytes / 512 bytes
I/O size (minimum/optimal): 512 bytes / 512 bytes
Disk label type: dos
Disk identifier: 0xf0830a0d
    Device Boot       Start         End      Blocks    Id  System
Command (m for help):
```

可以看到当前/dev/sdb 硬盘并无任何分区。

以上显示了/dev/sdb 的参数和分区情况。/dev/sdb 大小为 21.5GB，从第四行开始是分区情况，依次是分区名、是否为启动分区、起始柱面、终止柱面、分区的总块数、分区 ID、文件系统类型。

（3）输入 n，创建一个新分区。输入 p，选择创建主分区（创建扩展分区输入 e，创建逻辑分区输入 l）；输入数字 1，创建第一个主分区（主分区和扩展分区可选数字为 1~4，逻辑分区的数字标识从 5 开始）；输入此分区的起始、结束扇区，以确定分区大小。也可以用+sizeM 或者+sizeK 的方式指定分区大小，然后保存退出，如下所示。

```
Command (m for help): n
Partition type:
    p   primary (0 primary, 0 extended, 4 free)
    e   extended
Select (default p): p
Partition number (1-4, default 1): 1
First sector (2048-41943039, default 2048):
Using default value 2048
Last sector, +sectors or +size{K,M,G} (2048-41943039, default 41943039): +500M
Partition 1 of type Linux and of size 500 MB is set
Command (m for help): p
Disk /dev/sdb: 21.5 GB, 21474836480 bytes, 41943040 sectors
Units = sectors of 1 * 512 = 512 bytes
Sector size (logical/physical): 512 bytes / 512 bytes
I/O size (minimum/optimal): 512 bytes / 512 bytes
Disk label type: dos
Disk identifier: 0xf0830a0d
    Device Boot    Start       End      Blocks    Id  System
/dev/sdb1           2048     1026047    512000    83  Linux
Command (m for help): w
The partition table has been altered!
Calling ioctl() to re-read partition table.
Syncing disks.
```

（4）若要删除硬盘分区，在 fdisk 菜单下输入 d，并选择相应的硬盘分区 ID 即可，删除后输入 w 保存退出。

```
Command (m for help): d
Selected partition 1
Partition 1 is deleted
Command (m for help): p
Disk /dev/sdb: 21.5 GB, 21474836480 bytes, 41943040 sectors
Units = sectors of 1 * 512 = 512 bytes
Sector size (logical/physical): 512 bytes / 512 bytes
I/O size (minimum/optimal): 512 bytes / 512 bytes
Disk label type: dos
Disk identifier: 0xf0830a0d
    Device Boot    Start       End      Blocks    Id  System
Command (m for help): w
The partition table has been altered!
Calling ioctl() to re-read partition table.
Syncing disks.
```

由于只有一个分区，所以 fdisk 自动选择删除了 ID 为 1 的分区。

(5)重新创建分区,并使用 fdisk -l 命令查看创建的分区。

```
[root@localhost ~]# lsblk
NAME              MAJ:MIN RM   SIZE RO TYPE MOUNTPOINT
sda                 8:0    0    20G  0 disk
 ├─sda1             8:1    0   500M  0 part /boot
 └─sda2             8:2    0  19.5G  0 part
   ├─centos-root 253:0    0  17.5G  0 lvm  /
   └─centos-swap 253:1    0     2G  0 lvm  [SWAP]
sdb                 8:16   0    20G  0 disk
 └─sdb1             8:17   0   500M  0 part
sr0                11:0    1  1024M  0 rom
```

(6)将创建的分区格式化,输入 mkfs 后按两下 Tab 键即可查看支持创建的文件系统类型有哪些,下面将刚才创建的/dev/sdb1 分区创建为 Ext3 的文件系统。

```
[root@localhost ~]# mkfs
mkfs         mkfs.craMFS   mkfs.ext3    mkfs.minix
mkfs.btrfs   mkfs.EXT2     mkfs.ext4    mkfs.xfs
[root@localhost ~]# mkfs.EXT3 /dev/sdb1
mke2fs 1.42.9 (28-Dec-2013)
Filesystem label=
OS type: Linux
Block size=1024 (log=0)
Fragment size=1024 (log=0)
Stride=0 Blocks, Stripe width=0 Blocks
128016 inodes, 512000 Blocks
25600 Blocks (5.00%) reserved for the super user
First data Block=1
Maximum filesystem Blocks=67633152
63 Block groups
8192 Blocks per group, 8192 fragments per group
2032 inodes per group
SuperBlock backups stored on Blocks:
        8193, 24577, 40961, 57345, 73729, 204801, 221185, 401409
Allocating group tables: done
Writing inode tables: done
Creating journal (8192 Blocks): done
Writing superBlocks and filesystem accounting information: done
```

(7)将/dev/sdb1 挂载至/mnt 下,出现 lost+found 即表示成功。

```
[root@localhost ~]# mount /dev/sdb1 /mnt/
[root@localhost ~]# ls /mnt/
lost+found
```

(8)使用 df -T 命令即可查看系统各个分区的挂载点及文件系统类型。

```
[root@localhost ~]# df -T
Filesystem           Type      1K-Blocks    Used Available Use% Mounted on
```

/dev/mapper/centos-root	xfs	18307072	875592	17431480	5% /
devtmpfs	devtmpfs	923888	0	923888	0% /dev
tmpfs	tmpfs	934328	0	934328	0% /dev/shm
tmpfs	tmpfs	934328	8748	925580	1% /run
tmpfs	tmpfs	934328	0	934328	0% /sys/fs/cgroup
/dev/sda1	xfs	508588	127092	381496	25% /boot
tmpfs	tmpfs	186868	0	186868	0% /run/user/0
/dev/sdb1	EXT3	487652	2351	459701	1% /mnt

6.6 逻辑卷技术介绍

LVM（Logical Volume Manager，逻辑卷管理器）最早应用在 IBM AIX 系统上。它的主要作用是动态分配硬盘分区及调整硬盘分区大小，并且可以让多个分区或者物理硬盘作为一个逻辑卷（相当于一个逻辑硬盘）来使用。这种机制可以让硬盘分区容量划分变得更灵活。

通过使用 Linux 的逻辑卷管理器（Logical Volume Manager，LVM），用户可以在系统运行时动态调整文件系统的大小，把数据从一块硬盘重定位到另一块硬盘，也可以提高 I/O 操作的性能，以及提供冗余保护，它的快照功能允许用户对逻辑卷进行实时的备份。

对一般用户来讲，使用最多的是动态调整文件系统大小的功能。这样，在分区时就不必为如何设置分区的大小而烦恼，只要在硬盘中预留出部分空闲空间，然后根据系统的使用情况，动态调整分区大小。

LVM 的基本概念如下：

PV（Physical Volume，物理卷）：物理卷就是指硬盘，硬盘分区或从逻辑上与硬盘分区具有同样功能的设备（如 RAID），是 LVM 的基本存储逻辑块，处于 LVM 的最底层，但和基本的物理存储介质（如分区、硬盘等）比较，却包含有与 LVM 相关的管理参数。当前 LVM 允许在每个物理卷上保存这个物理卷的 0～2 份元数据复件。默认为 1，保存在设备的开始处；为 2 时，在设备结束处保存第二份备份。

VG（Volume Group，卷组）：可以看成单独的逻辑硬盘，建立在 PV 之上，是 PV 的组合。一个卷组中至少要包括一个 PV，在卷组建立之后可以动态地添加 PV 到卷组。

LV（Logical Volume，逻辑卷）：相当于物理分区的/dev/sdax。逻辑卷建立在卷组之上，卷组中的未分配空间可以用于建立新的逻辑卷，逻辑卷建立后可以动态地扩展或缩小空间。系统中的多个逻辑卷可以属于同一个卷组，也可以属于不同的多个卷组。

PE（Physical Extent，物理区域）：物理区域是物理卷中可用于分配的最小存储单元，物理区域的大小可根据实际情况在建立物理卷时指定。物理区域大小一旦确定将不能更改，同一卷组中的所有物理卷的物理区域大小需要一致。当多个 PV 组成一个 VG 时，LVM 会在所有 PV 上做类似格式化的动作，将每个 PV 切成一块块的空间，这一块块的空间就称为 PE，通常是 4MB。

LE（Logical Extent，逻辑区域）：逻辑区域是逻辑卷中可用于分配的最小存储单元，逻辑区域的大小取决于逻辑卷所在卷组中的物理区域的大小。LE 的大小为 PE 的倍数（通常是 1:1）。

VGDA（Volume Group Descriptor Area，卷组描述区域）：存于每个物理卷中，用于描述该物理卷本身、物理卷所属卷组、卷组中的逻辑卷以及逻辑卷中的物理区域的分配等所有的信息，卷组描述区域是在使用 pvcreate 命令建立物理卷时建立的。

LVM 的原理图如图 6-18 所示。LVM 进行逻辑卷的管理时，创建顺序是 PV→VG→LV。也就是说，首先创建一个物理卷（对应一个物理硬盘分区或者一个物理硬盘），然后把这些分区或者硬盘加入一个卷组（相当于一个逻辑上的大硬盘），再在这个大硬盘上划分分区 LV（逻辑上的分区，也就是逻辑卷），最后把 LV 逻辑卷格式化以后，就可以像使用一个传统分区那样，把它挂在一个挂载点上，需要的时候，这个逻辑卷可以被动态缩放。

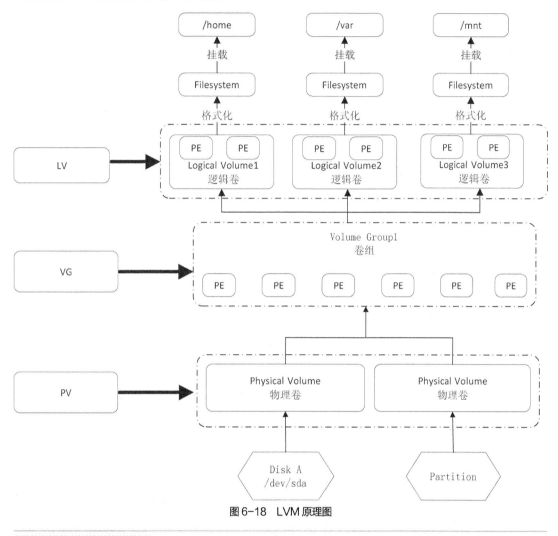

图 6-18　LVM 原理图

【实验 21】　逻辑卷组及逻辑卷的管理

（一）实验目的
- 了解逻辑卷组的基本组成。
- 掌握如何在 Linux 上创建及管理 LVM。

（二）实验内容
在虚拟机上单独添加一块硬盘，为实验做准备。本实验设计 LVM 相关的 PV、VG、LV 的创建及删除，分别对其进行扩容，能够加深读者对逻辑卷相关概念的理解。

（三）实验步骤
（1）系统环境。

通过物理环境或者 VMware 虚拟化创建一台虚拟机，本实验采用 CentOS 7 操作系统，使用 VMware 先创建一台虚拟机，另外添加一块硬盘用于本实验。

（2）检查硬盘状况。

[root@localhost ~]# fdisk -l
Disk /dev/sda: 21.5 GB, 21474836480 bytes, 41943040 sectors
Units = sectors of 1 * 512 = 512 bytes
Sector size (logical/physical): 512 bytes / 512 bytes
I/O size (minimum/optimal): 512 bytes / 512 bytes
Disk label type: dos
Disk identifier: 0x000b5714

  Device Boot Start   End   Blocks Id System
/dev/sda1 *   2048 1026047   512000 83 Linux
/dev/sda2   1026048 41943039 20458496 8e Linux LVM
Disk /dev/sdb: 21.5 GB, 21474836480 bytes, 41943040 sectors
Units = sectors of 1 * 512 = 512 bytes
Sector size (logical/physical): 512 bytes / 512 bytes
I/O size (minimum/optimal): 512 bytes / 512 bytes
Disk label type: dos
Disk identifier: 0xf0830a0d

  Device Boot Start   End   Blocks Id System
Disk /dev/mapper/centos-root: 18.8 GB, 18756927488 bytes, 36634624 sectors
Units = sectors of 1 * 512 = 512 bytes
Sector size (logical/physical): 512 bytes / 512 bytes
I/O size (minimum/optimal): 512 bytes / 512 bytes
Disk /dev/mapper/centos-swap: 2147 MB, 2147483648 bytes, 4194304 sectors
Units = sectors of 1 * 512 = 512 bytes
Sector size (logical/physical): 512 bytes / 512 bytes
I/O size (minimum/optimal): 512 bytes / 512 bytes

（3）安装 LVM 工具。

首先检查系统中是否安装了 LVM 工具（注意：如果安装操作系统时选择了 LVM 分区方式，那么安装后操作系统是支持 LVM 工具的，如果选择的是其他分区方式，就需要安装了）。

[root@localhost ~]# rpm -qa|grep lvm
lvm2-libs-2.02.130-5.el7.x86_64
lvm2-2.02.130-5.el7.x86_64

如果命令结果输入类似上例，那么说明系统已经安装了 LVM 管理工具；如果命令没有输出则说明没有安装 LVM 管理工具，则需要从网络下载或者从光盘安装 LVM RPM 工具包。

安装了 LVM 的 RPM 软件包以后，要使用 LVM 还需要配置内核支持 LVM。Red Hat 默认内核是支持 LVM 的，如果需要重新编译内核，则需要在配置内核时，进入 Multi-Device Support（RAID and LVM）子菜单，选中此选项。

Multiple devices driver support (RAID and LVM)
  Device mapper support
    Snapshot target (EXPERIMENTAL)
    Mirror target (EXPERIMENTAL)

然后重新编译内核，即可将 LVM 的支持添加到新内核。

为了使用 LVM，要确保在系统启动时激活 LVM，在 Red Hat 的版本中，系统启动脚本已经具有对激活 LVM 的支持，在/etc/rc.d/rc.sysinit 中有以下内容。

```
if [ -x /sbin/lvm.static ]; then
            action $'Setting up Logical Volume Management:' /sbin/lvm.static vgchange -a y --ignorelockingfailure
    fi
```

[root@localhost ~]# vgchange -a y   //激活系统所有卷组

（4）创建物理卷、卷组和逻辑卷。

系统中已经新增了一块硬盘/dev/sdb，现在以在/dev/sdb 上创建相关卷为例，介绍物理卷、卷组、逻辑卷的建立方法。

物理卷可以建立在整个物理硬盘上，也可以建立在硬盘分区中，如果在整个硬盘上创建物理卷则不需要在该硬盘上建立任何分区，如使用硬盘分区建立物理卷则需要事先对硬盘进行分区并设置该分区为 LVM 类型，其类型 ID 为 0x8e。

要创建一个 LVM 系统，一般需要经过以下步骤：

① 创建 LVM 类型的分区。

```
[root@localhost ~]# fdisk /dev/sdb
Welcome to fdisk (util-linux 2.23.2).
Changes will remain in memory only, until you decide to write them.
Be careful before using the write command.

Command (m for help): n      //新建分区
Partition type:
    p    primary (0 primary, 0 extended, 4 free)
    e    extended
Select (default p): p    //创建主分区
Partition number (1-4, default 1): 1
First sector (2048-41943039, default 2048):
Using default value 2048
Last sector, +sectors or +size{K,M,G} (2048-41943039, default 41943039): +5G//大小为 5G
Partition 1 of type Linux and of size 5 GiB is set
Command (m for help): p    //查看当前硬盘的分区设置
Disk /dev/sdb: 21.5 GB, 21474836480 bytes, 41943040 sectors
Units = sectors of 1 * 512 = 512 bytes
Sector size (logical/physical): 512 bytes / 512 bytes
I/O size (minimum/optimal): 512 bytes / 512 bytes
Disk label type: dos
Disk identifier: 0xf0830a0d
    Device Boot      Start         End      Blocks   Id  System
/dev/sdb1             2048    10487807     5242880   83  Linux
Command (m for help): t      //修改分区类型
Selected partition 1
Hex code (type L to list all codes): 8e    //设置分区类型为 LVM 类型
Changed type of partition 'Linux' to 'Linux LVM'
Command (m for help): w      //保存更改
The partition table has been altered!
```

```
Calling ioctl() to re-read partition table.
Syncing disks.
[root@localhost ~]# fdisk -l /dev/sdb      //查看 sdb 硬盘的分区信息
Disk /dev/sdb: 21.5 GB, 21474836480 bytes, 41943040 sectors
Units = sectors of 1 * 512 = 512 bytes
Sector size (logical/physical): 512 bytes / 512 bytes
I/O size (minimum/optimal): 512 bytes / 512 bytes
Disk label type: dos
Disk identifier: 0xf0830a0d
   Device Boot      Start         End      Blocks   Id  System
/dev/sdb1            2048    10487807     5242880   8e  Linux LVM
```

② 创建物理卷。

利用 pvcreate 命令可以在已经创建好的分区上建立物理卷。物理卷直接建立在物理硬盘或者硬盘分区上，所以物理卷的设备文件使用系统中现有的硬盘分区设备文件的名称。

```
[root@localhost ~]# pvcreate /dev/sdb1          //使用 pvcreate 命令创建物理卷
  Physical volume "/dev/sdb1" successfully created
[root@localhost ~]# pvdisplay /dev/sdb1
//使用 pvdisplay 命令显示指定物理卷属性（pvs 或者 pvscan 都可以查看）
  "/dev/sdb1" is a new physical volume of "5.00 GB"
  --- NEW Physical volume ---
  PV Name               /dev/sdb1
  VG Name
  PV Size               5.00 GB
  Allocatable           NO
  PE Size               0
  Total PE              0
  Free PE               0
  Allocated PE          0
  PV UUID               KBEXO5-E9eG-sxVa-k1cG-Bf10-io15-6m7pGC
//通过 lvmdiskscan 命令可以看到哪些设备成了物理卷
[root@localhost ~]# lvmdiskscan
  /dev/centos/root  [      17.47 GB]
  /dev/sda1         [     500.00 MB]
  /dev/centos/swap  [       2.00 GB]
  /dev/sda2         [      19.51 GB] LVM physical volume
  /dev/sdb1         [       5.00 GB] LVM physical volume
  2 disks
  1 partition
  0 LVM physical volume whole disks
  2 LVM physical volumes
```

③ 建立卷组。

在创建好物理卷后，使用 vgcreate 命令建立卷组。卷组设备文件使用/dev 目录下与卷组同名的目录表示，该卷组中的所有逻辑设备文件都将建立在该目录下，卷组目录是在使用 vgcreate 命令建立卷组时创建的。卷组中可以包含多个物理卷，也可以只有一个物理卷。

```
[root@localhost ~]# vgcreate vg0 /dev/sdb1    //使用 vgcreate 命令创建卷组 vg0
  Volume group "vg0" successfully created
[root@localhost ~]# vgdisplay vg0    //使用 vgdisplay 命令查看 vg0 的具体信息
  --- Volume group ---
  VG Name               vg0
  System ID
  Format                lvm2
  Metadata Areas        1
  Metadata Sequence No  1
  VG Access             read/write
  VG Status             resizable
  MAX LV                0
  Cur LV                0
  Open LV               0
  Max PV                0
  Cur PV                1
  Act PV                1
  VG Size               5.00 GB
  PE Size               4.00 MB
  Total PE              1279
  Alloc PE / Size       0 / 0
  Free  PE / Size       1279 / 5.00 GB
  VG UUID               4RtKCw-FfAL-o6sm-vl9u-fTrU-0vke-73kiNl
```

其中 vg0 为要建立的卷组名称。这里的 PE 值使用默认的 4MB，如果需要增大可以使用-L 选项，但是一旦设定以后就不可更改 PE 的值。

④ 建立逻辑卷。

建立好卷组后，可以使用命令 lvcreate 在已有卷组上创建逻辑卷。逻辑卷设备文件位于其所在的卷组的卷组目录中，该文件是在使用 lvcreate 命令建立逻辑卷时创建的。

```
//使用 lvcreate 命令创建大小为 20M，名称为 lv0，属于 vg0 卷组的逻辑卷
[root@localhost ~]# lvcreate -L 20M -n lv0 vg0
  Logical volume "lv0" created.
//查看 lv0 的具体信息
//将创建的逻辑卷格式化
[root@localhost ~]# mkfs.ext3 /dev/vg0/lv0
//挂载并检查
[root@localhost ~]# mount /dev/vg0/lv0 /mnt/
[root@localhost ~]# ls /mnt/
lost+found
```

（5）管理 LVM 逻辑卷。

① 添加新的物理卷到卷组。

当卷组中没有足够的空间分配给逻辑卷时，可以用给卷组增加物理卷的方法来增加卷组的空间。

```
[root@localhost ~]# fdisk -l /dev/sdb
```

```
Disk /dev/sdb: 21.5 GB, 21474836480 bytes, 41943040 sectors
Units = sectors of 1 * 512 = 512 bytes
Sector size (logical/physical): 512 bytes / 512 bytes
I/O size (minimum/optimal): 512 bytes / 512 bytes
Disk label type: dos
Disk identifier: 0xf0830a0d
    Device Boot      Start         End      Blocks   Id  System
/dev/sdb1            2048       10487807     5242880   8e  Linux LVM
/dev/sdb2         10487808      20973567     5242880   8e  Linux LVM
[root@localhost ~]# pvs
  PV         VG     Fmt  Attr PSize  PFree
  /dev/sda2  centos lvm2 a--  19.51g 40.00m
  /dev/sdb1  vg0    lvm2 a--   5.00g  4.98g
  /dev/sdb2         lvm2 ---   5.00g  5.00g
//使用 vgextend 命令将创建的 pv 加入至 vg0 卷组内
[root@localhost ~]# vgextend vg0 /dev/sdb2
  Volume group "vg0" successfully extended
[root@localhost ~]# vgs
  VG     #PV #LV #SN Attr   VSize  VFree
  centos   1   2   0 wz--n- 19.51g 40.00m
  vg0      2   1   0 wz--n-  9.99g  9.97g
```

② 逻辑卷容量的动态调整。

当逻辑卷的空间不能满足要求时,可以利用 lvextend 命令把卷组中的空闲空间分配到该逻辑卷以扩展逻辑卷的容量。当逻辑卷的空闲空间太大时,可以使用 lvreduce 命令减小逻辑卷的容量。

```
[root@localhost ~]# lvs /dev/vg0/lv0
  LV   VG   Attr       LSize  Pool Origin Data%  Meta%  Move Log Cpy%Sync Convert
  lv0  vg0  -wi-a----- 20.00m
//使用 lvextend 命令增加逻辑卷容量,使用-L 参数增加大小
[root@localhost ~]# lvextend -L +10M /dev/vg0/lv0
  Rounding size to boundary between physical extents: 12.00 MB
  Size of logical volume vg0/lv0 changed from 20.00 MiB (5 extents) to 32.00 MB (8 extents).
  Logical volume lv0 successfully resized.
[root@localhost ~]# lvs /dev/vg0/lv0
  LV   VG   Attr       LSize  Pool Origin Data%  Meta%  Move Log Cpy%Sync Convert
  lv0  vg0  -wi-a----- 32.00m
//使用 lvreduce 减少逻辑卷容量,使用-L 参数减小大小
[root@localhost ~]# lvreduce -L -10M /dev/vg0/lv0
  Rounding size to boundary between physical extents: 8.00 MB
  WARNING: Reducing active logical volume to 24.00 MB
  THIS MAY DESTROY YOUR DATA (filesystem etc.)
Do you really want to reduce lv0? [y/n]: y
  Size of logical volume vg0/lv0 changed from 32.00 MB (8 extents) to 24.00 MB (6 extents).
  Logical volume lv0 successfully resized.
```

```
[root@localhost ~]# lvs /dev/vg0/lv0
  LV   VG   Attr       LSize   Pool Origin Data%  Meta%  Move Log Cpy%Sync Convert
  lv0  vg0  -wi-a----- 24.00m
```

③ 删除逻辑卷、卷组、物理卷（需按先后顺序执行删除）。

```
//使用 lvremove 命令删除逻辑卷
[root@localhost ~]# lvremove /dev/vg0/lv0
Do you really want to remove active logical volume lv0? [y/n]: y
  Logical volume "lv0" successfully removed
//使用 vgremove 命令删除卷组
[root@localhost ~]# vgremove vg0
  Volume group "vg0" successfully removed
//使用 pvremove 命令删除物理卷
[root@localhost ~]# pvremove /dev/sdb1
  Labels on physical volume "/dev/sdb1" successfully wiped
[root@localhost ~]# pvremove /dev/sdb2
  Labels on physical volume "/dev/sdb2" successfully wiped
```

④ 物理卷、卷组和逻辑卷的检查。

```
//使用 pvscan 命令检查物理卷
[root@localhost ~]# pvscan
[root@localhost ~]# vgscan
[root@localhost ~]# lvscan
```

【实验 22】 搭建 NFS 服务器

（一）实验目的
- 熟悉 NFS 服务的基本原理。
- 掌握在 CentOS 7 系统上部署及配置 NFS 服务器的方法。

（二）实验内容

NFS 是 Network File System 的缩写，即网络文件系统。它是一种使用于分散式文件系统的协定，由 Sun 公司开发，于 1984 年对外公布。其功能是通过网络让不同的机器、不同的操作系统能够彼此分享个别的数据，让应用程序在客户端通过网络访问位于服务器硬盘中的数据，是在类 UNIX 系统间实现硬盘文件共享的一种方法。

NFS 的基本原则是"容许不同的客户端及服务端通过一组 RPC 分享相同的文件系统"，它是独立于操作系统，容许不同硬件及操作系统的系统共同进行文件的分享。

NFS 在文件传送或信息传送过程中依赖于 RPC 协议。RPC，即远程过程调用（Remote Procedure Call）是能使客户端执行其他系统中程序的一种机制。NFS 本身是没有提供信息传输的协议和功能的，但 NFS 能使人们通过网络进行资料的分享，这是因为 NFS 使用了一些其他的传输协议。而这些传输协议会用到这个 RPC 功能。可以说 NFS 本身就是使用 RPC 的一个程序。或者说 NFS 也是一个 RPC Server。所以只要用到 NFS 的地方都要启动 RPC 服务，不论是 NFS Server 还是 NFS Client。这样 Server 和 Client 才能通过 RPC 来实现 Program Port 的对应。可以这么理解 RPC 和 NFS 的关系：NFS 是一个文件系统，而 RPC 负责信息的传递。NFS 的工作流程如图 6-19 所示。

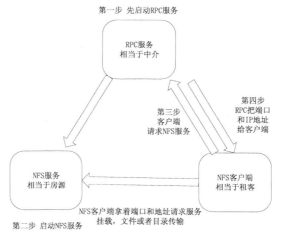

图 6-19 NFS 服务工作流程

(三)实验步骤

详见北京西普阳光教育科技股份有限公司提供的本书配套产品资源。

【实验 23】 搭建 ISCSI 环境

(一)实验目的

- 熟悉 ISCSI 环境的基本原理。
- 掌握在 CentOS 7 环境下部署 ISCSI。

(二)实验内容

(1)概述。

常见的存储类型在前面已经介绍过了,在此就不再赘述。下面对 ISCSI 协议进行简单的介绍。

(2) ISCSI 简介。

2003 年 2 月 11 日,IETF(Internet Engineering Task Force,互联网工程任务组)通过了 ISCSI (Internet SCSI)标准,这项由 IBM、Cisco 共同发起的技术标准,经过 3 年 20 个版本的不断完善,终于得到了 IETF 认可。这吸引了很多的厂商参与相关产品的开发,也推动了更多的用户采用 ISCSI 的解决方案。

ISCSI,全称:Internet Small Computer System Interface,它是通过 TCP/IP 网络传输 SCSI 指令的协议。ISCSI 协议参照 SAM-3(SCSI Architecture Model-3)制订。在 SAM-3 的体系结构中,ISCSI 属于传输层协议,在 TCP/IP 模型中属于应用层协议。

(3) ISCSI 协议栈描述。

ISCSI 是集成了 SCSI 协议和 TCP/IP 协议的新协议,如图 6-20 所示。它在 SCSI 基础上扩展了网络功能,也就是可以让 SCS 命令通过网络传送到远程 SCSI 设备上,而 SCSI 协议只能访问本地的 SCSI 设备。

ISCSI 是传输层之上的协议,使用 TCP 连接建立会话。在 initiator 端的 TCP 端口号随机选取,target 的端口号默认是 3260。

ISCSI 使用客户/服务器模型。客户端称为 initiator,服务器端称为 target。

Initiator:通常指用户主机系统,用户产生 SCSI 请求,并将 SCSI 命令和数据封装进 TCP/IP 包发送到 IP 网络。

Target:通常存在于存储设备,用于转换 TCP/IP 包中的 SCSI 命令和数据。

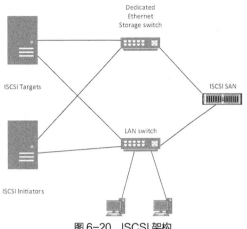

图 6-20 ISCSI 架构

（4）ISCSI 名字规范。

ISCSI 协议中，initiator 和 target 是通过名字进行通信的，因此，每一个 ISCSI 结点，initiator 必须拥有一个 ISCSI 名字。

ISCSI 协议定义了 3 类名称结构：

- iqn（ISCSI Qualified Name）格式是"iqn"+"."+"年月"+"."+"域名的颠倒"+":"+"设备的具体名称"，之所以颠倒域名是为了避免可能的冲突。例如，iqn.2008-07.com.h3c.rd:test。
- eui（Extend Unique Identifier），eui 来源于 IEEE 中的 EUI，格式是："eui"+"64bits 的唯一标识（16 个字母）"。64bits 中，前 24bits（6 个字母）是公司的唯一标识，后面 40bits（10 个字母）是设备的标识。例如，eui.acde48234667abcd。
- naa（Network Address Authority），由于 SAS 协议和 FC 协议都支持 naa，ISCSI 协议定义也支持这种名字结构。naa 的格式："naa"+"64bits（16 个字母）或者 128bits（32 个字母）的唯一标识"。例如，naa.52004567BA64678D 或 naa.62004567BA64678D0123456789ABCDEF。

当然在实际使用过程中，ISCSI 结点的名称可以不这么复杂。

（三）实验步骤

详见北京西普阳光教育科技股份有限公司提供的本书配套产品资源。

6.7 本章小结

本章主要讲解了传统存储技术的分类，常见的硬盘接口及类型，RAID 技术各级别的优缺点以及在 Linux 中使用 mdadm 命令创建软件 RAID，Linux 分区技术及格式化相关配置，逻辑卷技术及管理 LVM，并在最后扩展了 NFS 服务器以及 ISCSI 环境的搭建。

思考题

（1）传统的存储技术有哪些？简要说明其优缺点。
（2）简单叙述常见的硬盘结构及接口使用的协议。
（3）简单叙述 RAID 0、RAID 1、RAID 5 的优缺点，并使用 mdadm 创建软件 RAID。
（4）简要叙述 Linux 常用分区的作用。
（5）简要叙述 LVM 相关概念。

第 7 章
常见的分布式存储

> **学习目标**
>
> ① 了解 HDFS、GlusterFS、Lustre、MooseFS、Ceph 文件系统的架构、特点，数据读写流程。
> ② 掌握 HDFS、GlusterFS、Lustre、MooseFS、Ceph 文件系统的搭建、配置，挂载使用。
> ③ 能够根据企业信息化系统的需要部署上述分步式文件系统。

这个数据爆炸的时代产生的数据量不断地在攀升，从 GB 到 TB 再到 PB 直至 ZB，挖掘其中数据的价值也是企业不断追求的终极目标。但是要想对海量的数据进行挖掘，首先要考虑的就是海量数据的存储问题，如 TB 量级的数据。本章就是对常见的分布式存储进行介绍，然后在 CentOS 7 环境中进行搭建、配置、应用。

7.1 分布式系统介绍

分布式系统主要分成存储模型和计算模型两类。其中计算模型的分布式系统原理与存储模型类似，只是会根据自身计算特点加一些特殊调度逻辑进去。任何一个分布式系统都需要考虑如下几个问题。

1. 数据如何存储

就像把鸡蛋放进篮子里面。一般来说篮子大小是一样的，当然也有的系统支持不一样大小的篮子。鸡蛋大小也不一样，有很多系统就把鸡蛋给"切割"成一样大小然后再放。并且有的鸡蛋表示对篮子有要求，如对机房/机架位的要求。衡量一个数据分布算法好不好就看它是否分得足够均匀，使得所有机器的负载方差足够小。

2. 数据如何容灾

分布式系统一个很重要的定位就是要让程序自动来管机器，尽量减少人工参与，否则一个分布式系统的运维成本将是不可接受的。系统中最容易出问题的硬盘的年故障率可能会达到 10%。这样算下来，一个有 1000 台机器的集群，每一个星期就会有 2 台机器宕机。在机器数量大了之后，这是一个很正常的事情。一般一台机器出故障之后修复周期是 24 小时，这个过程中进行人工接入换设备或者重启机器。在机器恢复之后内存信息完全丢失，硬盘信息可能可以保存。一个分布式系统必须保证一台机器的宕机对服务不受影响，并且在修复好了之后再重新放到集群当中之后也能正常工作。

3. 网络故障

网络故障是最常见的故障，就是该问题会大大增加分布式系统设计的难度，故障一般发生在网络拥塞、路由变动、设备异常等情况出现时。出现的问题可能是丢包，可能是延时，也可能是完全失去连接。

有鉴于此，一般在设计分布式系统的时候，四层协议都采用 TCP，很少采用 UDP/UDT 协议。而且由于 TCP 协议并不能完全保证数据传输到对面，如当再发送数据，只要数据写入本地缓冲区，操作系统就会返回应用层说发送成功，但是有可能根本没送到对面。所以一般还需要加上应用层的 ACK，来保证网络层的行为是可预期的。

4. 如何保证数据读写一致性

想获知数据是否具有一致性很简单，就是更新/删除请求返回之后，别人是否能读到新写的这个值。对于单机系统，这个一致性要达到很简单，大不了是损失一点写的效率。但是对于分布式系统就复杂了。为了容灾，一份数据肯定有多个副本，那么如何更新这多个副本以及控制读写协议就成了一个大问题。而且有的写操作可能会跨越多个分片，复制副本的时候甚至出现网络故障，造成保证数据一致性的难度成倍增加。

对于普通用户而言，常见的数据存储方式为集中式存储，例如，计算机中 C 盘，或者映射的网络硬盘等，一旦硬盘出现故障，系统将出现不可恢复的故障。与传统集中式存储不同，分布式存储技术并不是将数据存储在某个或多个特定的节点上，而是通过网络使用企业中的每台机器上的硬盘空间，并将这些分散的存储资源构成一个虚拟的存储设备，数据分散在企业的各个角落，每个分散的数据甚至复制多个副本进行分散存储在不同节点，一旦某个副本出现，如上面的网络故障或者丢失等，通过一致性检查，出现故障或丢失的副本即将被恢复出来。

常见的分布式文件系统有 HDFS、GlusterFS、Lustre、MooseFS、Ceph 等。各自适用于不同的领域。它们都不是系统级的分布式文件系统，而是应用级的分布式文件存储服务。下面会分别对上述主流的分布式存储进行介绍。

7.2 HDFS 分布式存储

HDFS（Hadoop Distributed File System）是 Hadoop 项目的核心子项目，是分布式计算中数据存储管理的基础，是基于流数据模式访问和处理超大文件的需求而开发的，可以运行于廉价的商用服务器上。它所具有的高容错性、高可靠性、高可扩展性、高获得性、高吞吐率等特征为海量数据提供了不怕故障的存储，为超大数据集（Large Data Set）的应用处理带来了很多便利。

1. HDFS 优点

（1）高容错性：数据自动保存多个副本，副本丢失后，自动恢复，保证可靠性的同时也加快了处理速度，A 结点负载高，可读取 B 结点。

（2）适合批处理：移动计算而非数据，数据位置暴露给计算框架。

（3）可构建在廉价机器上：通过多副本提高可靠性，提供容错和恢复机制。

2. HDFS 缺点

（1）低延迟数据访问：例如，订单是否适合存储在 HDFS 中，要求数据毫秒级就要查出来。

（2）小文件存取：不适合大量的小文件存储，如果真有这种需求的话，要对小文件进行压缩。

（3）并发写入、文件随机修改：不适合修改，实际中网盘、云盘内容是不允许修改的，只能删了重新上传，它们都是 Hadoop 实现的。

7.2.1 HDFS 架构

HDFS 中的存储单元（Block），一个文件会被切分成若干个固定大小 Block（块默认是 64MB，可配置，若不足 64MB，则单独一个块），存储在不同结点上，默认每 Block 有三个副本（副本越多，硬盘利用率越低），Block 大小和副本数通过 Client 端上传文件时设置，文件上传成功后，副本数可变，Block Size 不可变。如一个 200MB 文件会被切成 4 块，存在不同结点，如一台机器出现故障后，会自动复制副本，恢复到正常状态，只要三个机器不同时发生故障，数据不会丢失。

HDFS 包含 3 种结点，NameNode（NN）、Secondary NameNode（SNN）、DataNode（DN）。以下分别介绍各个结点的功能，HDFS 架构图如图 7-1 所示。

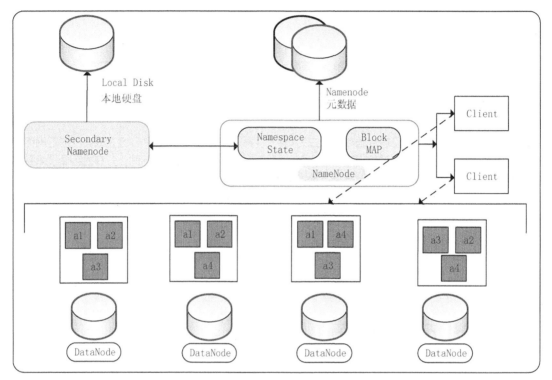

图 7-1　HDFS 架构图

1. NN 结点功能

接收客户端的读写请求，NN 中保存文件的 Metadata 数据（元数据是最重要的，元数据丢失的话，DataNode 也就丢失）包括除文件内容外的文件信息；文件包含哪些 Block；Block 保存在哪个 DN 上（由 DN 启动时上报，因为这个可能随时变化），为了提高客户端查询元数据速度，NN 中的 Metadata 信息在启动后会加载到内存，但是内存中的数据大小总是一定的，Metadata 持久化存储在硬盘的文件名为 Fsimage，Block 的位置信息不会保存到 Fsimage，Edits 日志文件记录元数据 Metadata 的操作日志。例如，有一个插入文件的操作，Hadoop 不会直接修改 Fsimage，而是记录到 Edits 日志记录文件中。隔段时间后会合并 Edits 和 Fsimage，生成新的 Fsimage，Edits 的机制和关系型数据库事务的预提交是一样的机制，合并的机制主要由下面 SNN 结点完成。

2. SNN 结点功能

SNN 结点的主要工作是帮助 NN 合并 Edits Log，减少 NN 启动时间，另一方面合并会有大量的 I/O 操作，但是 NN 最主要的作用是接收用户读写服务，所以大量的资源不能用来进行合并操作。SNN 不是 NN 的备份，但可以做一部分的元数据备份，而不是实时备份（不是热备）。满足合并时机后（合并时机：设置时间间隔 FS.Checkpoint.Period，默认 3600 秒；或者配置 Edit Log 大小，最大 64MB），SNN 会复制 NN 的 Edits 日志记录文件和 Fsimage 元数据文件到 SNN，可能会跨网络复制，这时 NN 会创建一个新的 Edits 文件来记录用户的读写请求操作，然后 SNN 就会合并为一个新的 Fsimage 文件，然后 SNN 会把这个文件推送给 NN，最后 NN 会用新的 Fsimage 替换旧的 Fsimage，然后如此反复进行，如图 7-2 所示。

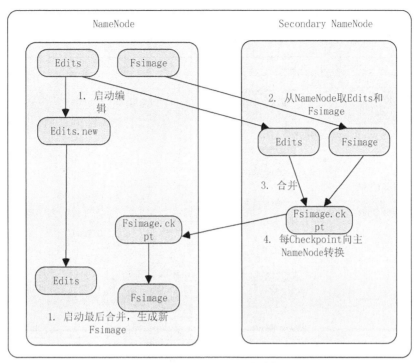

图 7-2 Fsimage 和 Edits 合并流程图

3. DN 结点功能

存储数据，启动 DN 线程的时候向 NN 汇报 Block 信息；通过向 NN 发送心跳保持与其联系（3 秒/次），如果 NN10 分钟没有收到 DN 心跳，则认为其 Lost，并 Copy 其上的 Block 到其他 DN。

副本存储策略如下。

第一个副本：放置在上传文件的 DN；如果是集群外提交，则随机挑选一台硬盘不太满，CPU 不太忙的结点。

第二个副本：放置在与第一个副本不同的机架的结点上。

第三个副本：放置在与第二个副本相同的机架结点（一个机架电源相同，保证安全的同时提高速度）。

7.2.2 HDFS 如何读数据

如图 7-3 所示，HDFS 进行读数据描述如下。

（1）调用 FileSystem 对象的 Open 方法，其实获取的是一个 DistributedFileSystem 的实例。

（2）DistributedFileSystem 通过 RPC（远程过程调用）获得文件的第一批 Block 的 Locations，同一 Block 按照重复数会返回多个 Locations，这些 Locations 按照 Hadoop 拓扑结构排序，距离客户端近的排在前面。

（3）前两步会返回一个 FSDataInputStream 对象，该对象会被封装成 DFSInputStream 对象，DFSInputStream 可以方便地管理 DataNode 和 NameNode 数据流。客户端调用 Read 方法，DFSInputStream 就会找出离客户端最近的 DataNode 并连接 DataNode。

（4）数据从 DataNode 源源不断地流向客户端。

（5）如果第一个 Block 块的数据读完了，就会关闭指向第一个 Block 块的 DataNode 连接，接着读取下一个 Block 块。这些操作对客户端来说是透明的，从客户端的角度来看只是读一个持续不断的流。

（6）如果第一批 Block 都读完了，DFSInputStream 就会去 NameNode 拿下一批 Block 的 Locations，然后继续读，如果所有的 Block 块都读完，这时就会关闭掉所有的流。

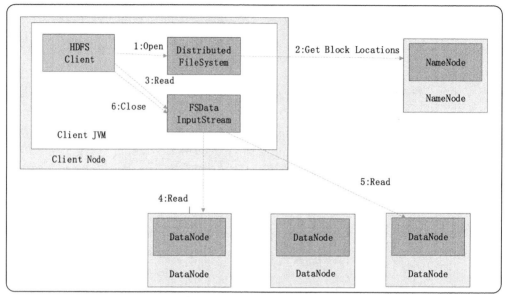

图 7-3　HDFS 读数据流程图

7.2.3　HDFS 如何写数据

如图 7-4 所示，HDFS 进行写数据描述如下。

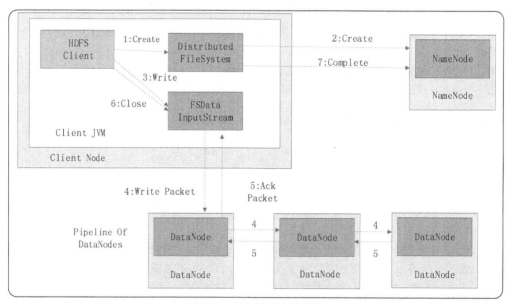

图 7-4　HDFS 写数据流程图

（1）客户端通过调用 DistributedFileSystem 的 Create 方法，创建一个新的文件。
（2）DistributedFileSystem 通过 RPC（远程过程调用）调用 NameNode，去创建一个没有 Blocks

关联的新文件。创建前，NameNode 会做各种校验，如文件是否存在，客户端有无权限去创建等。如果校验通过，NameNode 就会记录下新文件，否则就会抛出 IO 异常。

（3）前两步结束后会返回 FSDataOutputStream 的对象，和读文件的时候相似，FSDataOutputStream 被封装成 DFSOutputStream，DFSOutputStream 可以协调 NameNode 和 DataNode。客户端开始写数据到 DFSOutputStream，DFSOutputStream 会把数据切成一个个小 Packet，然后排成队列 Data Queue。

（4）DataStreamer 会去处理接受 Data Queue，它先问询 NameNode 这个新的 Block 最适合存储在哪几个 DataNode 里，如重复数是 3，那么就找到 3 个最适合的 DataNode，把它们排成一个 Pipeline。DataStreamer 把 Packet 按队列输出到 Pipeline 的第一个 DataNode 中，第一个 DataNode 又把 Packet 输出到第二个 DataNode 中，以此类推。

（5）DFSOutputStream 还有一个队列叫 Ack Queue，也由 Packet 组成，等待 DataNode 收到响应，当 Pipeline 中的所有 DataNode 都表示已经收到的时候，这时才会把对应的 Packet 包移除掉。

（6）客户端完成写数据后，调用 Close 方法关闭写入流。

（7）DataStreamer 把剩余的包都刷到 Pipeline 里，然后等待 Ack 信息，收到最后一个 Ack 后，通知 DataNode 把文件标示为已完成。

【实验 24】 HDFS 搭建和使用

（一）实验目的

- 了解 HDFS 架构原理及其组件功能。
- 通过实验掌握 HDFS 文件系统的安装、配置和集群管理。
- 熟练掌握常见的 HDFS 运行管理命令行的使用。

（二）实验内容

在 node-1、node-2、node-3 上部署 HDFS 文件系统，其中 NameNode 部署在 node-1 结点上，SecondaryNameNode 部署在 node-2 结点上，单结点 DataNode 部署在 node-3 结点上，启动集群，进行集群的维护，进行简单的文件上传、查看操作，如图 7-5 所示。

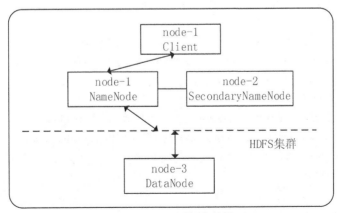

图 7-5 HDFS 搭建架构图

（三）实验步骤

（1）通过物理环境或者 VMware 虚拟化出 3 台机器，实验机器名及网络配置准备如表 7-1 所示。

表 7-1　机器名及网络配置

结点号	主机名	网络 IP 地址/掩码	角色
1	node-1	192.168.200.104/24	NameNode Master
2	node-2	192.168.200.105/24	SecondaryNameNode
3	node-3	192.168.200.106/24	DataNode Slaver

通过 SecureCRT 超级终端远程连接到 3 台机器之后，通过 IP 相关命令查看各机器配置并测试两两之间的联通性。

```
[root@node-1 ~]# ip a        //查看网络地址
1: lo: <LOOPBACK,UP,LOWER_UP> mtu 65536 qdisc noqueue state UNKNOWN
    link/loopback 00:00:00:00:00:00 brd 00:00:00:00:00:00
    inet 127.0.0.1/8 scope host lo
      valid_lft forever preferred_lft forever
    inet6 ::1/128 scope host
      valid_lft forever preferred_lft forever
2: Eth0: <BROADCAST,MULTICAST,UP,LOWER_UP> mtu 1458 qdisc pfifo_fast state UP qlen 1000
    link/ether fa:16:3e:ae:17:68 brd ff:ff:ff:ff:ff:ff
    inet 192.168.200.104/24 brd 10.0.0.255 scope global dynamic Eth0
      valid_lft 84964sec preferred_lft 84964sec
    inet6 fe80::f816:3eff:feae:1768/64 scope link
      valid_lft forever preferred_lft forever
[root@node-1 ~]# ping -c 2 192.168.200.105 //测试和 node-2 联通性
PING 192.168.200.105 (192.168.200.105) 56(84) bytes of data.
64 bytes from 192.168.200.105: icmp_seq=1 ttl=63 time=2.07 ms
64 bytes from 192.168.200.105: icmp_seq=2 ttl=63 time=1.57 ms
[root@node-1 ~]# ping -c 2 192.168.200.106    //测试和 node-3 联通性
PING 192.168.200.106 (192.168.200.106) 56(84) bytes of data.
64 bytes from 192.168.200.106: icmp_seq=1 ttl=63 time=2.11 ms
64 ytes from 192.168.200.106: icmp_seq=2 ttl=63 time=1.41 ms
```

（2）vi 编辑器分别修改 3 个结点的 hosts 文件，配置主机名和 IP 地址的映射关系，便可通过主机名直接访问对方机器。以下是 node-1 配置，其余结点类似。

```
[root@node-1 ~]# vi /etc/hosts
127.0.0.1    localhost localhost.localdomain localhost4 localhost4.localdomain4
::1          localhost localhost.localdomain localhost6 localhost6.localdomain6
192.168.200.104 node-1
192.168.200.105 node-2
192.168.200.106 node-3~

[root@node-1 ~]# ping -c 2 node-2
PING node-2 (192.168.200.105) 56(84) bytes of data.
64 bytes from node-2 (192.168.200.105): icmp_seq=1 ttl=63 time=1.69 ms
```

```
64 bytes from node-2 (192.168.200.105): icmp_seq=2 ttl=63 time=1.52 ms
--- node-2 ping statistics ---
2 Packets transmitted, 2 received, 0% Packet loss, time 1001ms
rtt min/avg/max/mdev = 1.525/1.610/1.696/0.094 ms
[root@node-1 ~]# ping -c 2 node-3
PING node-3 (192.168.200.106) 56(84) bytes of data.
64 bytes from node-3 (192.168.200.106): icmp_seq=1 ttl=63 time=2.45 ms
64 bytes from node-3 (192.168.200.106): icmp_seq=2 ttl=63 time=1.50 ms
--- node-3 ping statistics ---
2 Packets transmitted, 2 received, 0% Packet loss, time 1001ms
rtt min/avg/max/mdev = 1.501/1.975/2.450/0.476 ms
```

（3）配置无密钥登录（目的：只在 Master 结点就能够启动各 Slaver 上的程序或进程，远程过程调用）。

```
[root@node-1 .ssh]# ssh-keygen
Generating public/private rsa key pair.
Enter file in which to save the key (/root/.ssh/id_rsa):
/root/.ssh/id_rsa already exists.
Overwrite (y/n)? y
Enter passphrase (empty for no passphrase):
Enter same passphrase again:
Your identification has been saved in /root/.ssh/id_rsa.
Your public key has been saved in /root/.ssh/id_rsa.pub.
The key fingerprint is:
c7:a0:0c:2d:bd:aa:9f:a6:38:66:4b:aa:d8:13:d2:12 root@node-1
The key's randomart image is:
+--[ RSA 2048]----+
|                 |
|    o            |
|   o o .         |
|E   + o o        |
|o    + S o       |
|o o . .          |
| + ..            |
|==....           |
|Oo==o            |
+-----------------+
[root@node-1 .ssh]# ssh-copy-id  node-1
The authenticity of host 'node-1 (192.168.200.104)' can't be established.
ECDSA key fingerprint is 37:48:34:56:ad:65:08:c1:0b:53:35:ce:fc:4f:c0:3e.
Are you sure you want to continue connecting (yes/no)? yes
/usr/bin/ssh-copy-id: INFO: attempting to log in with the new key(s), to filter out any that are already installed
/usr/bin/ssh-copy-id: INFO: 1 key(s) remain to be installed -- if you are prompted now it is to install the new keys
```

root@node-1's password: //输入 node-1 SSH 登录密码
Number of key(s) added: 1
[root@node-1 .ssh]# ssh-copy-id node-2
The authenticity of host 'node-2 (192.168.200.105)' can't be established.
ECDSA key fingerprint is 37:48:34:56:ad:65:08:c1:0b:53:35:ce:fc:4f:c0:3e.
Are you sure you want to continue connecting (yes/no)? yes
/usr/bin/ssh-copy-id: INFO: attempting to log in with the new key(s), to filter out any that are already installed
/usr/bin/ssh-copy-id: INFO: 1 key(s) remain to be installed -- if you are prompted now it is to install the new keys
root@node-2's password: //输入 node-2 SSH 登录密码
Number of key(s) added: 1
Now try logging into the machine, with: "ssh 'node-2'"
and check to make sure that only the key(s) you wanted were added.
[root@node-1 .ssh]# ssh-copy-id node-3
The authenticity of host 'node-3 (192.168.200.106)' can't be established.
ECDSA key fingerprint is 37:48:34:56:ad:65:08:c1:0b:53:35:ce:fc:4f:c0:3e.
Are you sure you want to continue connecting (yes/no)? yes
/usr/bin/ssh-copy-id: INFO: attempting to log in with the new key(s), to filter out any that are already installed
/usr/bin/ssh-copy-id: INFO: 1 key(s) remain to be installed -- if you are prompted now it is to install the new keys
root@node-3's password: //输入 node-3 SSH 登录密码
Number of key(s) added: 1
Now try logging into the machine, with: "ssh 'node-3'"
and check to make sure that only the key(s) you wanted were added.
 [root@node-1 /]# ssh node-2   //查看 node-1 能否无密码 SSH 登录 node-2
Last login: Fri Jun 15 06:41:10 2018 from 192.168.200.104
[root@node-2 ~]#exit   //返回 node-1
[root@node-1 /]# ssh node-3   //查看 node-1 能否无密码 SSH 登录 node-3
Last login: Fri Jun 15 06:41:22 2018 from 192.168.200.105
[root@node-3 ~]#exit   //返回 node-1

（4）关闭各结点 firewalld 防火墙，清除 iptables 规则链。
[root@node-1 /]# iptables -F
[root@node-1 /]# iptables -X
[root@node-1 /]# iptables -Z
[root@node-1 /]# iptables-save
[root@node-1 /]# systemctl stop firewalld
[root@node-1 /]# systemctl disable firewalld

（5）在 3 个结点下载并安装 jdk-8u77-linux-x64.tar.gz，可以通过 wget 直接下载，或者下载到 Windows 之后通过 SecureFX 传输到 node 各个结点，解压 jdk 并且配置环境变量，生效环境变量。
[root@node-1 ~]# ll
total 372076

```
-rw-r--r-- 1 root root 199635269 Jun 14 03:07 hadoop-2.6.5.tar.gz
-rw-r--r-- 1 root root 181365687 Jan 29 08:37 jdk-8u77-linux-x64.tar.gz

[root@node-1 ~]# tar -zxvf jdk-8u77-linux-x64.tar.gz -C /usr/local/
[root@node-1 ~]# scp ./* root@192.168.200.105:/root/
hadoop-2.6.5.tar.gz
100%   190MB   10.6MB/s   00:18
jdk-8u77-linux-x64.tar.gz
100%   173MB   10.2MB/s   00:17
[root@node-1 ~]# scp ./* root@192.168.200.106:/root/
hadoop-2.6.5.tar.gz
100%   190MB   10.6MB/s   00:18
jdk-8u77-linux-x64.tar.gz
100%   173MB   10.2MB/s   00:17

[root@node-1 local]# vi /etc/profile       //添加下面 3 句 java 环境变量
export JAVA_HOME=/usr/local/jdk1.8.0_77
export PATH=$PATH:$JAVA_HOME/bin
export CLASSPATH=$JAVA_HOME/lib/dt.jar:$JAVA_HOME/lib/tools.jar
退出保存之后
[root@node-1 local]# source /etc/profile    //生效环境变量
[root@node-1 local]# java  –version         //测试 jdk 是否有效果
java version "1.8.0_77"
Java(TM) SE Runtime Environment (build 1.8.0_77-b03)
Java HotSpot(TM) 64-Bit Server VM (build 25.77-b03, mixed mode)
[root@node-1 ~]# scp /etc/profile root@192.168.200.105:/etc/profile
profile
100% 1888    1.8kB/s   00:00
[root@node-1 ~]# scp /etc/profile root@192.168.200.106:/etc/profile
profile
100% 1888    1.8KB/s   00:00
[root@node-2 ~]# source /etc/profile
[root@node-2 local]# java  –version         //测试 jdk 版本号
[root@node-3 ~]# source /etc/profile
[root@node-3 local]# java  –version         //测试 jdk 版本号
```

（6）解压并配置 hadoop-2.6.5.tar.gz。

```
[root@node-1 ~]# tar -zxvf hadoop-2.6.5.tar.gz  -C /usr/local/
......
hadoop-2.6.5/share/doc/hadoop/hadoop-minikdc/images/icon_info_sml.gif
hadoop-2.6.5/share/doc/hadoop/hadoop-minikdc/images/external.png
hadoop-2.6.5/share/doc/hadoop/hadoop-minikdc/images/collapsed.gif
[root@node-1 ~]# cd /usr/local/hadoop-2.6.5/
[root@node-1 hadoop-2.6.5]# ll
```

```
total 116
drwxrwxr-x 2 centos centos    4096 Oct   2    2016 bin
drwxrwxr-x 3 centos centos      19 Oct   2    2016 etc
drwxrwxr-x 2 centos centos     101 Oct   2    2016 include
drwxrwxr-x 3 centos centos      19 Oct   2    2016 lib
drwxrwxr-x 2 centos centos    4096 Oct   2    2016 libexec
-rw-rw-r-- 1 centos centos   84853 Oct   2    2016 LICENSE.txt
-rw-rw-r-- 1 centos centos   14978 Oct   2    2016 NOTICE.txt
-rw-rw-r-- 1 centos centos    1366 Oct   2    2016 README.txt
drwxrwxr-x 2 centos centos    4096 Oct   2    2016 sbin
drwxrwxr-x 4 centos centos      29 Oct   2    2016 share
```

进入配置文件目录，查看基本环境变量生效的配置部分。

```
[root@node-1 hadoop]# cd /usr/local/hadoop-2.6.5/etc/hadoop
[root@node-1 hadoop]# cat hadoop-env.sh | grep -v ^# | grep -v ^$
export JAVA_HOME=${JAVA_HOME}
export HADOOP_CONF_DIR=${HADOOP_CONF_DIR:-"/etc/hadoop"}
for f in $HADOOP_HOME/contrib/capacity-scheduler/*.jar; do
  if [ "$HADOOP_CLASSPATH" ]; then
    export HADOOP_CLASSPATH=$HADOOP_CLASSPATH:$f
  else
    export HADOOP_CLASSPATH=$f
  fi
done
export HADOOP_OPTS="$HADOOP_OPTS -Djava.net.preferIPv4Stack=true"
export HADOOP_NAMENODE_OPTS="-Dhadoop.secURIty.logger=${HADOOP_SECURITY_LOGGER:-INFO,RFAS} -Dhdfs.audit.logger=${HDFS_AUDIT_LOGGER:-INFO,NullAppender} $HADOOP_NAMENODE_OPTS"
export HADOOP_DATANODE_OPTS="-Dhadoop.secURIty.logger=ERROR,RFAS $HADOOP_DATANODE_OPTS"
...
```

配置 node-1 结点 hadoop-env.sh、core-site.xml、hdfs-site.xml。

```
[root@node-1 hadoop]# vi /usr/local/hadoop-2.6.5/etc/hadoop/hadoop-env.sh
export  JAVA_HOME=/usr/local/jdk1.8.0_77       //直接 jdk 路径
[root@node-1 hadoop]# vi /usr/local/hadoop-2.6.5/etc/hadoop/core-site.xml
<configuration>
    <!--配置 NameNode 在哪台机器以及它的端口,客户端可以通过此地址访问 hdfs -->
      <property>    //以此格式进行添加，类似于 k-v 键值对
        <name>fs.defaultFS</name>
        <value>hdfs://node-1:9000</value>
      </property>
    <!--临时目录,其他目录以这个临时目录为基本目录,如 dfs.name.dir 和 dfs.name.edits.dir 等 -->
      <property>
        <name>hadoop.tmp.dir</name>
```

```
            <value>/opt/hadoop-2.6.5</value>
        </property>
</configuration>
[root@node-1 hadoop]# vi /usr/local/hadoop-2.6.5/etc/hadoop/hdfs-site.XML
<configuration>
    <property>
        <!--这是配置 DataNode 的数量-->
            <name>dfs.replication</name>
            <value>1</value>
    </property>
    <property>
            <!--这是配置 secondary namenode 所在的结点-->
            <name>dfs.namenode.secondary.http-address</name>
        <value>node-2:50090</value>
        </property>
</configuration>
```

在 node-1 结点修改 slaves 文件，添加 DataNode 结点 node-3。

```
[root@node-1 hadoop]# vi /usr/local/hadoop-2.6.5/etc/hadoop/slaves
node-3
```

退出保存

把/usr/local/hadoop-2.6.5/etc/hadoop/下所有的配置文件复制到 node-2、node-3 结点同样的位置。

```
[root@node-1 ~]# cd /usr/local/hadoop-2.6.5/etc/hadoop/
[root@node-1 hadoop]# scp ./*   root@192.168.200.105:/usr/local/hadoop-2.6.5/etc/hadoop/
capacity-scheduler.XML
100% 4436     4.3kB/s     00:00
……
[root@node-1 hadoop]# scp ./*   root@192.168.200.106:/usr/local/hadoop-2.6.5/etc/hadoop/
capacity-scheduler.XML
100% 4436     4.3kB/s     00:00
configuration.xsl
……
```

将 hadoop 下的 bin、sbin 目录增加到系统 PATH 路径里面。

```
[root@node-1 hadoop]# vi /etc/profile
export PATH=$PATH:$JAVA_HOME/bin:/usr/local/hadoop-2.6.5/bin/:/usr/local/hadoop-2.6.5/sbin/
[root@node-1 hadoop]# source /etc/profile
```

格式化 NameNode。

```
[root@node-1 hadoop]# hadoop namenode –format
……
of size 321 bytes saved in 0 seconds.
18/06/15 11:30:04 INFO namenode.NNStorageRetentionManager: Going to retain 1 images with txid >= 0
18/06/15 11:30:04 INFO util.ExitUtil: Exiting with status 0
```

```
18/06/15 11:30:04 INFO namenode.NameNode: SHUTDOWN_MSG:
/************************************************************
SHUTDOWN_MSG: Shutting down NameNode at node-1/10.0.0.108
************************************************************/
```

（7）在 node-1 结点启动 HDFS 文件系统，通过 RPC 远程登录调用，3 台机器将协调启动相应的 Java 进程。

```
[root@node-1 hadoop]# start-dfs.sh
Starting namenodes on [node-1]
node-1: starting namenode, logging to /usr/local/hadoop-2.6.5/logs/hadoop-root-namenode-node-1.out
node-3: starting DataNode, logging to /usr/local/hadoop-2.6.5/logs/hadoop-root-DataNode-node-3.out
Starting secondary namenodes [node-2]
node-2: starting secondarynamenode, logging to /usr/local/hadoop-2.6.5/logs/hadoop-root-secondarynamenode-node-2.out
[root@node-1 hadoop]# jps
23286 NameNode
23495 Jps
[root@node-1 hadoop]# netstat -ntpl
Active Internet connections (only servers)
Proto Recv-Q Send-Q Local Address          Foreign Address        State         PID/Program name
tcp        0      0 192.168.200.104:9000   0.0.0.0:*              LISTEN        23286/java
tcp        0      0 0.0.0.0:50070          0.0.0.0:*              LISTEN        23286/java
tcp        0      0 0.0.0.0:22             0.0.0.0:*              LISTEN        923/sshd
tcp        0      0 127.0.0.1:25           0.0.0.0:*              LISTEN        844/master
tcp6       0      0 :::22                  :::*                   LISTEN        923/sshd
tcp6       0      0 ::1:25                 :::*                   LISTEN        844/master
[root@node-2 hadoop]# jps
13872 Jps
13834 SecondaryNameNode
[root@node-3 hadoop]# jps
12720 Jps
12651 DataNode
```

（8）HDFS API 操作。

将本地目录/root/ jdk-8u77-linux-x64.tar.gz 上传到 HDFS 根目录并查看

```
[root@node-1 ~]# hadoop fs -put /root/jdk-8u77-linux-x64.tar.gz  /
[root@node-1 ~]# hadoop fs -ls /
Found 1 items
-rw-r--r--   3 root supergroup  181365687 2018-06-15 11:52 /jdk-8u77-linux-x64.tar.gz
```

（9）在浏览器中打开 HDFS 文件目录，如图 7-6 所示。

通过 Web 方式查看 HDFS 目录，Web 端地址为：http://192.168.200.104:50070。

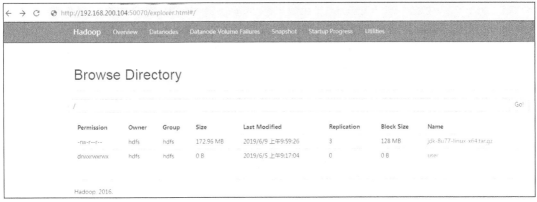

图 7-6　Web 访问 HDFS 目录

（10）更多 HDFS 文件运维命令可查看帮助文档。

[root@node-1 ~]# hadoop fs
Usage: hadoop fs [generic options]
   [-appendToFile <localsrc> ... <dst>]
   [-cat [-ignoreCrc] <src> ...]
   [-checksum <src> ...]
   [-chgrp [-R] GROUP PATH...]
   [-chmod [-R] <MODE[,MODE]... | OCTALMODE> PATH...]
   [-chown [-R] [OWNER][:[GROUP]] PATH...]
   [-copyFromLocal [-f] [-p] [-l] <localsrc> ... <dst>]
   [-copyToLocal [-p] [-ignoreCrc] [-crc] <src> ... <localdst>]
   [-count [-q] [-h] <path> ...]
   [-cp [-f] [-p | -p[topax]] <src> ... <dst>]
   [-createSnapshot <snapshotDir> [<snapshotName>]]
   [-deleteSnapshot <snapshotDir> <snapshotName>]

7.3　GlusterFS 分布式存储

7.3.1　GlusterFS 系统概述

  GlusterFS 是 Scale-Out 存储解决方案 Gluster 的核心，它是一个开源的分布式文件系统，具有强大的横向扩展能力，通过扩展能够支持数 PB 存储容量和处理数千客户端。GlusterFS 借助 TCP/IP 或 InfiniBand RDMA 网络将物理分布的存储资源聚集在一起，使用单一全局命名空间来管理数据。GlusterFS 基于可堆叠的用户空间设计，可为各种不同的数据负载提供优异的性能。

  GlusterFS 支持运行在任何标准 IP 网络上标准应用程序的标准客户端，用户可以在全局统一的命名空间中使用 NFS/CIFS 等标准协议来访问应用数据。GlusterFS 使得用户可摆脱原有的独立、高成本的封闭存储系统，利用普通廉价的存储设备来部署可集中管理、横向扩展、虚拟化的存储池，存储容量可扩展至 TB/PB 级。GlusterFS 主要特征如下：

1. 扩展性和高性能

GlusterFS 利用双重特性来提供几 TB 至数 PB 的高扩展存储解决方案。Scale-Out 架构允许通过简单地增加资源来提高存储容量和性能，硬盘、计算和 I/O 资源都可以独立增加，支持 10GB 和 InfiniBand 等高速网络互联。Gluster 弹性哈希（Elastic Hash）解除了 GlusterFS 对元数据服务器的需求，消除了单点故障和性能瓶颈，真正实现了并行化数据访问。

2. 高可用性

GlusterFS 可以对文件进行自动复制，如镜像或多次复制，从而确保数据总可以访问，甚至在硬件故障的情况下也能正常访问。自我修复功能能够把数据恢复到正确的状态，而且修复以增量的方式在后台执行，几乎不会产生性能负载。GlusterFS 没有设计自己的私有数据文件格式，而是采用操作系统中主流标准的硬盘文件系统（如 Ext3、ZFS）来存储文件，因此数据可以使用各种标准工具进行复制和访问。

3. 全局统一命名空间

全局统一命名空间将硬盘和内存资源聚集成一个单一的虚拟存储池，对上层用户和应用屏蔽了底层的物理硬件。存储资源可以根据需要在虚拟存储池中进行弹性扩展，如扩容或收缩。当存储虚拟机镜像时，存储的虚拟镜像文件没有数量限制，成千虚拟机均通过单一挂载点进行数据共享。虚拟机 I/O 可在命名空间内的所有服务器上自动进行负载均衡，消除了 SAN 环境中经常发生的访问热点和性能瓶颈问题。

4. 弹性哈希算法

GlusterFS 采用弹性哈希算法在存储池中定位数据，而不是采用集中式或分布式元数据服务器索引。在其他的 Scale-Out 存储系统中，元数据服务器通常会导致 I/O 性能瓶颈和单点故障问题。GlusterFS 中，所有在 Scale-Out 存储配置中的存储系统都可以智能地定位任意数据分片，不需要查看索引或者向其他服务器查询。这种设计机制完全并行化了数据访问，实现了真正的线性性能扩展。

5. 弹性卷管理

数据储存在逻辑卷中，逻辑卷可以从虚拟化的物理存储池进行独立逻辑划分而得到。存储服务器可以在线进行增加和移除，不会导致应用中断。逻辑卷可以在所有配置服务器中增长和缩减，可以在不同服务器迁移进行容量均衡，或者增加和移除系统，这些操作都可在线进行。文件系统配置更改也可以实时在线进行并应用，从而可以适应工作负载条件变化或在线性能调优。

6. 基于标准协议

Gluster 存储服务支持 NFS、CIFS、HTTP、FTP 以及 Gluster 原生协议，完全与 POSIX 标准兼容。现有应用程序不需要做任何修改或使用专用 API，就可以对 Gluster 中的数据进行访问。这在公有云环境中部署 Gluster 时非常有用，Gluster 对云服务提供商专用 API 进行抽象，然后提供标准 POSIX 接口。

7.3.2 GlusterFS 架构

GlusterFS 总体架构与组成部分如图 7-7 所示，它主要由存储服务器、客户端以及 NFS/Samba 存储网关组成。不难发现，GlusterFS 架构中没有元数据服务器组件，这是其最大的设计优点，对于提升整个系统的性能、可靠性和稳定性都有着决定性的意义。GlusterFS 支持 TCP/IP 和 InfiniBand RDMA 高速网络互联，客户端可通过原生 GlusterFS 协议访问数据，其他没有运行 GlusterFS 客户端的终端可通过 NFS/CIFS 标准协议通过存储网关访问数据。

存储服务器主要提供基本的数据存储功能，最终的文件数据通过统一的调度策略分布在不同的存储服务器上。它们上面运行着 GlusterFSd，负责处理来自其他组件的数据服务请求。如前所述，数据以原始格式直接存储在服务器的本地文件系统上，如 Ext3、Ext4、XFS、ZFS 等，运行服务时指定数据存储路径。多个存储服务器可以通过客户端或存储网关上的卷管理器组成集群，如 Stripe（RAID 0）、Replicate（RAID 1）和 DHT（分布式 Hash）存储集群，也可利用嵌套组合构成更加复杂的集群，如 RAID 10。

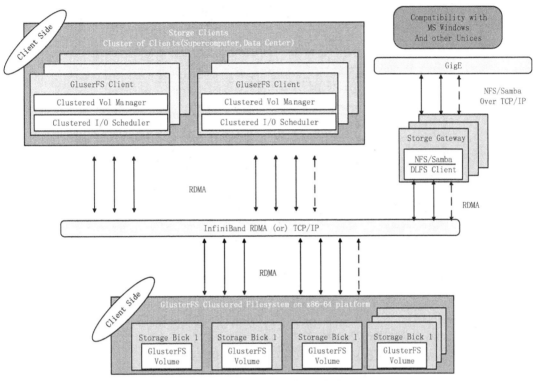

图 7-7　GlusterFS 架构和组成

由于没有了元数据服务器，客户端承担了更多的功能，包括数据卷管理、I/O 调度、文件定位、数据缓存等。客户端上运行 GlusterFS 进程，它实际是 GlusterFSd 的符号链接，利用 FUSE（File system in User Space）模块将 GlusterFS 挂载到本地文件系统之上，实现 POSIX 兼容的方式来访问系统数据。在最新的 3.1.X 版本中，客户端不再需要独立维护卷配置信息，改成自动从运行在网关上的 Glusterd 弹性卷管理服务进行获取和更新，极大简化了卷管理。GlusterFS 客户端负载相对传统分布式文件系统要高，包括 CPU 占用率和内存占用。

GlusterFS 是模块化堆栈式的架构设计，如图 7-8 所示。模块称为 Translator，是 GlusterFS 提供的一种强大机制，借助这种良好定义的接口可以高效简便地扩展文件系统的功能。服务端与客户端模块接口是兼容的，同一个 Translator 可同时在两边加载。每个 Translator 都是 SO 动态库，运行时根据配置动态加载。每个模块实现特定基本功能，GlusterFS 中所有的功能都通过 Translator 实现，如 Cluster、Storage、Performance、Protocol、Features 等，基本、简单的模块可以通过堆栈式的组合来实现复杂的功能。这一设计思想借鉴了 GNU/Hurd 微内核的虚拟文件系统设计，可以把对外部系统的访问转换成对目标系统的适当调用。大部分模块都运行在客户端，如合成器、I/O 调度器和性能优化等，服务端相对简单许多。客户端和存储服务器均有自己的存储栈，构成了一棵 Translator 功能树，应用了若干模块。模块化和堆栈式的架构设计，极大降低了系统设计复杂性，简化了系统的实现、升级以及系统维护。

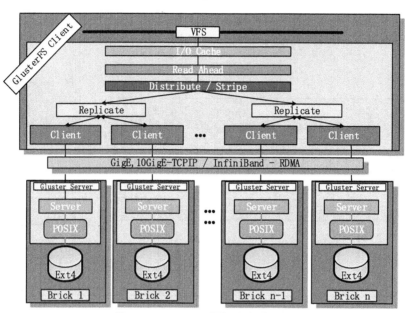

图 7-8 GlusterFS 模块化堆栈式设计

【实验 25】 GlusterFS 搭建和使用

(一) 实验目的
- 了解 GlusterFS 架构原理及其组件功能。
- 通过实验掌握 GlusterFS 文件系统的安装、配置和集群管理。
- 熟练掌握 GlusterFS 文件的挂载。

(二) 实验内容
在两个结点上分别有硬盘 sdb,将 sdb 区分后充当 GlusterFS 文件系统底层存储,通过安装、配置、启动 GlusterFS 集群服务,创建复制卷,最后客户端挂载 GlusterFS 创建的卷,GlusterFS 实验流程图如图 7-9 所示。

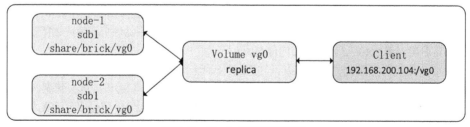

图 7-9 GlusterFS 实验流程图

注意

GlusterFS 支持多种卷的创建,本实验实现复制卷,类似 RAID 1 的备份卷。

(三) 实验步骤
(1) 通过物理环境或者 VMware 虚拟化出两台机器,实验机器名及网络配置准备如表 7-2 所示。

表 7-2 机器名及网络配置

结点号	主机名	网络 IP 地址/掩码	挂载路径
1	node-1	192.168.200.104/24	/share/brick1/vg0
2	node-2	192.168.200.105/24	/share/brick1/vg0

通过 SecureCRT 超级终端远程连接到两台机器之后，通过 IP 相关命令查看各机器配置并测试两两之间的联通性。

```
[root@node-1 ~]# ip a           //查看网络地址
1: lo: <LOOPBACK,UP,LOWER_UP> mtu 65536 qdisc noqueue state UNKNOWN
    link/loopback 00:00:00:00:00:00 brd 00:00:00:00:00:00
    inet 127.0.0.1/8 scope host lo
        valid_lft forever preferred_lft forever
    inet6 ::1/128 scope host
        valid_lft forever preferred_lft forever
2: Eth0: <BROADCAST,MULTICAST,UP,LOWER_UP> mtu 1458 qdisc pfifo_fast state UP qlen 1000
    link/ether fa:16:3e:ae:17:68 brd ff:ff:ff:ff:ff:ff
    inet 192168.200.104/24 brd 10.0.0.255 scope global dynamic Eth0
        valid_lft 84964sec preferred_lft 84964sec
    inet6 fe80::f816:3eff:feae:1768/64 scope link
        valid_lft forever preferred_lft forever
[root@node-1 ~]# ping -c 2 192.168.200.105  //测试和 node-2 联通性
PING 192.168.200.105 (192.168.200.105) 56(84) bytes of data.
64 bytes from 192.168.200.105: icmp_seq=1 ttl=63 time=2.07 ms
64 bytes from 192.168.200.105: icmp_seq=2 ttl=63 time=1.57 ms
--- 192.168.200.105 ping statistics ---
2 Packets transmitted, 2 received, 0% Packet loss, time 1001ms
rtt min/avg/max/mdev = 1.577/1.827/2.077/0.250 ms
```

（2）GlusterFS 的安装可以采取源码包安装、RPM 安装、YUM 安装的方式。YUM 安装能够自动解决包的依赖性问题，GlusterFS 依赖的基本包比较多，因此本次实验采用 YUM 安装。在采用 YUM 安装之前必须配置系统 YUM 源文件，基础依赖包主要来自 CentOS 7 系统光盘，GlusterFS 核心包主要来自 GlusterFS 官网网址。在两个结点分别配置系统 YUM 源文件，如下。

```
删除系统 YUM 源或者备份
[root@node-1 ~]# rm -rvf /etc/yum.repos.d/CentOS-*
removed '/etc/yum.repos.d/CentOS-Base.repo'
removed '/etc/yum.repos.d/CentOS-CR.repo'
removed '/etc/yum.repos.d/CentOS-Debuginfo.repo'
removed '/etc/yum.repos.d/CentOS-fasttrack.repo'
removed '/etc/yum.repos.d/CentOS-Media.repo'
removed '/etc/yum.repos.d/CentOS-Sources.repo'
removed '/etc/yum.repos.d/CentOS-Vault.repo'
[root@node-1 ~]# vi /etc/yum.repos.d/local.repo
[root@node-1 ~]# cat /etc/yum.repos.d/local.repo
```

```
[GlusterFS]
name=GlusterFS
baseurl=https://buildlogs.centos.org/centos/7/storage/x86_64/gluster-4.1/
gpgcheck=0
enabled=1
[CentOS 7]
name=CentOS 7
baseurl=ftp://192.168.100.110/centos/        //自行配置的 CentOS 7 光盘镜像（安装基础依赖镜像包），
也可以采用阿里云的 YUM 源
gpgcheck=0
enabled=1
```

退出保存之后更新系统 YUM 源，配置 DNS 服务器 IP 地址，能够访问到域名指向的 YUM 地址。

```
[root@node-1 ~]# vi /etc/resolv.conf
nameserver 114.114.114.114
[root@node-1 ~]# yum clean all
[root@node-1 ~]# yum list|grep glusterfs-server
Bad id for repo: root@node-1 ~, byte = @ 4
GlusterFS-server.x86_64              4.1.0-1.el7              GlusterFS
```

在 2 个结点分别通过 YUM 安装 GlusterFS 所需要的包。

```
[root@node-1 ~]# yum install GlusterFS-server –y
[root@node-2~]# yum install GlusterFS-server –y
```

安装之后，在 2 个结点分别启动 GlusterFS 服务并设置成开机自动启动，查看 glusterd 服务的状态，以下是 node-1 机器相关命令，另外 2 台机器照样执行。

```
[root@node-1 ~]# systemctl   start glusterd
[root@node-1 ~]# systemctl   enable glusterd
Created symlink from /etc/systemd/system/multi-user.target.wants/glusterd.service to /usr/lib/systemd/system/glusterd.service.
[root@node-1 ~]# systemctl   status glusterd
 • glusterd.service – GlusterFS, a clustered file-system server
    Loaded: loaded (/usr/lib/systemd/system/glusterd.service; enabled; vendor preset: disabled)
    Active: active (running) since Fri 2018-06-15 06:38:29 EDT; 23s ago
[root@node-2 ~]#  systemctl   status glusterd
 • glusterd.service – GlusterFS, a clustered file-system server
    Loaded: loaded (/usr/lib/systemd/system/glusterd.service; disabled; vendor preset: disabled)
    Active: active (running) since Fri 2018-06-15 08:32:27 EDT; 41s ago
```

（3）在两个结点依次关闭 Firewalld 防火墙、Selinux、Iptables 规则，以下为 node-1 结点命令，其余结点类似操作。

```
[root@node-1 ~]# systemctl stop firewalld
[root@node-1 ~]# setenforce 0    //永久禁用需要配置/etc/selinux/config，将 selinux 改成 disabled
[root@node-1 ~]# iptables –F
[root@node-1 ~]# iptables –X
[root@node-1 ~]# iptables –Z
[root@node-1 ~]# iptables-save
```

（4）在 node-1 结点添加 node-2 到集群。

[root@node-1 ~]# gluster peer probe 192.168.200.104
peer probe: success. Probe on localhost not needed
[root@node-1 ~]# gluster peer probe 192.168.200.105
peer probe: success.

（5）在 node-1 结点上查询集群状态。

[root@node-1 ~]# gluster peer status
Number of Peers: 1
Hostname: 192.168.1.104
Uuid: 7f18edd2-8522-4a3a-ade5-57ecd0adb91a
State: Peer in Cluster (Connected)

（6）依次在两个结点上准备文件存储挂载路径。每个结点上有 2GB 空白空间，依次进行分区、格式化、挂载操作。

```
[root@node-1 ~]# lsblk                   //检查分区情况，有空白分区 sdb
NAME     MAJ:MIN RM   SIZE RO TYPE MOUNTPOINT
sda        8:0    0    20G  0 disk
├─sda1     8:1    0   500M  0 part /boot
├─sda2     8:2    0     2G  0 part [SWAP]
└─sda3     8:3    0  17.5G  0 part /
sdb        8:16   0     2G  0 disk
[root@node-1 ~]# fdisk /dev/sdb
Device does not contain a recognized partition table
Building a new DOS disklabel with disk identifier 0x44d345fe.
Command (m for help): n
Partition type:
   p   primary (0 primary, 0 extended, 4 free)
   e   extended
Select (default p): p
Partition number (1-4, default 1): 1
First sector (2048-4194303, default 2048):
Using default value 2048
Last sector, +sectors or +size{K,M,G} (2048-4194303, default 4194303):
Using default value 4194303
Partition 1 of type Linux and of size 2 GB is set
Command (m for help): w
The partition table has been altered!
Calling ioctl() to re-read partition table.
Syncing disks.
[root@node-1 ~]# lsblk
NAME     MAJ:MIN RM   SIZE RO TYPE MOUNTPOINT
sda        8:0    0    20G  0 disk
├─sda1     8:1    0   500M  0 part /boot
├─sda2     8:2    0     2G  0 part [SWAP]
```

```
└─sda3      8:3    0  17.5G  0 part /
sdb         8:16   0   2G    0 disk
└─sdb1      8:17   0   2G    0 part
```

[root@node-1 ~]# mkfs.xfs /dev/sdb1
[root@node-1 ~]# mkdir -p /share/brick1/
[root@node-1 ~]# mount /dev/sdb1 /share/brick1/
[root@node-1 ~]# df -hT

Filesystem	Type	Size	Used	Avail	Use%	Mounted on
/dev/sda3	xfs	18G	891M	17G	5%	/
devtmpfs	devtmpfs	904M	0	904M	0%	/dev
tmpfs	tmpfs	913M	0	913M	0%	/dev/shm
tmpfs	tmpfs	913M	8.6M	904M	1%	/run
tmpfs	tmpfs	913M	0	913M	0%	/sys/fs/cgroup
/dev/sda1	xfs	497M	118M	379M	24%	/boot
tmpfs	tmpfs	183M	0	183M	0%	/run/user/0
/dev/sdb1	xfs	2.0G	33M	2.0G	2%	/share/brick1

[root@node-1 ~]# mkdir /share/brick1/vg0

（7）创建 GlusterFS Volume，node-1、node-2 结点上面的/share/brick1/vg0 添加为 Volume 底层的存储。

[root@node-1 ~]# gluster volume create vg0 replica 2 192.168.200.104:/share/brick1/vg0/ 192.168.200.105:/share/brick1/vg0/

Replica 2 volumes are prone to split-brain. Use Arbiter or Replica 3 to avoid this. See: http://docs.gluster.org/en/latest/Administrator%20Guide/Split%20brain%20and%20ways%20to%20deal%20with%20it/.
Do you still want to continue?
 (y/n) y
volume create: vg0: success: please start the volume to access data

（8）启动数据卷并查看数据卷信息。

[root@node-1 ~]# gluster volume start vg0
volume start: vg0: success
[root@node-1 ~]# gluster volume info
Volume Name: vg0
Type: Replicate
Volume ID: 759d8788-f98d-4a77-9a3f-ce9b14af90f2
Status: Started
Snapshot Count: 0
Number of Bricks: 1 x 2 = 2
Transport-type: tcp
Bricks:
Brick1: 192.168.200.104:/share/brick1/vg0
Brick2: 192.168.200.105:/share/brick1/vg0
Options Reconfigured:
transport.address-family: inet

```
nfs.disable: on
performance.client-io-threads: off
```

（9）在安装 GlusterFS 客户端结点，挂载 GlusterFS 文件系统，以 node-2 结点为例。

```
[root@node-2 ~]# yum install glusterfs-client -y
[root@node-2 ~]# mkdir   /opt/376162
[root@node-2 ~]# mount -t GlusterFS 192.168.200.104:/vg0 /opt/376162/
[root@node-2 ~]# df -hT
Filesystem              Type        Size  Used Avail Use% Mounted on
/dev/sda3               xfs          18G  939M   17G   6% /
/dev/sda1               xfs         497M  118M  379M  24% /boot
/dev/sdb1               xfs         2.0G   33M  2.0G   2% /share/brick1
192.168.1.101:/vg0 fuse.GlusterFS   2.0G   53M  2.0G   3% /opt/376162
```

创建并挂载成功，副本的大小为 2GB，因为 GlusterFS 的 replica 为 2，存储空间有一半作为备份使用。

（10）在/opt/376162 文件夹上传文件后，在 GlusterFS 底层检查是否有 2 份一样的文件，经过检查发现文件的大小一样，这和 RAID 1 有些类似。

```
[root@node-2 /]# cd /opt/376162/
[root@node-2 /]# touch check.txt
[root@node-2 /]#echo "hello" >>check.txt
[root@node-2 376162]# ll
total 1
-rw-r--r--. 1 root root 6 Jun 15 12:21 check.txt
[root@node-2 376162]# ll /share/brick1/vg0/check.txt
-rw-r--r--. 2 root root 6 Jun 15 12:21 /share/brick1/vg0/check.txt
[root@node-1 /]# ll /share/brick1/vg0/check.txt
-rw-r--r--. 2 root root 6 Jun 15 12:21 /share/brick1/vg0/check.txt
```

（11）上面创建的叫复制卷，GlusterFS 还支持分布式卷，就是把文件分散存储在底层支持的设备上；同时也支持条带卷：类似于 RAID 0 条带化技术，将数据打散分布在不同的设备上，来提高数据的性能。

```
gluster volume create exp-volume 192.168.200.104:/data/exp1 192.168.200.105:/data/exp2
gluster volume create str-volume stripe 2 transport tcp 192.168.200.104:/data/exp5 192.168.200.105:/data/exp6
```

7.4 Lustre 分布式存储

7.4.1 Lustre 架构

Lustre 是面向集群的存储架构，它是基于 Linux 平台的开源集群（并行）文件系统，提供与 POSIX 兼容的文件系统接口。Lustre 两个最大特征是高扩展性和高性能，能够支持数万客户端系统、PB 级存储容量、数百 GB 的聚合 I/O 吞吐量。Lustre 是 Scale-Out 的存储架构，借助强大的横向扩展能力，通过增加服务器即可方便地扩展系统总存储容量和性能。Lustre 的集群和并行架构，非常适合众多客户端并发进行大文件读写的场合，但目前对于小文件应用非常不适用，尤其是海量小文件应用 LOSF（Lots

Of Small Files）。Lustre 广泛应用于各种环境，目前部署最多的为高性能计算 HPC，世界超级计算机 TOP 10 中的 70%、TOP 30 中的 50%以及 TOP 100 中的 40%均部署了 Lustre。另外，Lustre 在石油、天然气、制造、富媒体、金融等行业领域也被大量部署应用。

Lustre 集群组件包含了 MDS（元数据服务器）、MDT（元数据存储结点）、OSS（对象存储服务器）、OST（对象存储结点）、Client（客户端）以及连接这些组件的高速网络，如图 7-10 所示。

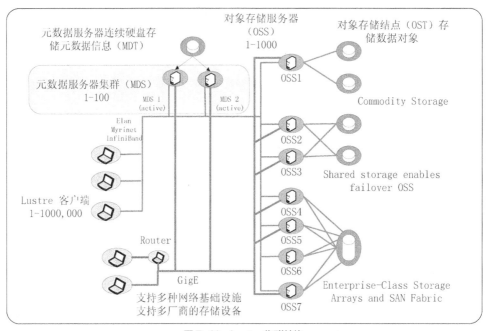

图 7-10　Lustre 集群结构

（1）MDS（元数据服务器）提供元数据服务。MDS 负责管理元数据，提供一个全局的命名空间，Client 可以通过 MDS 读取到保存于 MDT 之上的元数据。在 Lustre 中 MDS 可以有两个，采用了 Active-Standby 的容错机制，当其中一个 MDS 不能正常工作时，另外一个后备 MDS 可以启动服务。MDT 只能有 1 个，不同 MDS 之间共享访问同一个 MDT。

（2）MGS（管理服务器）提供 Lustre 文件系统的配置信息。

（3）OSS（对象存储服务器）Expose 块设备并提供数据，接受并服务来自网络的请求。通过 OSS，可以访问到保存在 OST 上的文件数据。一个 OSS 对应 2～8 个 OST，其存储空间可以高达 8TB。OST 上的文件数据是以分条的形式保存的，文件的分条可以在一个 OSS 之中，也可以保存在多个 OSS 中。Lustre 的特色之一是其数据是基于对象的职能存储的，跟传统的基于块的存储方式有所不同。

（4）MDS/MGS 和 OSS/OST 的集合有时称为 Lustre 服务前端（Lustre Server Fronts），而 Fsfilt 和 Ldiskfs 则被称为 Lustre 服务后端（Lustre Server Backends）。

（5）Lustre 系统访问入口。Lustre 通过 Client 端来访问系统，Client 为挂载了 Lustre 文件系统的任意结点。Client 提供了 Linux 下 VFS（虚拟文件系统）与 Lustre 系统之间的接口，通过 Client，用户可访问操作 Lustre 系统中的文件。

7.4.2　Lustre I/O 特点

1. 写性能优于读性能

对于写操作，客户端是以异步方式执行的，RPC 调用分配以及写入硬盘顺序按到达顺序执行，可以实现聚合写以提高效率。而对于读，请求可能以不同的顺序来自多个客户端，需要大量的硬盘 Seek 与 Read 操作，显著影响吞吐量。

2. 大文件性能表现好

Lustre 的元数据与数据分离、数据分片策略、数据缓存和网络设计非常适合大文件顺序 I/O 访问，大文件应用下性能表现非常好。这些设计着眼于提高数据访问的并行性，实现极大的聚合 I/O 带宽，这关键得益于数据分片设计。

3. 小文件性能表现差

Lustre 在读写文件前需要与 MDS 交互，获得相关属性和对象位置信息。与本地文件系统相比，增加了一次额外的网络传输和元数据访问开销，这样的开销对于小文件 I/O 而言是相当大的。对于大量频繁的小文件读写，Lustre 客户端 Cache 会失效，命中率大大降低。如果文件小于物理页大小，则还会产生额外的网络通信量，小文件访问越频繁开销越大，对 Lustre 总体 I/O 性能影响就越大。

7.4.3　Lustre 读写数据

Lustre 作为一个遵从 POSIX 标准的文件系统，为用户提供了诸如 Open、Read、Write 等统一的文件系统接口。在 Linux 中，这些接口是通过虚拟文件系统（Virtual File System，VFS）层实现的（在 BSD/Solaris 中，则称为 VNode 层）。为了提供这些接口，Lustre 中有一个称为 Llite 的薄层，与 VFS 相连。接着，到达 Llite 的文件操作请求，通过整个的 Lustre 软件栈来访问 Lustre 文件系统，如图 7-11 所示。

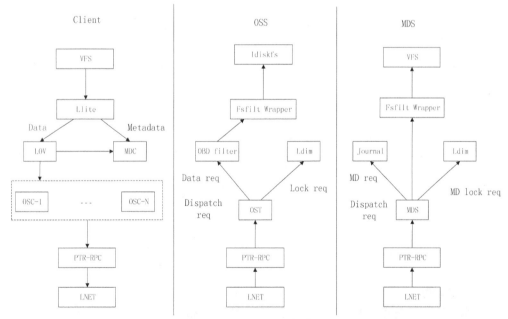

图 7-11　Lustre 数据流

在 Lustre 中，诸如创建、打开、读等一般的文件操作，都需要存储在 MDS 上的元数据信息。这些服务通过一个称为 MDC 的客户端接口模块来访问。从 MDS 的观点来看，每个文件都是分条（Stripe）在一个或者多个 OST 上的多个数据对象的集合。一个文件的布局（Layout）信息在索引结点（Inode）的扩展属性（Extended Attribute，EA）中定义。从本质上说，EA 描述了从文件对象 ID 到它对应的 OST 之间的映射关系。这些信息称为分条扩展属性（Striping EA）。

在 Lustre 中的所有的客户端/服务器通信，都以 RPC 请求和应答的形式编码。在 Lustre 源码中，这个中间层称为 Portal RPC，或者 PTL-RPC。它在文件系统请求和与之等价的 PRC 请求和应答之间进行翻译和解释，而 LNET 模块最后将这些 RPC 请求/应答发送到传输线上。

在 OSS 栈的底层，是 LNET 和 PortalRPC 层。和客户端的栈一样，Portal RPC 也翻译请求。需要注意的是，由 OSS 处理的请求是数据请求，而不是元数据请求。元数据请求应当由 MDS 栈来传递和处理，正如图 7-11 中最右栏所示。

【实验 26】 Lustre 搭建和使用

（一）实验目的
- 了解 Lustre 架构原理及其组件功能。
- 掌握 Lustre 文件系统的安装、配置和集群管理。
- 熟练掌握 Lustre 文件的挂载。

（二）实验内容
在 3 个结点 node-1、node-2、node-3 分别留有 sdb 空白硬盘，大小为 20GB，其中 node-1 结点为 MDS 索引服务器，node-2、node-3 为 OST 底层提供存储的服务器，node-4 为测试客户端，通过安装、配置相关服务，启动集群，在 node-4 上面挂载实现 Lustre 文件系统。

Lustre 实验架构如图 7-12 所示。

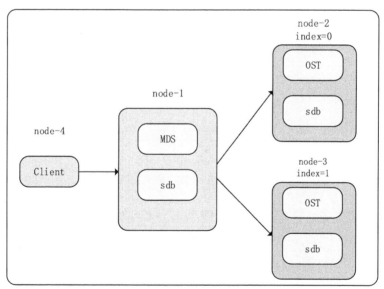

图 7-12 Lustre 实验架构图

（三）实验步骤
（1）通过物理环境或者 VMware 虚拟化出 4 台机器，主机名、网络配置、角色分配如表 7-3 所示。

表 7-3 虚拟化出的 4 台机器的说明

结点号	主机名	网络 IP 地址/掩码	角色
1	node-1	192.168.1.102/24	MDT MDS
2	node-2	192.168.1.103/24	OST（sdb 20GB）
3	node-3	192.168.1.104/24	OST（sdb 20GB）
4	node-4	192.168.1.105/24	测试 Client

通过 SecureCRT 超级终端远程连接到 4 台机器之后，通过 IP 相关命令查看各机器配置并测试两两之间的联通性。下面以 node-1 为例输入检查命令，其余结点类似，留给读者自行测试。

```
[root@node-1 ~]# ip a
1: lo: <LOOPBACK,UP,LOWER_UP> mtu 65536 qdisc noqueue state UNKNOWN
    link/loopback 00:00:00:00:00:00 brd 00:00:00:00:00:00
    inet 127.0.0.1/8 scope host lo
       valid_lft forever preferred_lft forever
    inet6 ::1/128 scope host
       valid_lft forever preferred_lft forever
2: eno16777736: <BROADCAST,MULTICAST,UP,LOWER_UP> mtu 1500 qdisc pfifo_fast state UP qlen 1000
    link/ether 00:0c:29:07:d5:92 brd ff:ff:ff:ff:ff:ff
    inet 192.168.1.102/24 brd 192.168.1.255 scope global dynamic eno16777736
       valid_lft 5817sec preferred_lft 5817sec
    inet6 fe80::20c:29ff:fe07:d592/64 scope link
       valid_lft forever preferred_lft forever
[root@node-1 ~]# ping -c 2 192.168.1.103
PING 192.168.1.103 (192.168.1.103) 56(84) bytes of data.
64 bytes from 192.168.1.103: icmp_seq=1 ttl=64 time=0.750 ms
64 bytes from 192.168.1.103: icmp_seq=2 ttl=64 time=0.804 ms
--- 192.168.1.103 ping statistics ---
2 Packets transmitted, 2 received, 0% Packet loss, time 1001ms
rtt min/avg/max/mdev = 0.750/0.777/0.804/0.027 ms
[root@node-1 ~]# ping -c 2 192.168.1.104
[root@node-1 ~]# ping -c 2 192.168.1.105
```

（2）使用 vi 编辑器分别修改 4 个结点的 hosts 文件，配置主机名和 IP 地址的映射关系，能够通过主机名直接访问对方机器。如果通过 IP 访问，此步骤省略。

```
[root@node-1 ~]# vi /etc/hosts
192.168.1.102 node-1
192.168.1.103 node-2
192.168.1.104 node-3
192.168.1.105 node-4
```

（3）在 4 个结点依次关闭 Firewalld 防火墙、Selinux、Iptables 规则，以下为 node-1 结点命令，其余结点操作类似。

```
[root@node-1 ~]# systemctl stop firewalld
[root@node-1 ~]# systemctl disable firewalld
[root@node-1 ~]# iptables -F
^[[A[root@node-1 ~]# iptables -X
[root@node-1 ~]# iptables -Z
[root@node-1 ~]# iptables-save
# Generated by iptables-save v1.4.21 on Tue Jun 19 06:51:50 2018
*filter
:INPUT ACCEPT [13:936]
```

```
:FORWARD ACCEPT [0:0]
:OUTPUT ACCEPT [9:844]
COMMIT
# Completed on Tue Jun 19 06:51:50 2018
[root@node-1 ~]# setenforce 0        //永久禁用 /etc/selinux/config  selinux 改为 disabled
```

（4）配置系统 YUM 源文件。YUM 源采用国内速度较快阿里云 Centos-7.repo、epel-7.repo；配置 Lustre 安装的 3 个本地 YUM 文件：e2fsprogs.repo、server.repo、client.repo，这 3 个 YUM 源需要的 RPM 包文件光盘已经提供，里面已经有全部 repo 对应所以来的 RPM 包，将整个文件夹上传到 /opt/ 路径下面，下面是以 node-1 为例的操作，其余结点类似。

```
[root@node-1 ~]# rm -rvf /etc/yum.repos.d/*
[root@node-1 ~]# vi /etc/yum.repos.d/e2fsprogs.repo
[e2fsprogs]
name=e2fsprogs
baseurl=file:///opt/e2fsprogs
gpgcheck=0
enabled=1
[root@node-1 ~]# vi /etc/yum.repos.d/server.repo
[server]
name=server
baseurl=file:///opt/server/
gpgcheck=0
enabled=1
[root@node-1 ~]# vi /etc/yum.repos.d/client.repo
[client]
name=client
baseurl=file:///opt/client/
gpgcheck=0
enabled=1
[root@node-1 ~]# yum clean all
[root@node-1 yum.repos.d]# yum list        //更新 YUM 源
```

（5）在 node-1 结点上通过 YUM 源安装 MDT 服务，node-2、node-3 上安装 OST 服务。由于 Lustre 是内核级的文件系统，所以安装之后需要在内核中加载该服务，以下为 node-1 结点安装过程，其他 node-2、node-3 结点安装过程留给读者自行完成。

```
[root@node-1~]# yum install kmod-lustre -y     //首先安装 kmod-lustre 包,否则出错
[root@node-1 ~]# yum install lustre -y
……
Installed:
    lustre.x86_64 0:2.10.1-1.el7
Dependency Installed:
    kmod-lustre-OSD-ldiskfs.x86_64 0:2.10.1-1.el7              libyaml.x86_64
0:0.1.4-11.el7_0                                               lm_sensors-libs.x86_64
0:3.4.0-4.20160601gitf9185e5.el7
    lustre-OSD-ldiskfs-mount.x86_64  0:2.10.1-1.el7            net-snmp-agent-libs.x86_64
```

1:5.7.2-33.el7_5.2   net-snmp-libs.x86_64 1:5.7.2-33.el7_5.2
　　Dependency Updated:
　　　　e2fsprogs.x86_64 0:1.42.13.wc6-7.el7　　　e2fsprogs-libs.x86_64 0:1.42.13.wc6-7.el7
libcom_err.x86_64 0:1.42.13.wc6-7.el7　　　　　libss.x86_64 0:1.42.13.wc6-7.el7
　　[root@node-1 ~]# reboot   //重新启动加载内核，注意 setenforce 0 设置是临时生效的，需要重新设置
　　[root@node-1 ~]# modprobe lustre   //加载到内核
　　[root@node-1 ~]# modprobe ldiskfs   //加载到内核

（6）配置 MDS 和 OST 服务器。

　　[root@node-1 ~]# mkfs.lustre --fsname=lustrefs --mgs --mdt --index=0 /dev/sdb
　　Permanent disk data:
Target: lustrefs:MDT0000
Index: 0
Lustre FS: lustrefs
Mount type: ldiskfs
Flags: 0x65
            (MDT MGS first_time update)
Persistent mount opts: user_xattr,errors=remount-ro
Parameters:

checking for existing Lustre data: not found
device size = 20480MB
formatting backing filesystem ldiskfs on /dev/sdb
        target name   lustrefs:MDT0000
        4k Blocks   5242880
        options   -J size=819 -I 1024 -i 2560 -q -O
dirdata,uninit_bg,^extents,dir_nlink,quota,huge_file,flex_bg -E lazy_journal_init -F
    mkfs_cmd = mke2fs -j -b 4096 -L lustrefs:MDT0000 -J size=819 -I 1024 -i 2560 -q -O
dirdata,uninit_bg,^extents,dir_nlink,quota,huge_file,flex_bg -E lazy_journal_init -F /dev/sdb 5242880
    Writing CONFIGS/mountdata
　　[root@node-1 ~]# mkdir /mnt/mdt
　　[root@node-1 ~]# mount.lustre /dev/sdb /mnt/mdt
　　mount.lustre: increased /sys/Block/sdb/queue/max_sectors_kb from 512 to 4096

参数解释：
fsname 指定的是创建 Lustre 时的文件系统名；
mgs 指定该机器为元数据服务器，即该机器为 MDS；
mdt 指定/dev/sdb 为元数据实际数据存储位置；
index 指定该 mgs 的索引号，mgs 可以设置主备模式，但 mdt 需要在主备 MDS 之间共享。
　　[root@node-2 ~]# mkfs.lustre --fsname=lustrefs --mgsnode=node-1@tcp --ost --index=0 /dev/sdb
　　Permanent disk data:
Target: lustrefs:OST0000
Index: 0

```
Lustre FS:    lustrefs
Mount type: ldiskfs
Flags:        0x62
  (OST first_time update )
Persistent mount opts: ,errors=remount-ro
Parameters: mgsnode=192.168.1.102@tcp
checking for existing Lustre data: not found
device size = 20480MB
formatting backing filesystem ldiskfs on /dev/sdb
        target name     lustrefs:OST0000
        4k Blocks       5242880
        options         -J size=400 -I 512 -i 69905 -q -O
extents,uninit_bg,dir_nlink,quota,huge_file,flex_bg -G 256 -E
resize="4290772992",lazy_journal_init -F
mkfs_cmd = mke2fs -j -b 4096 -L lustrefs:OST0000  -J size=400 -I 512 -i 69905 -q -O
extents,uninit_bg,dir_nlink,quota,huge_file,flex_bg -G 256 -E
resize="4290772992",lazy_journal_init -F /dev/sdb 5242880
Writing CONFIGS/mountdata
[root@node-2 ~]# mkdir /mnt/ost0
[root@node-2 ~]# mount.lustre /dev/sdb /mnt/ost0/
mount.lustre: increased /sys/Block/sdb/queue/max_sectors_kb from 512 to 4096
```

参数解释:

fsname 指定的是创建 Lustre 时的文件系统名;

mgsnode 指定 OSS 请求元数据结点,并指明访问协议 TCP;

ost 指定/dev/sdb 为存储数据的实际位置;

index,由这个参数可以看到两个结点是不一样的。

node-3 结点执行上述同样的操作,整个系统的实际容量是两台 OST 的/dev/sdb 的容量,--index=1。

(7)客户端安装,建立目录后挂载,多个客户端可以挂载同一个目录,文件共享。

```
[root@node-4 ~]# yum install kmod-lustre -y    //首先安装 kmod-lustre 包,否则出错
[root@node-4 ~]# yum install lustre -y
[root@node-4 ~]# reboot
[root@node-4 ~]# modprobe lustre
[root@node-4 ~]# mkdir /mnt/lustre
[root@node-4 ~]# mount.lustre 192.168.1.102@tcp:/lustrefs /mnt/lustre
[root@node-4 ~]# df -hT
Filesystem         Type      Size  Used Avail Use% Mounted on
/dev/sda3          xfs        18G  2.1G   16G  12% /
devtmpfs           devtmpfs  900M     0  900M   0% /dev
tmpfs              tmpfs     912M     0  912M   0% /dev/shm
tmpfs              tmpfs     912M  8.6M  904M   1% /run
tmpfs              tmpfs     912M     0  912M   0% /sys/fs/cgroup
/dev/sda1          xfs       497M  156M  342M  32% /boot
```

| tmpfs | tmpfs | 183M | 0 | 183M | 0% /run/user/0 |
| 192.168.1.102@tcp:/lustrefs | lustre | 39G | 91M | 37G | 1% /mnt/share |

（8）速度测试：分别向/mnt/share/文件夹和本机路径文件夹写数据块，比较下写的速度。

[root@node-4 ~]# dd if=/dev/zero of=/mnt/share/test.img bs=1M count=4500
4500+0 records in
4500+0 records out
4718592000 bytes (4.7 GB) copied, 60.9748 s, 77.4 MB/s
[root@node-3 ~]# dd if=/dev/zero of=/tmp/test.img bs=1M count=4500
4500+0 records in
4500+0 records out
4718592000 bytes (4.7 GB) copied, 66.7505 s, 70.7 MB/s

通过比较发现 Lustre 分布式文件系统速度确实提高了，读者可以搭建大规模的 Lustre 测试系统，也可以搭建双 Lustre 备份系统，用于数据的冗余存储。

7.5 MooseFS 分布式存储

7.5.1 MooseFS 架构

下面对 MooseFS（MFS）整体架构的 4 种角色进行介绍，MooseFS 架构原理如图 7-13 所示。

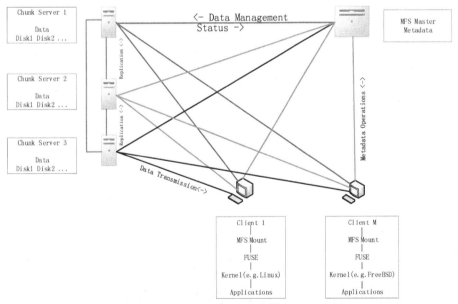

图 7-13　MooseFS 架构原理

（1）Master（元数据服务器）：这个组件的角色是管理整个 MFS 文件系统的主服务器，除了分发用户请求外，还用来存储整个文件系统中的每个数据文件的 Metadata 信息，Metadata（元数据）信息包括文件（也可以是目录、Socket、管道、设备等）的大小、属性、文件位置路径等，以及文件空间的回收和恢复，控制多 Chunk Server 结点的数据复制。Master 很类似 LVS 负载均衡主服务器，不同的是 LVS 仅仅根据算法分发请求，而 Master 根据内存里的 Metadata 信息来分发请求。Master 只能有一台处于激活工作的状态。

（2）Metalogger（元数据日志服务器）：这个组件的作用是备份管理服务器 Master 的变化的 Metadata 信息日志文件，文件类型为 Changelog_Ml.*.MFS，以便于在主服务器出现问题的时候，经过简单的操作即可让新主服务器进行工作。这很类似 Mysql 的主从同步，只不过它不像 Mysql 从库那样在本地应用数据，而只是接收主服务器上文件写入时记录的文件相关的 Metadata 信息。这个 Backup 可以有一台或多台，它很类似 LVS 从负载均衡器。

（3）Chunk（数据存储服务器）：这个组件就是真正存放数据文件实体的服务器了，这个角色可以由多台不同的物理服务器或不同的硬盘及分区来充当，当配置数据的副本多于一份时，写入一个数据服务器后，会根据算法在其他数据服务器上进行同步备份。这个很像 LVS 集群的 RS 结点。

（4）Client（客户端挂载）：这个组件就是挂载并使用 MFS 文件系统的客户端，当读写文件时，客户端首先连接主管理服务器获取数据的 Metadata 信息，然后根据得到的 Metadata 信息，访问数据服务器读取或写入文件实体。MFS 客户端通过 FUSE Mechanism 实现挂载 MFS 文件系统。因此，只要系统支持 FUSE，其就可以作为客户端访问 MFS 整个文件系统。所谓的客户端并不是网站用户，而是前端访问文件系统的应用服务器，如 Web。

7.5.2 MooseFS 读写数据

如图 7-14 所示，Master Server 用三角形表示，Chunk Server 用椭圆形表示，Client 用方形表示。整个写流程分为下面 8 个步骤。

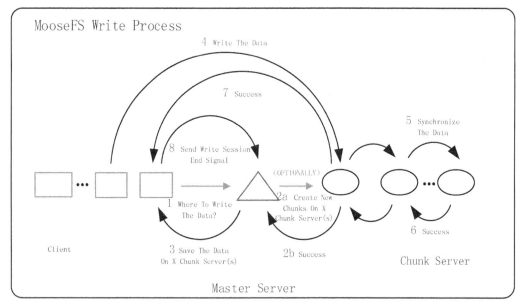

图 7-14　MooseFS 写流程

（1）Client 客户端访问主服务器 Master，请求写入数据。
（2）主服务器 Master 查询缓存记录，如果是新文件，则会联系后面的数据服务器创建对应的 Chunk 对象准备存放文件。
（3）数据服务器返回创建对应的 Chunk 对象成功信息发给主服务器。
（4）主服务器 Master 把文件实体的位置等相关信息发给 Client 客户端。
（5）Client 客户端访问对应的数据服务器写数据。
（6）数据服务器之间进行数据同步，互相确认成功。
（7）数据服务器返回成功写入信息发给 Client 客户端。

（8）Client 客户端回报发给主服务器 Master，写入结束。

如图 7-15 所示，Master Server 用三角形表示，Chunk Server 用圆形表示，Client 用方形表示。整个读流程有以下 4 个步骤。

（1）Client 客户端访问主服务器 Master，获取文件实体的位置等相关信息。

（2）主服务器 Master 查询缓存记录，把文件实体的位置等相关信息发给 Client 客户端。

（3）Client 客户端根据拿到的信息去访问对应的存储实体数据的服务器（Data Servers 或者 Chunk Servers）。

（4）存储实体数据的服务器（Data Servers 或者 Chunk Servers）把对应的数据返回给 Client 客户端。

从图 7-15 还可以看出，当多个 MFS 客户端读数据的时候，Master 服务器充当路由器为这些客户端分发指路，而数据的返回由不同的数据服务器直接返回给请求的客户端，这样的模式可以极大地突破主服务器的系统及网络瓶颈，增加了整个系统的吞吐量，这很类似于 LVS 的 DR 模式负载均衡的分发和数据传输的情况。

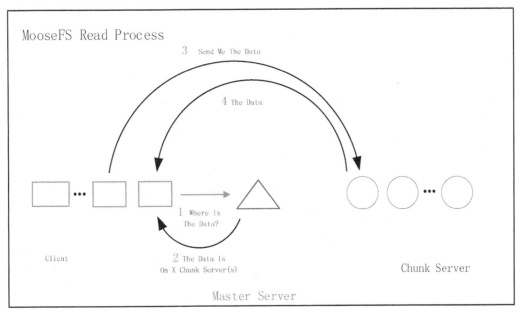

图 7-15　MooseFS 读流程

【实验 27】　MooseFS 搭建和使用

（一）实验目的

- 了解 MooseFS 架构原理及其组件功能。
- 掌握 MooseFS 文件系统的安装、配置和集群管理。
- 熟练掌握 MooseFS 文件的挂载。

（二）实验内容

在 VMware 中模拟 4 台虚拟机。其中 node-1 充当着 Master 元数据主服务器、Web 监控服务器；node-2 充当着 Master 备份服务器；node-3 充当着后台存储服务器；node-4 充当着测试客户端。通过配置相关服务，构建 MooseFS 集群，将 node-3 的存储空间提供给集群文件系统使用，最后通过客户端 node-4 测试文件系统的可行性，架构图如图 7-16 所示。

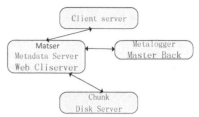

图 7-16　MooseFS 文件系统架构图

（三）实验步骤

详见北京西普阳光教育科技股份有限公司提供的本书配套产品资源。

7.6　Ceph 分布式存储

7.6.1　Ceph 架构

Ceph 是一个开源的分布式文件系统。因为它还支持块存储、对象存储，所以很自然地被用作云计算框架 OpenStack 或 CloudStack 整个存储后端。当然也可以单独作为存储，例如，部署一套集群作为对象存储、SAN 存储、NAS 存储等。国内外很多公司实践证明，Ceph 块存储和对象存储是完整可靠的。

Ceph 在同一平台上实现并且提供了包括对象、块设备和文件在内的存储服务，拥有高可靠性、易于管理、开源等特点。使用 Ceph 作为存储架构，能够使得公司的互联网基础设施架构和公司员工个人的才能得到很大的改造和提升，当然其优势也表现在易于实现大量数据管理方面。Ceph 有着极易扩展的特性，上千数量的客户端可同时访问 Perabytes 到 Exabytes 数量级的数据。一个 Ceph 结点包括存储硬件设备以及智能的守护进程，而一个 Ceph 存储集群又包含着大量的结点，Ceph 结点之间相互通信、联系，以实现动态的数据副本复制和数据重新分配。基于 RADOS（Reliable, Autonomic Distributed Object Store），使用 Ceph 作为存储架构，可实现一个极易扩展的 Ceph 存储集群。

如图 7-17 所示，RADOS 集群中分为以下角色：MDSS、OSDS、MONS 以及 OSD 对象存储设备。可以理解为一块硬盘+OSD 管理进程，负责接受客户端的读写、OSD 间数据检验（Scrub）、数据恢复（Recovery）、心跳检测等。MONS 主要解决分布式系统的状态一致性问题，维护集群内结点关系图（MON-MAP、OSD-MAP、MDS-MAP、PG-MAP）的一致性，包括 OSD 的添加、删除的状态更新。MDS 元数据服务器在文件存储时必须配置。需要注意的是，MDS 服务器并不存放数据，仅仅只是管理元数据的进程。Ceph 文件系统的 Inode 等元数据真正存放在 RADOS 集群（默认在 Metadata Pool）。

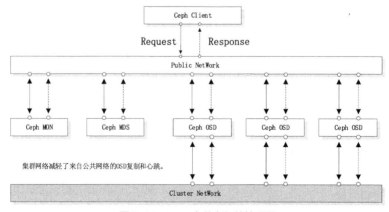

图 7-17　Ceph 架构各组件关系图

7.6.2 Ceph 读写数据

RADOS 集群中结点间的相互通信主要包括下面几个方面：

（1）客户端读写：主要接收客户端上传、下载、更新、删除操作。为了保持数据的强一致性，必须几个副本写成功后才算一次写操作完成（客户端只会向 Primary 写）。

（2）集群内部读写：包括 OSD 间数据同步、数据校验、心跳检查 MON 与 OSD 间心跳检查、MON 间状态同步等。

Client 读写数据，则需要找到数据应该存放的结点位置。一般做法将这种映射关系记录（HDFS）或者靠算法计算（一致性 Hash）。Ceph 采用的是更聪明的 Crush 算法，解决文件到 OSD 的映射。先看看 Ceph 中管理数据（对象）的关系。首先 Ceph 中的对象被池（Pool）化，Pool 中有若干个 PG，PG 是管理一堆对象的逻辑单位。一个 PG 分布在不同的 OSD 上。如图 7-18 所示，Client 端的文件会被拆分为多个对象，这些对象以 PG 的单位分布。

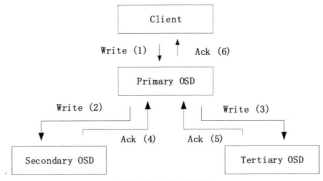

图 7-18 读写流程图

（3）Crush 算法的输入为（Pool Obj），即 Ceph 的命名空间。

① 计算 PG 号，通过 Obj Mod 当前 Pool 中的 PG 总数。

② Crush（PG，Crushmap）计算出多个 OSD。Crush 算法是一个多输入的伪随机算法，Crushmap 主要是整个集群 OSD 的层次结果、权重信息、副本策略信息。

文件 OSD 映射关系如图 7-19 所示。

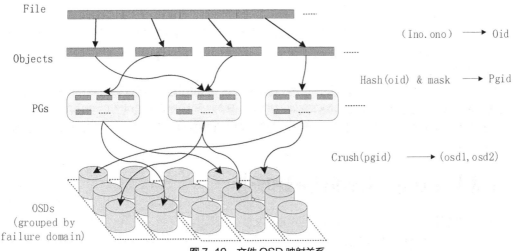

图 7-19 文件 OSD 映射关系

7.6.3 Ceph 客户端

Ceph 支持三种存储接口：对象存储 RGW（RADOS Gateway）、块存储 RBD（RADOS Block Device）和文件存储 CephFS；这三个接口只是在客户端的封装库不同，到服务端都是对象存储，如图 7-20 所示。

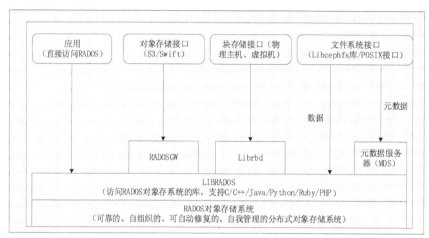

图 7-20 文件封装结构

（1）对象存储

Ceph 对象存储（RADOS Gateway，RGW）服务提供了 REST 风格的 API，它有与 Amazon S3 和 OpenStack Swift 兼容的接口。也就是通常意义的键值存储，其接口就是简单的 GET、PUT、DEL 和其他扩展。

（2）块存储

块存储（RADOS Block Device，RBD）是通过 Librbd 库对应用提供块存储，主要面向云平台的虚拟机提供虚拟硬盘；RBD 类似传统的 SAN 存储，提供数据块级别的访问。

目前 RBD 提供了两个接口：一种直接在用户态实现，通过 Qemu Driver 供 KVM 虚拟机使用；另一种在操作系统内核态实现了一个内核模块。通过该模块可以把块设备映射给物理主机，由物理主机直接访问。

（3）文件存储

Ceph 文件系统服务提供了兼容 POSIX 的文件系统，可以直接挂载为用户空间文件系统。它跟传统的文件系统如 Ext4 是一个类型，区别在于分布式存储提供了并行化的能力。

（4）原生接口

除了以上三种存储接口，还可以直接使用 LibRADOS 的原生接口，直接和 RADOS 通信；原生接口的优点是它直接和应用代码集成，操作文件很方便；但它的问题是它不会主动上传的数据分片。一个 1GB 的大对象上传，落到 Ceph 的存储硬盘上就是 1GB 的文件，而以上三个接口具有分片功能（条带化 File-Striping）。

【实验 28】 Ceph 搭建和使用

（一）实验目的

- 了解 Ceph 及其组件功能。

- 掌握 Ceph 的安装、配置和集群管理。
- 熟练掌握 Ceph 挂载。

（二）实验内容

在 node-1 上部署 Ceph-deploy 命令，通过 Ceph-deploy 统一在 node-1、node-2、node-3 上部属 Ceph 集群，node-1 充当着 ADMIN、MON 结点，node-2 和 node-3 部署 OSD 存储服务，客户端部署在 node-3 上面，通过创建的集群，分配 rdb 后映射到客户端使用，如图 7-21 所示。

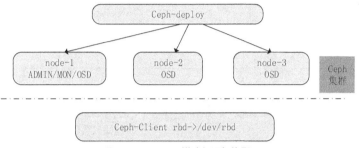

图 7-21　Ceph 搭建部署架构图

（三）实验步骤

详见北京西普阳光教育科技股份有限公司提供的本书配套产品资源。

7.7　本章小结

本章主要讲解了常见分布式存储的结构特点，数据读出、写入流程，常见分布式存储系统搭建的环境准备、YUM 源的配置、服务的安装和配置以及客户端如何测试等问题，对于如何应用到具体的云计算存储结构，如 OpenStack 如何修改默认 Glance 存储为 Ceph 存储，读者可以自行尝试。

思考题

（1）HDFS 常见的配置文件有哪些？例举常见的配置参数并说明含义。
（2）简单叙述 GlusterFS 分布式安装的流程。
（3）简单叙述 Lustre 分布式安装的流程。
（4）简单叙述 MooseFS 分布式安装的流程。
（5）简单叙述 Ceph 分布式安装的流程。

第 8 章
Docker技术

▶ 学习目标

① 了解 Docker 的基本原理，学会 Docker 的安装和基本使用。
② 了解 Dockerfile，学会使用 Dockerfile 制作镜像。
③ 了解 Docker Registry，学会使用 Registry 搭建私有镜像仓库。
④ 了解 Kubernetes 的概念及组成结构，学会在 CentOS 7 上搭建 Kubernetes 环境。

Docker，一个新的容器技术，它能够在相同的服务器上运行更多的应用程序，这也使得它很容易打包和发布程序。它可以达到相同的硬件上比其他技术运行更多的应用（小的开销内存/CPU/硬盘，这意味着更低成本）；它使开发人员能够快速创建简单的、现成的运行容器化应用；它使管理和部署应用程序更加容易。本文通过学习 Docker 的基本原理、Docker 命令，对 Dockerfile、Docker Registry、Kubernetes 进行安装、配置、应用部署。

8.1 Docker 的基本原理

8.1.1 Docker 的起源

Docker 最初是 Dotcloud 公司在法国发起的一个公司内部项目。它是基于 Dotcloud 公司多年云服务技术的一次革新，并于 2013 年 3 月以 Apache 2.0 授权协议开源，主要项目代码在 GitHub 上进行维护，Docker 项目后来还加入了 Linux 基金会，并成立了推动开放容器联盟。

Docker 使用 Google 公司推出的 Go 语言进行开发实现，基于 Linux 内核的 Cgroups、Namespace、AUFS 类的 Union FS 等技术，对进程进行封装隔离，属于操作系统层面的虚拟化技术。由于隔离的进程独立于宿主和其他隔离的进程，因此也称其为容器。最初的实现是基于 LXC 的；从 Docker 0.7 以后开始去除 LXC，转而使用自行开发的 Libcontainer；从 Docker 1.11 开始，进一步演进为使用 RunC 和 Containerd。

8.1.2 Docker 引擎

Docker 引擎是 C/S 的架构，Docker 客户端与 Docker Daemon（守护进程）进行交互，Daemon 负责构建、运行和发布 Docker 容器。客户端可以和服务端运行在同一个系统中，也可以连接远程的 Daemon。Docker 客户端与 Daemon 通过 RESTful API 进行 Socket 通信。

如图 8-1 所示，Docker Daemon 在主机上运行，用户不能直接和守护进程打交道，但是可以通过 Docker 客户端与其进行交互；Client 是 Docker 的初始用户界面，它接收用户的命令并反馈，并且与 Docker 的守护进程进行交互。

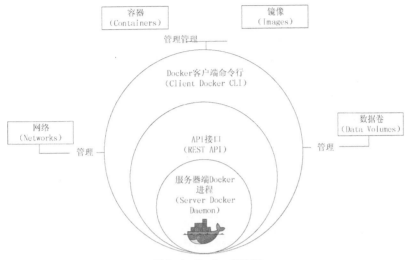

图 8-1　Docker 架构图

Docker 基于 Linux 容器技术（LXC）、Namespace、Cgroup、UnionFS（联合文件系统）等技术实现。

（1）Namespace（命名空间）：命名空间是 Linux 内核一个强大的特性。每个容器都有自己独立的命名空间，运行在其中的应用像是在独立的操作系统中运行一样，命名空间保证了容器之间彼此互不影响。Docker 实际上是一个进程容器，它通过 Namespace 实现了进程和进程之间所使用的资源隔离，使不同进程之间彼此不可见。Docker 用到的命名空间包括：

PID 命名空间：用于隔离进程，容器都有自己独立的进程 ID；

NET 命名空间：用于管理网络，容器有自己独立的 Network Info；

IPC 命名空间：用于访问 IPC（Inter Process Communication）资源；

MNT 命名空间：用于管理挂载点，每个容器都有自己唯一的目录挂载；

UTS 命名空间：用于隔离内核和版本标识（UTC：UNIX TimeProcess System），每个容器都有自己独立的 Hostname 和 Domain。

（2）Cgroup（控制组）：Cgroup 是 Linux 内核的一个特性，主要用来对共享资源进行隔离、限制、审计等。只有能控制分配到容器的资源，才能避免当多个容器同时运行时的对系统资源的竞争。控制组技术最早由 Google 的程序员于 2006 年提出，Linux 内核自 2.6.24 开始支持。控制组可以提供对容器的内存、CPU、硬盘 I/O 等资源的限制和审计管理。

（3）UnionFS（联合文件系统）：Union 文件系统（UnionFS）是一种分层、轻量级并且高性能的文件系统，它支持对文件系统的修改作为一次提交，并一层层地叠加，同时可以将不同目录挂载到同一个虚拟文件系统下。Union 文件系统是 Docker 镜像的基础，镜像可以通过分层来进行继承，同时加上自己独有的改动层，大大提高了存储的效率。

8.1.3　Docker 的核心概念

1. 镜像

镜像（Image）是一个只读模板，由 Dockerfile 文本描述镜像的内容。镜像定义类似面对对象的类，从一个基础镜像（Base Image）开始。构建一个镜像实际就是安装、配置和运行的过程。镜像可以用来创建 Docker 容器，一个镜像可以创建很多容器。Docker 镜像基于 UnionFS 把以上过程进行分层（Layer）存储，这样更新镜像可以只更新变化的层。Docker 的描述文件为 Dockerfile，Dockerfile 是一个文本文件，基本指令如下：

（1）FROM：定义基础镜像；
（2）MAINTAINER：作者或者维护者；
（3）RUN：运行的 Linux 命令；
（4）ADD：增加文件或目录；
（5）ENV：定义环境变量；
（6）CMD：运行进程。

2. 容器

容器是一个镜像的运行实例，容器由镜像创建，运行用户指定的指令或者 Dockerfile 定义的运行指令，可以将其启动、停止、删除，而这些容器都是相互隔离（独立进程）、互不可见的。

如运行 Ubuntu 操作系统镜像，-i 前台交互模型，-t 分配一个伪终端，运行命令为/bin/bash，代码如下：

```
[root@docker ~]# docker run -i -t ubuntu /bin/bash
Unable to find image 'ubuntu:latest' locally
Trying to pull repository docker.io/library/ubuntu ...
latest: Pulling from docker.io/library/ubuntu
6b98dfc16071: Pull complete
4001a1209541: Pull complete
6319fc68c576: Pull complete
b24603670dc3: Pull complete
97f170c87c6f: Pull complete
Digest: sha256:5f4bdc3467537cbbe563e80db2c3ec95d548a9145d64453b06939c4592d67b6d
root@401ff4d88c2f:/#
```

运行过程如下：

（1）拉取（Pull）镜像，Docker Engine 检查 Ubuntu 镜像是否本地存在，如果本地已经存在，则使用该镜像创建容器；如果不存在，则 Docker Engine 会从镜像仓库拉取镜像至本地；
（2）使用该镜像创建新容器；
（3）分配文件系统，挂载一个读写层，在读写层加载镜像；
（4）分配网络/网桥接口，创建一个网络接口，让容器和主机通信；
（5）从可用的 IP 池选择 IP 地址，分配给容器；
（6）执行命令/bin/bash；
（7）捕获和提供执行结果。

3. 仓库

Docker 仓库（Registry）是 Docker 镜像库，有时候会把仓库和仓库注册服务器（Registry）混为一谈，并不严格区分。实际上，仓库注册服务器上往往存放着多个仓库，每个仓库中又包含了多个镜像，每个镜像有不同的标签（Tag）。Docker Registry 也是一个容器，仓库分为公开仓库（Public）和私有仓库（Private）两种形式。最大的公开仓库是 Docker Hub，存放了数量庞大的镜像供用户下载。国内的公开仓库包括时速云、网易云等，可以为用户提供更稳定快速的访问。当然，用户也可以在本地网络内创建一个私有仓库。

当用户创建了自己的镜像之后就可以使用 Push 命令将它上传到公有或者私有仓库，这样下次在另外一台机器上使用这个镜像时候,只需要从仓库上 Pull 下来就可以了。Docker 仓库的概念跟 Git 类似,注册服务器可以理解为 GitHub 这样的托管服务。Docker 仓库与容器、镜像之间的关系如图 8-2 所示。

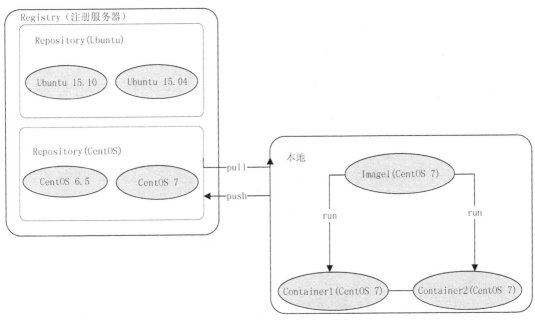

图 8-2　仓库与容器、镜像之间的关系

【实验 29】 Docker 安装部署

(一)实验目的
- 掌握安装 Docker 环境前的配置主机项。
- 掌握如何在 CentOS 7 系统上安装 Docker 服务。
- 掌握配置国内镜像加速器的方法。

(二)实验内容
通过 VMware 创建一台虚拟机,在此虚拟机上配置、安装 Docker 环境并配置国内镜像加速器。

(三)实验步骤
(1)系统要求

Docker 最低支持 CentOS 7,需要安装在 64 位的平台中,并且内核版本不能低于 3.10。CentOS 7 满足最低的内核要求,但由于内核版本比较低,部分功能(如 Overlay2 存储层驱动)无法使用,部分功能可能也不太稳定。

(2)安装前需配置主机

① 添加内核转发参数。

默认配置下,在 CentOS 7 中使用 Docker 可能会遇到下面这些警告信息。

> WARNING: bridge-nf-call-iptables is disable
> WARNING: bridge-nf-call-ip6tables is disable

添加内核配置参数可以启用这些功能,并可打开内核转发功能。编辑配置文件/etc/sysctl.conf,添加以下内容。

> [root@docker ~]# vi /etc/sysctl.conf

```
net.ipv4.ip_forward = 1
net.ipv4.conf.default.rp_filter = 0
net.ipv4.conf.all.rp_filter = 0
```
重新加载 sysctl.conf。
```
[root@docker ~]# sysctl -p
net.ipv4.ip_forward = 1
net.ipv4.conf.default.rp_filter = 0
net.ipv4.conf.all.rp_filter = 0
```
② 清除本地防火墙规则。
```
[root@docker ~]# iptables -F
[root@docker ~]# iptables -X
[root@docker ~]# iptables -Z
[root@docker ~]# /usr/sbin/iptables-save
# Generated by iptables-save v1.4.21 on Thu Jun 14 10:57:40 2018
*filter
:INPUT ACCEPT [34:2244]
:FORWARD ACCEPT [0:0]
:OUTPUT ACCEPT [18:1672]
COMMIT
# Completed on Thu Jun 14 10:57:40 2018
```
③ 添加系统 YUM 源。

虽然 CentOS 7 的软件源中有 Docker 安装镜像，但是不建议使用系统中的这个版本，该版本相对比较旧，而且并非 Docker 官方维护的版本。这里采用国内阿里云的 YUM 源，此 YUM 源内的软件版本较新，且速度很快。通过以下命令添加 YUM 源。

```
[root@docker ~]# rm -rf /etc/yum.repos.d/*
[root@docker ~]# curl -o /etc/yum.repos.d/CentOS-Base.repo http://mirrors.aliyun.com/repo/Centos-7.repo
    % Total    % Received % Xferd  Average Speed   Time    Time     Time  Current
                                   Dload  Upload   Total   Spent    Left  Speed
100  2523  100  2523    0     0  29227      0 --:--:-- --:--:-- --:--:-- 29682
[root@localhost ~]# yum clean all
```
（3）配置 DNS 服务器地址
```
[root@docker ~]# vi /etc/resolv.conf
nameserver 114.114.114.114
```
（4）安装 Docker

① 检查内核。
```
[root@docker ~]# uname -a
Linux docker.novalocal 3.10.0-229.el7.x86_64 #1 SMP Fri Mar 6 11:36:42 UTC 2015 x86_64 x86_64 x86_64 GNU/Linux
```
② 检查 Device Mapper（存储驱动）。
```
[root@docker ~]# ls -l /sys/class/misc/device-mapper/
total 0
-r--r--r-- 1 root root 4096 Jun 13 07:02 dev
```

```
drwxr-xr-x 2 root root      0 Jun 13 07:02 power
lrwxrwxrwx 1 root root      0 Jun 13 07:02 subsystem -> ../../../../class/misc
-rw-r--r-- 1 root root 4096 Jun 13   2018 uevent
```

如果提示 No such file or directory，说明系统没有安装 Device Mapper，使用 yum 命令安装后执行命令 modprobe dm-mod 即可。

③ 正确安装 Docker。

```
[root@docker ~]# yum install -y docker
……
    selinux-policy-targeted.noarch 0:3.13.1-166.el7_4.7
    setools-libs.x86_64 0:3.3.8-1.1.el7           systemd.x86_64  0:219-42.el7_4.6
systemd-libs.x86_64 0:219-42.el7_4.6
    systemd-sysv.x86_64 0:219-42.el7_4.6
Complete!
```

④ 配置国内镜像地址。

由于 Docker Hub 公有仓库服务器处于国外，国内访问会很慢，此时可以配置为国内的镜像仓库地址，可以到阿里云上注册一个账号，此时可以获得一个专属的加速器地址，通过以下命令来使用加速器。

```
[root@docker ~]# mkdir -p /etc/docker
[root@docker ~]# tee /etc/docker/daemon.json <<-'EOF'
> {
>     "registry-mirrors":["https://9x8qngxx.mirror.aliyuncs.com"]
> }
> EOF
```

⑤ 检查 Docker 是否正确安装。

```
[root@docker ~]# docker info
Cannot connect to the Docker daemon. Is the docker daemon running on this host?
[root@test ~]# systemctl start docker
[root@test ~]# docker info
containers: 0
 running: 0
 paused: 0
 stopped: 0
images: 0
server version: 1.12.6
storage driver: devicemapper
 pool name: docker-253:1-50332863-pool
 pool blocksize: 65.54 kb
 base device size: 10.74 gb
 backing filesystem: xfs
 data file: /dev/loop0
 metadata file: /dev/loop1
 data space used: 11.8 mb
 data space total: 107.4 gb
```

```
        data space available: 20.36 gb
        metadata space used: 581.6 kb
        metadata space total: 2.147 gb
        metadata space available: 2.147 gb
        thin pool minimum free space: 10.74 gb
        udev sync supported: true
        deferred removal enabled: true
        deferred deletion enabled: true
        deferred deleted device count: 0
        data loop file: /var/lib/docker/devicemapper/devicemapper/data
        warning: usage of loopback devices is strongly discouraged for production use. use `--storage-opt
dm.thinpooldev` to specify a custom block storage device.
        metadata loop file: /var/lib/docker/devicemapper/devicemapper/metadata
        library version: 1.02.140-rhel7 (2017-05-03)
       logging driver: journald
       cgroup driver: systemd
       plugins:
        volume: local
        network: null host bridge overlay
       swarm: inactive
       runtimes: docker-runc runc
       default runtime: docker-runc
       security options: seccomp
       kernel version: 3.10.0-229.el7.x86_64
       operating system: centos linux 7 (core)
       ostype: linux
       architecture: x86_64
       number of docker hooks: 3
       cpus: 1
       total memory: 1.954 gib
       name: test
       id: qdu4:4yp6:ix5o:djqk:rb4k:ywlc:4kzu:lmfa:p4mj:bh3a:mjyq:tojd
       docker root dir: /var/lib/docker
       debug mode (client): false
       debug mode (server): false
       registry: https://index.docker.io/v1/
       warning: bridge-nf-call-iptables is disabled
       warning: bridge-nf-call-ip6tables is disabled
       insecure registries:
        127.0.0.0/8
       registries: docker.io (secure)
```

【实验 30】 Docker 命令行操作

（一）实验目的
- 熟悉并使用 Docker 命令从镜像仓库拉取镜像。
- 熟悉对镜像的简单操作。
- 熟悉运行容器操作及对容器的简单操作。

（二）实验内容
通过命令行操作 Docker，对镜像、容器进行简单的操作，加深对 Docker Engine 运作方式的理解。

（三）实验步骤
（1）镜像方面
① 获取镜像。
Docker Hub 上有大量高质量的镜像可以使用，从公有 Docker Registry 获取镜像的命令是 docker pull，其命令格式为：

Docker pull [选项] [Docker Registry 地址]<仓库名>:<标签>

具体的选项可以通过 docker pull --help 命令查看。

从 Docker Hub 拉取 Ubuntu 镜像：

```
[root@docker ~]# docker pull ubuntu
Using default tag: latest
Trying to pull repository docker.io/library/ubuntu ...
latest: Pulling from docker.io/library/ubuntu
6b98dfc16071: Pull complete
4001a1209541: Pull complete
6319fc68c576: Pull complete
b24603670dc3: Pull complete
97f170c87c6f: Pull complete
Digest: sha256:5f4bdc3467537cbbe563e80db2c3ec95d548a9145d64453b06939c4592d67b6d
```

查看 Ubuntu 镜像是否下载到本地，使用 docker images 查看本地镜像列表。

```
[root@docker ~]# docker images
REPOSITORY          TAG       IMAGE ID        CREATED       SIZE
docker.io/ubuntu    latest    113a43faa138    8 days ago    81.15 MB
```

列表包含了仓库名、标签、镜像 ID、创建时间及所占用的空间；镜像 ID 是镜像的唯一标识，一个镜像可以有多个标签。

Tips：本地镜像都保存在 Docker 宿主机的 /var/lib/docker 目录下。

```
[root@docker ~]# cd /var/lib/docker/
[root@docker ~]# ll
total 0
drwx------ 2 root root  6 Jun 14 11:07 containers
drwx------ 5 root root 50 Jun 14 11:08 devicemapper
drwx------ 3 root root 25 Jun 14 11:07 image
drwxr-x--- 3 root root 18 Jun 14 11:07 network
drwx------ 2 root root  6 Jun 14 11:07 swarm
drwx------ 2 root root  6 Jun 14 11:08 tmp
```

```
drwx------ 2 root root  6 Jun 14 11:07 trust
drwx------ 2 root root 24 Jun 14 11:07 volumes
```

② 运行镜像。

有了镜像之后，就可以以这个镜像为基础启动一个容器来运行。以上面的 Ubuntu 镜像为例，如果打算启动 Ubuntu 里面的 Bash 并且进行交互式操作的话，可以执行下面的命令：

```
[root@docker ~]# docker run -i -t --rm ubuntu:latest /bin/bash
root@6bb55539a7e0:/# cat /etc/os-release
NAME="Ubuntu"
VERSION="18.04 LTS (Bionic Beaver)"
ID=ubuntu
ID_LIKE=debian
PRETTY_NAME="Ubuntu 18.04 LTS"
VERSION_ID="18.04"
HOME_URL="https://www.ubuntu.com/"
SUPPORT_URL="https://help.ubuntu.com/"
BUG_REPORT_URL="https://bugs.launchpad.net/ubuntu/"
PRIVACY_POLICY_URL="https://www.ubuntu.com/legal/terms-and-policies/privacy-policy"
VERSION_CODENAME=bionic
UBUNTU_CODENAME=bionic
```

现在来分析下执行 docker run 命令后 Docker Engine 到底做了什么事。

首先，执行 docker run 命令来运行一个容器，并指定了-i 和-t 两个命令行参数（参数可以写在一起）。-i 选项保证容器中 STDIN 是开启的，尽管并没有附着到容器。持久的标准输入是交互式 Shell 的"半边天"，-t 选项则是另外"半边天"，它告诉 Docker 为要创建的容器分配一个伪 TTY 终端。这样，新创建的容器才能提供一个交互式 Shell。若要在命令行下创建一个用户能与之进行交互的容器，而不是一个运行后台服务的容器，则这两个参数已经是最基本的参数了。

接下来，告诉 Docker 基于什么镜像来创建容器，示例中使用的是 Ubuntu 镜像。Ubuntu 镜像是一个常备镜像，也可以称为基础（Base）镜像，它由 Docker 公司提供，保存在 Docker Registry 上。可以以 Ubuntu 镜像为基础，在选择的操作系统上构建自己的镜像。到目前为止已经基于此基础镜像启动了一个容器，并且没有对容器增加任何东西。

在启动容器过程中，Docker Engine 首先会检查本地是否存在 Ubuntu 镜像，如果本地没有此镜像的话，那么 Docker Engine 就会连接至 Docker Hub Registry，查看 Docker Hub 中是否有该镜像。Docker 一旦找到该镜像，就会下载该镜像并将其保存到本地宿主机。

随后，Docker 在文件系统内部用这个镜像创建了一个新容器。该容器拥有自己的网络、IP 地址，以及一个用来和宿主机进行通信的桥接网络接口。最后要告诉 Docker 要在容器运行什么指令，本例中我们在容器中运行 Bash 命令启动了一个 Bash Shell。当容器创建完毕后，Docker 就会执行容器中的 Bash 命令，这时就可以看到容器内的 Shell 了，然后查看当前系统版本。

③ 镜像体积。

如果仔细观察就会注意到，这里，标志所占用的空间和在 Docker Hub 上看到的镜像大小不同。如 Ubuntu:Latest 的镜像大小，这里是 81.15MB，但是在 Docker Hub 上显示的是 50MB。这是因为 Docker Hub 中显示的体积是压缩后的体积。在镜像下载和上传过程中，镜像是保持压缩状态的，因此 Docker Hub 所显示的大小是网络传输中人们更关心的流量大小。而 Docker Images 显示的是镜像下载到本地后展开的大小，准确地说是展开后的各层所占空间的总和，因为镜像下载到本地后，查看空间的时候，人们更关心的是本地硬盘空间占用的大小。

另外一个需要注意的问题是，Docker Images 列表中的镜像体积总和并非是所有镜像的实际硬盘空间消耗。由于 Docker 镜像是多层存储结构，并且可以继承、复用，因此不同镜像可能因为使用相同的基础镜像，从而拥有共同的层。由于 Docker 使用 UnionFS，相同的层只需要保存一份即可，因此实际镜像硬盘占用空间很可能要比这个列表镜像大小的总和要小得多。

④ 根据仓库名列出镜像。

[root@docker ~]# docker images ubuntu

REPOSITORY	TAG	IMAGE ID	CREATED	SIZE
docker.io/ubuntu	14.04	578c3e61a98c	8 days ago	223.3 MB
docker.io/ubuntu	latest	113a43faa138	8 days ago	81.15 MB

⑤ 以特定格式显示。

默认情况下，docker images 会输出一个完整的表格，但是并非所有的时候都会需要这些内容。如果只想查询镜像的 ID，就可以使用 -q 参数。

[root@docker ~]# docker images -q
578c3e61a98c
113a43faa138

例如，下面的命令会直接列出镜像结果，并且只包含镜像 ID 和仓库名：

[root@docker ~]# docker images --format "{{.ID}}:{{.Repository}}"
578c3e61a98c:docker.io/ubuntu
113a43faa138:docker.io/ubuntu

Tips:可以使用 docker images --help 查看更多的帮助命令。

⑥ 查找镜像。

要通过 docker search 来查找镜像，首先要查找本地，然后是本地仓库，然后是 Docker Hub 库。

[root@docker ~]# docker search centos

INDEX	NAME	DESCRIPTION	STARS	OFFICIAL	AUTOMATED
docker.io	docker.io/centos	The official build of CentOS.	4371	[OK]	
docker.io	docker.io/ansible/CentOS 7-ansible	Ansible on CentOS 7	111		[OK]
docker.io	docker.io/jdeathe/centos-ssh	CentOS-6 6.9 x86_64 / CentOS-7 7.4.1708 x8...	96		[OK]

……

⑦ 删除本地镜像。

如果要删除本地镜像，可以使用 docker rmi 命令，其格式为：

Docker rmi [选项] 镜像 ID

[root@docker ~]# docker rmi 99a633ad346f
Untagged: docker.io/tutum/centos:latest
Untagged: docker.io/tutum/centos@sha256:b4de18abfef698f6ae3a4921d6f58edef8fc770c6ee5da7636fa4ea51ab545c5
Deleted: sha256:99a633ad346ff9debae2e18ef28e36da72c4535d936500e497cd34377173d4b6
Deleted: sha256:e72d160abbd5585d403996036763c88e9624c70d9d80d6fb0e1ccb2c49b8a26d
Deleted: sha256:8f201733668a3ce8ce77a0dc8b2d7249cdc70b1022a7fc78650527a6f3ec09b6
Deleted: sha256:8fdcefb6d553194a6881387055c1d4110bc385d3dbf4d51b0aa07f1251e877ef

Deleted: sha256:8f98c28a55c2e54cf8b8815d843cbfaf1495dd0bf601774f27da1cbe80183225

Tips：如果镜像已经存在依据此镜像运行的容器，该镜像是无法直接删除的，需要先将容器删除，才能删除镜像。

```
[root@docker ~]# docker rmi 113a43faa138
Error response from daemon: conflict: unable to delete 113a43faa138 (cannot be forced) - image is being used by running container 457683f935b0
[root@docker ~]# docker ps
CONTAINER ID        IMAGE              COMMAND              CREATED          STATUS           PORTS          NAMES
457683f935b0        ubuntu             "bash"               30 seconds ago   Up 28 seconds                   silly_bhabha
[root@docker ~]# docker rm -f 457683f935b0
457683f935b0
[root@docker ~]# docker rmi 113a43faa138
Untagged: docker.io/ubuntu:latest
Untagged: docker.io/ubuntu@sha256:5f4bdc3467537cbbe563e80db2c3ec95d548a9145d64453b06939c4592d67b6d
Deleted: sha256:113a43faa1382a7404681f1b9af2f0d70b182c569aab71db497e33fa59ed87e6
Deleted: sha256:a9fa410a3f1704cd9061a802b6ca6e50a0df183cb10644a3ec4cac9f6421677a
```

（2）容器部分

运行容器在前面已经简单介绍了，本部分将介绍各种自定义容器的方法（运行容器的所有命令均可以通过 docker run --help 获得）。

① 命名容器。

Docker 会为创建的每一个容器自动生成一个随机的名称。使用 docker ps 就能查看到已创建容器的名称：

```
[root@docker ~]# docker ps
CONTAINER   ID    IMAGE    COMMAND    CREATED    STATUS    PORTS    NAMES
b021b6969ea3      centos   "bash"     Less than a second ago   Up Less than a second    fURIous_feynman
46bce5651405      ubuntu   "/bin/sh -c 'while tr"   5 hours ago    Up 5 hours    daemon_container
213efa1d6ba7      ubuntu   "bash"     28 hours ago   Up Less than a second    ubuntu
```

下面通过 docker run 中 --name 选项来指定容器名称。

```
[root@docker ~]# docker run -i -d --name ubuntu ubuntu:latest /bin/bash
aa4f96649e79f7637c1371708f116e38675fbae3f635b25a571e5592ce6c177b
[root@docker ~]# docker ps
CONTAINER ID        IMAGE              COMMAND          CREATED                 STATUS                 PORTS     NAMES
b021b6969ea3        centos             "bash"           Less than a second ago  Up Less than a second            fURIous_feynman
aa4f96649e79        ubuntu:latest      "/bin/bash"      5 seconds ago           Up 3 seconds                     ubuntu
```

在很多 Docker 命令中，都可以用容器的名称来替代容器的 ID，容器名称有助于分辨容器，当构建容器和应用程序之间的逻辑连接时，容器的名称也有助于从逻辑上理解连接关系。另外，容器的命名必须是唯一的。

② 容器的启动、停止。

使用 docker stop 停止容器：

```
[root@docker ~]# docker stop aa4f96649e79
aa4f96649e79
```

需要注意的是，如果容器已经退出了，即状态为 Exited 时，单单使用 docker ps 是查看不到的，因为 docker ps 只能查看正在运行的容器，想要查看所有容器必须使用 docker ps -a 命令查看。

```
[root@docker ~]# docker ps
CONTAINER ID     IMAGE        COMMAND         CREATED             STATUS          PORTS       NAMES
b021b6969ea3     centos       "bash"          Less than a second ago   Up Less than a second        fURIous_feynman

[root@docker ~]# docker ps -a
CONTAINER ID     IMAGE        COMMAND         CREATED        STATUS     PORTS       NAMES
b021b6969ea3     centos       "bash"          Less than a second ago   Up Less than a second        fURIous_feynman
aa4f96649e79     ubuntu:latest  "/bin/bash"    7 minutes ago   Exited (137) 6 minutes ago       ubuntu
```

已经将容器停止，这时可以通过 docker start 命令开启此容器：

```
[root@docker ~]# docker start aa4f96649e79
aa4f96649e79
[root@docker ~]# docker ps
CONTAINER ID     IMAGE        COMMAND         CREATED             STATUS          PORTS       NAMES
b021b6969ea3     centos       "bash"          Less than a second ago   Up Less than a second        fURIous_feynman
aa4f96649e79     ubuntu:latest  "/bin/bash"    8 minutes ago    Up 2 seconds        ubuntu
46bce5651405     ubuntu       "/bin/sh -c 'while tr"  5 hours ago    Up 5 hours       daemon_container
```

使用容器名或者 ID 均可以开启容器，这时候使用不带-a 选项的 docker ps 命令，就能看到容器已经开始运行了。

Tips: Docker 也提供了 docker create 命令来创建一个容器，但是并不运行它。可以在自己的容器工作流程中对其进行细粒度的控制。

③ 进入容器内部。

Docker 容器重新启动时，会沿用使用 docker run 命令时指定的参数来运行，因此容器重新启动后会运行一个交互式会话 Shell。此外，也可以用 docker attach 命令重新附着到该容器的会话上：

```
[root@docker ~]# docker ps -a
CONTAINER ID     IMAGE        COMMAND         CREATED             STATUS          PORTS       NAMES
b021b6969ea3     centos       "bash"          Less than a second ago
```

```
Up Less than a second                      fURIous_feynman
aa4f96649e79       ubuntu:latest      "/bin/bash"        12 minutes ago              Up 3 minutes                              ubuntu
```

[root@docker ~]# docker attach b021b6969ea3
[root@b021b6969ea3 /]# ls
bin dev etc home lib lib64 media mnt opt proc root run sbin srv sys tmp usr var

此时如果使用 Ctrl+D 组合键退出容器，会使容器再次停止运行。

Tips：使用 attach 命令进入容器需要按 Ctrl+C 组合键。使用 attach 命令有时候并不方便。当多个窗口同时 attach 到同一个容器的时候，所有窗口都会同步显示，当某个窗口因命令阻塞时，其他窗口也无法执行操作了。

Docker 还提供了另外一种进入容器内部的方式，此方法实际上是在容器内部运行一个指令，若执行的指令为/bin/bash，则直接进入容器，此种方法较为方便，且没有 docker attach 命令的缺点，退出容器时容器也不会被终止，命令如下：

[root@docker ~]# docker exec -it b021b6969ea3 /bin/bash
[root@b021b6969ea3 /]# ls
bin dev etc home lib lib64 media mnt opt proc root run sbin srv sys tmp usr var

-i 选项意为保持 STDIN 打开，-t 分配一个伪终端，另外，还可以执行其他命令，例如，查看容器的网卡信息：

[root@docker ~]# docker exec b021b6969ea3 ifconfig
Eth0: flags=4163<UP,BROADCAST,RUNNING,MULTICAST> mtu 1500
        inet 172.17.0.3 netmask 255.255.0.0 broadcast 0.0.0.0
        inet6 fe80::42:acff:fe11:3 prefixlen 64 scopeid 0x20<link>
        ether 02:42:ac:11:00:03 txqueuelen 0 (Ethernet)
        RX Packets 8 bytes 648 (648.0 B)
        RX errors 0 dropped 0 overruns 0 frame 0
        TX Packets 8 bytes 648 (648.0 B)
        TX errors 0 dropped 0 overruns 0 carrier 0 collisions 0
lo: flags=73<UP,LOOPBACK,RUNNING> mtu 65536
        inet 127.0.0.1 netmask 255.0.0.0
        inet6 ::1 prefixlen 128 scopeid 0x10<host>
        loop txqueuelen 0 (Local Loopback)
        RX Packets 0 bytes 0 (0.0 B)
        RX errors 0 dropped 0 overruns 0 frame 0
        TX Packets 0 bytes 0 (0.0 B)
        TX errors 0 dropped 0 overruns 0 carrier 0 collisions 0

④ 创建守护式容器。

除了这些交互式运行的容器（Interactive Container），也可以创建长期运行的容器。守护式容器（Daemonized Container）没有交互式会话，非常适合运行应用程序和服务。很多时候都需要以守护式进程来运行容器。下面就来启动一个守护式容器：

[root@docker ~]# docker run -d --name ubuntu_daemon ubuntu:latest /bin/sh -c "while true;do echo hello world,sleep 1;done"

```
9a693bfbb5ebd32690f86953240b237f6d5e7ca37c27c4406d63610045e25d01
[root@docker ~]# docker ps
CONTAINER ID          IMAGE                   COMMAND                  CREATED
STATUS              PORTS              NAMES
9a693bfbb5eb          ubuntu:latest           "/bin/sh -c 'while tr"   14 seconds ago         Up 13
seconds                                ubuntu_daemon
```

上面的 docker run 命令中使用了-d 参数，-d 参数的作用是使容器在后台运行。

容器要运行的命令里还使用了一个 while 循环，该循环会一直打印 hello world，直到停止容器或者其进程被停止。

⑤ 查看容器日志。

如果已经有一个容器被创建，在后台运行，现在想看看容器内部到底在做什么，就可以使用 docker logs 命令来查看容器的日志。

```
[root@docker ~]# docker logs ubuntu_daemon
hello world,sleep 1
hello world,sleep 1
hello world,sleep 1
hello world,sleep 1
hello world,sleep 1
...
```

这里可以看到，while 循环正在向日志里打印 hello world。Docker 会输出最后几条日志并返回。也可以在命令后使用-f 参数来监控 Docker 的日志，这与 tail -f 命令非常相似。

Tips：可以通过 Ctrl+C 组合键退出日志跟踪。

也可以跟踪容器日志的某一片段，和之前类似，只需要在 tail 命令加入-f、--tail 选项即可。例如，可以使用 docker logs --tail 10 daemon_container 获取日志的最后 10 行内容，另外也可以使用 docker logs --tail 0 -f daemon_container 命令来跟踪某个容器的最新日志而不必读取整个日志文件。

为了调试更直观，还可以使用-t 参数为每条日志加上时间戳：

```
[root@docker ~]# docker logs -f -t ubuntu_daemon
2018-06-13T07:46:29.424425000Z hello world,sleep 1
2018-06-13T07:46:29.424604000Z hello world,sleep 1
……
```

⑥ 查看容器内的进程。

除了容器日志，也可以查看容器内部运行的进程。使用 docker top 命令：

```
[root@docker ~]# docker top ubuntu_daemon
UID               PID            PPID              C              STIME
TTY              TIME            CMD
root                      13447                            13433                  2
07:44                    ?                  00:00:03        /bin/sh -c while true;do echo hello
world,sleep 1;done
```

该命令执行后，可以看到容器内的所有进程、运行进程的用户及进程 ID。

⑦ Docker 统计信息。

除了 docker top 命令，还可以使用 docker stats 命令，它用来显示一个或多个容器的统计信息。如果不指定容器 ID，则显示的是所有容器的统计信息。

```
[root@docker ~]# docker stats
```

CONTAINER	CPU %	MEM USAGE / LIMIT	MEM %	NET I/O	BLOCK I/O	PIDS
b021b6969ea3	0.00%	376 kB / 7.797 GB	0.00%	648 B / 648 B	6.109 MB / 0 B	0
aa4f96649e79	0.00%	256 kB / 7.797 GB	0.00%	1.206 kB / 648 B	4.02 MB / 0 B	0
46bce5651405	0.03%	172 kB / 7.797 GB	0.00%	2.88 kB / 648 B	2.545 MB / 0 B	0

可以看到一个守护式容器的列表，以及它们的 CPU、内存、网络 I/O 以及存储 I/O 的性能和指标。这对快速监控一台主机上的一组容器非常有用。

⑧ 导入和导出容器快照。

导出容器快照：

如果需要导出本地某个容器快照，可以使用 docker export 命令。

```
[root@docker ~]# docker ps
CONTAINER ID    IMAGE           COMMAND        CREATED              STATUS        PORTS    NAMES
b021b6969ea3    centos          "bash"         Less than a second ago  Up 11 minutes         fURIous_feynman
aa4f96649e79    ubuntu:latest   "/bin/bash"    25 minutes ago       Up 16 minutes          ubuntu
[root@docker ~]# docker export aa4f96649e79 > ubuntu.tar
[root@docker ~]# ll ubuntu.tar
-rw-r--r-- 1 root root 72241152 Jun 13 07:48 ubuntu.tar
```

导入容器快照：

可以使用 docker import 命令，例如：

```
[root@docker ~]# cat ubuntu.tar | docker import - test/ubuntu:v1.0
sha256:22a012d83069934a30e68ccff82f2a3368b73e858ef42086254c6b962836ede6
[root@docker ~]# docker images
REPOSITORY          TAG        IMAGE ID         CREATED         SIZE
test/ubuntu         v1.0       22a012d83069     3 seconds ago   69.76 MB
```

Tips：我们既可以使用 docker load 来导入镜像存储文件到本地镜像仓库，也可以使用 docker import 来导入一个容器快照到本地镜像库。这两者的区别在于，容器快照文件将丢失所有的历史记录和元数据信息（即仅保存容器当时的快照状态），而镜像存储文件将保存完整记录，体积也大。此外，从容器快照文件导入时可以重新指定标签等元数据信息。

⑨ 查看容器的具体配置信息。

```
[root@docker ~]# docker inspect 46bce5651405
[
    {
        "Id": "46bce5651405d70cd66c3d1b0b34af59e13d801d71ab043d9958228f40135b44",
        "Created": "2018-06-13T01:52:57.562353873Z",
        "Path": "/bin/sh",
```

```
            "Args": [
                "-c",
                "while true;do echo hello world;sleep 1;done"
            ],
            "State": {
                "Status": "running",
                "Running": true,
                "Paused": false,
                "Restarting": false,
                "OOMKilled": false,
                "Dead": false,
                "Pid": 2389,
                "ExitCode": 0,
                "Error": "",
                "StartedAt": "2018-06-13T01:52:59.636017029Z",
                "FinishedAt": "0001-01-01T00:00:00Z"
            }
...
```

docker inspect 命令还可以通过特定格式显示容器的信息，例如，查看容器的 IP 地址：
[root@docker ~]# docker inspect --format='{{.NetworkSettings.IPAddress}}' 46bce5651405
172.17.0.4

8.2 Dockerfile

8.2.1 Dockerfile 简介

镜像是多层存储，每一层是在前一层的基础上进行修改；而容器同样也是多层存储，是以镜像为基础层，在其基础上加一层作为容器运行时的存储层。

创建镜像有两种方法：一种是 docker commit 命令；另一种是用 Dockerfile 方法。

在介绍 docker commit 命令前，首先回顾一下对代码的版本控制。当修改代码后，可以使用 commit 命令变更到版本服务器上。对于容器，当创建容器后，如果后面对容器做了修改，就可以利用 commit 命令将修改提交为一个新的镜像。

Dockerfile 是由一系列命令和参数构成的脚本，这些命令应用于基础镜像并最终创建一个新的镜像。它简化了从头到尾的流程，并极大地简化了部署工作。Dockerfile 从 FROM 命令开始，紧接着跟随各种方法、命令和参数。其产出为一个新的可以用于创建容器的镜像。

8.2.2 Dockerfile 指令详解

1. FROM

格式：
FROM <image>

- FROM 指定构建镜像的基础源镜像，如果本地没有指定的镜像，则会自动从 Docker 的公共库 pull 镜像下来。

- FROM 必须是 Dockerfile 中非注释行的第一个指令，即一个 Dockerfile 从 FROM 语句开始。
- 如果有需求在一个 Dockerfile 中创建多个镜像，FROM 可以在一个 Dockerfile 中出现多次。
- 如果 FROM 语句没有指定镜像标签，则默认使用 Latest 标签。

2. MAINTAINER

格式：

MAINTAINER <name>

指定创建镜像的用户。

3. RUN

RUN 有两种使用方式：

RUN command

RUN "executable","param1","param2"...

每条 RUN 指令将在当前镜像基础上执行指定命令，并提交为新的镜像，后续的 RUN 都以之前 RUN 提交后的镜像为基础，镜像是分层的，可以通过一个镜像的任何一个历史提交点来创建，类似源码的版本控制。

exec 方式会被解析为一个 JSON 数组，所以必须使用双引号而不是单引号。exec 方式不会调用一个命令 shell，所以也就不会继承相应的变量，例如：

RUN ["echo","$HOME"]

这种方式是不会输出 HOME 变量的，正确的方式应该是这样的：

RUN ["sh","-c","echo","$HOME"]

RUN 产生的缓存在下一次构建的时候是不会失效的，会被重用。可以使用--no-cache 选项，即 docker build --no-cache，如此便不会缓存。

4. CMD

CMD 有三种使用方式：

CMD "executable","param1","param2"...

CMD "param1","param2"

CMD command param1 param2(shell from)

CMD 指定在 Dockerfile 中只能使用一次，如果有多个，则只有最后一个会生效。

CMD 的目的是在启动容器时提供一个默认的命令执行选项。如果用户启动容器时指定了运行的命令，则会覆盖掉 CMD 指定的命令。

CMD 会在启动容器的时候执行，build 时不执行；而 RUN 只是在构建镜像的时候执行，后续镜像构建完成之后，启动容器就与 RUN 无关了。初学者容易弄混这两个概念，这里简单注解一下。

5. EXPOSE

格式：

EXPOSE <port> [<port>...]

EXPOSE 指令告诉 Docker 服务端容器对外映射的本地端口，需要在 docker run 的时候使用-p 或者-P 选项生效。这只是一个声明，在运行时应用并不会因为这个声明就开启这个端口的服务。在 Dockerfile 中写入这样的声明有两个好处：一个是帮助镜像使用者理解这个镜像服务的守护端口，以方便配置映射；另一个是在运行时使用随机端口映射时，也就是 docker run -P 时，会自动随机绑定宿主机的端口来映射容器内部 EXPOSE 开启的端口。

用户要将 EXPOSE 和运行时使用的-p<宿主机端口>:<容器端口>区分开来。-p 可以映射宿主端口和容器端口，换句话说，就是将容器的对应端口服务公开给外界访问，而 EXPOSE 仅仅是声明容器打算暴露什么端口而已，并不会自动在宿主机上进行端口映射。

6. ENV

格式有两种:

ENV <key><value>　　　#只能设置一个变量

ENV <key1>=<value1><key2>=<value2>...　　　#允许一次设置多个变量

这个指令很简单,就是设置环境变量,无论是后面的其他指令,如 RUN,还是运行时的应用,都可以直接使用这里定义的环境变量。

例子:

ENV myName="John Doe" myDog=Rex\ The\ Dog \
　　myCat=fluffy

等同于:

ENV myName John Doe
ENV myDog Rex The Dog
ENV myCat fluffy

7. ARG

格式:

ARG <参数名>[=<默认值>]

ARG 和 ENV 一样,都是设置环境变量。所不同的是,ARG 所设置的是构建环境的环境变量,在将来容器运行时是不会存在这些环境变量的。但是不要因此就使用 ARG 保存密码一类的信息,因为使用 docker history 还是可以看到所有值的。

Dockerfile 中的 ARG 指令是定义参数名称及定义其默认值的。该默认值可以在构建命令 docker build 中用—build-arg <参数名>=<值>来覆盖。

8. COPY

格式:

COPY <源路径>...<目标路径>

COPY ["<源路径>",..."<目标路径>"]

COPY 两种使用方式:一种类似命令行;一种类似函数调用。

COPY 指令将从构建上下文目录中<源路径>的文件/目录复制到新的一层镜像内的<目标路径>位置,例如:

COPY package.json /usr/src/app/

<源路径>可以是多个,甚至可以是通配符,其通配符规则要满足 Go 的 Filepath.Match 规则,例如:

COPY hom* /mydir/copy ho.?txt /mydir/

<目标路径>可以是容器内的绝对路径,也可以是相对于工作目录的相对路径(工作目录可以用 WORKDIR 指令来指定)。目标路径不需要事先创建,如果目录不存在,那么会在复制文件前先行创建缺失目录。

此外,需要注意一点,使用 COPY 指令,源文件的各种元数据都会保留。如读、写、执行权限、文件变更时间等。这个特性对于镜像定制很有用。特别是构建相关文件都在使用 Git 进行管理的时候。

9. ADD

ADD 指令和 COPY 的格式及性质基本一致,只是在 COPY 的基础上增加了一些功能。

如<源路径>,可以是一个 URL,这种情况下,Docker 引擎会试图去下载这个链接的文件并放到<目标路径>中去。下载后的文件权限自动设置为 600,如果这并不是想要的权限,还需要增加额外的一层 RUN 指令进行调整。另外,如果下载的是个压缩包,那么需要解压缩,此时也一样需要额外的 RUN 指令进行解压缩。所以不如直接使用 RUN 指令,然后使用 Wget 或者 Curl 工具下载、处理权限、解压缩,然后清理无用文件更合理。因此,这个功能并不实用,不推荐使用。

如果<源路径>为一个 TAR 压缩文件,且压缩格式为 GZIP、BZIP2 及 XZ 的情况下,那么 ADD 指令将自动解压缩这个压缩文件到<目标路径>。

Docker 官方的最佳实践文档要求尽可能地使用 COPY，因为 COPY 的语义很明确，就是复制文件而已，而 ADD 则包含了更加复杂的功能，其行为也不一定很清晰。最适合使用 ADD 的场合，就是需要自动解压的场合。

10. ENTRYPOINT

ENTRYPOINT 的格式和 RUN 指令格式一样，分为 Exec 格式和 Shell 格式。

ENTRYPOINT 的目的和 CMD 一样，都是在指定容器启动程序及参数。

ENTRYPOINT 在运行时也可以替代，不过比 CMD 要略显烦琐，需要通过 docker run 的参数 --entrypoint 来指定。

当指定了 ENTRYPOINT 后，CMD 的含义就发生了改变，不再是直接运行其命令，而是将 CMD 的内容作为参数传给 ENTRYPOINT 指令，换句话说，实际执行时将变为：

< ENTRYPOINT > "<CMD>"

11. VOLUME

格式：

VOLUME ["<路径1>","<路径2>"...]

VOLUME <路径>

容器在运行时应尽量保持容器存储层不发生写操作，数据库类需要保存动态数据的应用，其数据库文件应该保存于卷（Volume）。为了防止运行时用户忘记将动态文件所保存的目录挂载为卷，在 Dockerfile 中，可以事先指定某些目录挂载为匿名卷，这样在运行时如果用户不指定挂载，其应用也可以正常运行，不会向容器存储层写入大量数据。

VOLUME /data

这里的/data 目录就会在运行时自动挂载为匿名卷，任何向/data 中写入的信息都不会记录进容器存储层，从而保证了容器存储层的无状态化。

12. WORKDIR

格式：

WORKDIR <工作目录路径>

使用 WORKDIR 指令可以指定工作目录（或者称为当前目录），以后各层的当前目录就被改为指定的目录。该目录需要已经存在，因为 WORKDIR 并不会帮助开发者建立目录。

WORKDIR 指令可以在 ENV 设置变量之后调用环境变量：

ENV DIRPATH /path

WORKDIR $DIRPATH/$DIRNAME

最终路径则为/path/$DIRNAME。

13. USER

格式：

USER <用户名>

USER 指令和 WORKDIR 相似，都可以改变环境状态并影响以后的层。WORKDIR 是改变工作目录，USER 则是改变之后的层执行 RUN、CMD 及 ENTRYPOINT 这类命令的身份。

当然，和 WORKDIR 一样，USER 只是帮助开发者切换到指定用户而已，如果这个用户不存在，则无法切换。

【实验 31】 Dockerfile 创建 PHP 镜像

（一）实验目的

- 掌握 Dockerfile 各个命令的使用。

- 通过 Dockerfile 创建 PHP 镜像。

（二）实验内容

在宿主机端安装配置 MariaDB 数据库服务，使用 Dockerfile 创建 PHP 镜像并运行，查看在数据库中创建的表是否能够正确显示在 Web 界面。

（三）实验步骤

（1）配置数据库

① php 容器需要连接数据库，先在宿主机上安装数据库服务。

[root@docker ~]# yum install -y mariadb-server
...
Complete!

② 配置数据库。

[root@docker ~]# systemctl start mariadb
[root@docker ~]# mysql_secure_installation
NOTE: RUNNING ALL PARTS OF THIS SCRIPT IS RECOMMENDED FOR ALL MariaDB
      SERVERS IN PRODUCTION USE!   PLEASE READ EACH STEP CAREFULLY!

In order to log into MariaDB to secure it, we'll need the current
password for the root user. If you've just installed MariaDB, and
you haven't set the root password yet, the password will be blank,
so you should just press enter here.
Enter current password for root (enter for none):
OK, successfully used password, moving on...
Setting the root password ensures that nobody can log into the MariaDB
root user without the proper authorisation.
Set root password? [Y/n] y   //输入默认密码
New password:
Re-enter new password:
Password updated successfully!
Reloading privilege tables..
 ... Success!
By default, a MariaDB installation has an anonymous user, allowing anyone
to log into MariaDB without having to have a user account created for
them. This is intended only for testing, and to make the installation
go a bit smoother. You should remove them before moving into a
production environment.
Remove anonymous users? [Y/n] y
 ... Success!
Normally, root should only be allowed to connect from 'localhost'. This
ensures that someone cannot guess at the root password from the network.
Disallow root login remotely? [Y/n] n
 ... skipping.
By default, MariaDB comes with a database named 'test' that anyone can
access. This is also intended only for testing, and should be removed
before moving into a production environment.

```
Remove test database and access to it? [Y/n] y
 - Dropping test database...
 ... Success!
 - Removing privileges on test database...
 ... Success!
Reloading the privilege tables will ensure that all changes made so far
will take effect immediately.
Reload privilege tables now? [Y/n] y
 ... Success!
Cleaning up...
All done!   If you've completed all of the above steps, your MariaDB
installation should now be secure.
Thanks for using MariaDB!
```

③ 创建数据库及表。

```
[root@docker ~]# mysql -uroot -p000000
Welcome to the MariaDB monitor.   Commands end with ; or \g.
Your MariaDB connection id is 9
Server version: 5.5.56-MariaDB MariaDB Server

Copyright (c) 2000, 2017, Oracle, MariaDB Corporation Ab and others.

Type 'help;' or '\h' for help. Type '\c' to clear the current input statement.

MariaDB [(none)]> grant all privileges on *.* to 'testuser'@'%' identified by '000000';
Query OK, 0 rows affected (0.00 sec)

MariaDB [(none)]> create database php_db;
Query OK, 1 row affected (0.00 sec)

MariaDB [(none)]> create table php_db.student(name char(20) not null,age int not null,sex char(20) not null) default charset=utf8;
Query OK, 0 rows affected (0.00 sec)

MariaDB [(none)]> insert into php_db.student
values('zhangsan',22,'man'),('lisi',21,'man'),('wangwu',18,'women');
Query OK, 3 rows affected (0.00 sec)
Records: 3   Duplicates: 0   Warnings: 0
```

（2）编写 Dockerfile

① 创建工作目录。

建议将每一个 Dockerfile 当作一个项目，有它自己独立的目录，这个目录内放上需要的所有文件及数据，这样才不会导致项目目录结构混乱等问题的发生。

```
[root@docker ~]# mkdir /opt/php
[root@docker ~]# cd /opt/php/
[root@docker ~]# touch Dockerfile
[root@docker ~]# ll
total 0
-rw-r--r-- 1 root root 0 Jun 13 11:53 Dockerfile
```

在编写 Dockerfile 之前，还应写 3 个文件：一个为保持 HTTP 服务一直打开，不会因为某些原因导致关闭；二为 PHP 文件，用这个文件来调用刚才在数据库中创建的表中的内容来显示在 HTTP 服务的主页面上；三为容器的 YUM 源文件，由于容器自带的 YUM 源文件位于国外服务器，安装服务时速度会很慢，所以在此采用本机 YUM 源文件。

run.sh 文件内容：

```
# vi run.sh
#!/bin/bash
httpd
while true
do
   sleep 1000
done
```

test.php 文件内容：

```
# vi test.php
<?php
   $con = mysql_connect(getenv("MYSQL_ADDR"),getenv("MYSQL_USER"),getenv("MYSQL_PASS"));
     if (!$con)
       {
          die('Could not connect: ' . mysql_error());
       }
     mysql_select_db("php_db", $con);
     $result = mysql_query("SELECT * FROM student");
     echo "<table border='1'>
     <tr>
     <th>NAME</th>
     <th>AGE</th>
     <th>SEX</th>
     </tr>";
     while($row = mysql_fetch_array($result))
       {
         echo "<tr>";
         echo "<td>" . $row['name'] . "</td>";
         echo "<td>" . $row['age'] . "</td>";
         echo "<td>" . $row['sex'] . "</td>";
         echo "</tr>";
       }
         echo "</table>";
     mysql_close($con);
?>
```

YUM 源文件：

```
# cp /etc/yum.repos.d/yum.repo  .
```

② Dockerfile 文件内容。

```
# vim Dockerfile
FROM centos:latest
```

```
MAINTAINER James "james@example.com"
RUN rm -rf /etc/yum.repos.d/*
COPY yum.repo /etc/yum.repos.d/yum.repo
WORKDIR /root/
RUN yum install -y httpd php php-mysql
RUN mkdir -p /var/log/httpd/
RUN mkdir -p /var/www/html/
ENV MYSQL_ADDR 192.168.200.102
ENV MYSQL_USER testuser
ENV MYSQL_PASS 000000
ENV TERM linux
ENV LC_ALL en_US.UTF-8
COPY test.php /var/www/html/test.php
EXPOSE 80
COPY run.sh /root/run.sh
RUN chmod u+x /root/run.sh
CMD /root/run.sh
```

③ 执行命令来构建新镜像。

```
[root@docker ~]# docker build -t james/php_web .    //-t：构建镜像的名称
Sending build context to Docker daemon 5.632 kB
Step 1 : FROM centos:latest
 ---> 49f7960eb7e4
Step 2 : MAINTAINER James "james@example.com"
 ---> Running in 2a38dc214a3a
 ---> 3158230ededc
Removing intermediate container 2a38dc214a3a
Step 3 : RUN rm -rf /etc/yum.repos.d/*
 ---> Running in 7ce98bed7a7d
 ---> ba5b00e4d2f6
Removing intermediate container 7ce98bed7a7d
Step 4 : COPY yum.repo /etc/yum.repos.d/yum.repo
 ---> 837f9db5eb98
Removing intermediate container 0656d75d09d7
Step 5 : WORKDIR /root/
 ---> Running in 2504d760996f
 ---> 840855f04d7a
Removing intermediate container 2504d760996f
Step 6 : RUN yum install -y httpd php php-mysql
 ---> Running in 1f83cd7cd153
Loaded plugins: fastestmirror, ovl
Determining fastest mirrors
Resolving Dependencies
--> Running transaction check
```

```
Installed:
  httpd.x86_64 0:2.4.6-40.el7.centos          php.x86_64 0:5.4.16-36.el7_1
  php-mysql.x86_64 0:5.4.16-36.el7_1
Dependency Installed:
  apr.x86_64 0:1.4.8-3.el7
  apr-util.x86_64 0:1.5.2-6.el7
  centos-logos.noarch 0:70.0.6-3.el7.centos
  httpd-tools.x86_64 0:2.4.6-40.el7.centos
  libedit.x86_64 0:3.0-12.20121213cvs.el7
  libzip.x86_64 0:0.10.1-8.el7
  mailcap.noarch 0:2.1.41-2.el7
  mariadb-libs.x86_64 1:5.5.56-2.el7
  php-cli.x86_64 0:5.4.16-36.el7_1
  php-common.x86_64 0:5.4.16-36.el7_1
  php-pdo.x86_64 0:5.4.16-36.el7_1
Complete!
 ---> 3662386dca41
Removing intermediate container 1f83cd7cd153
Step 7 : RUN mkdir -p /var/log/httpd/
 ---> Running in 2bc8a971d9e5
 ---> cbe393883acf
Removing intermediate container 2bc8a971d9e5
Step 8 : RUN mkdir -p /var/www/html/
 ---> Running in c15843897bf9
 ---> 0a10e4a63eef
Removing intermediate container c15843897bf9
Step 9 : ENV MYSQL_ADDR 192.168.200.102
 ---> Running in 1eb117e8cda5
 ---> 57fb5e2d9b18
Removing intermediate container 1eb117e8cda5
Step 10 : ENV MYSQL_USER testuser
 ---> Running in 3624310c2187
 ---> 445d63861383
Removing intermediate container 3624310c2187
Step 11 : ENV MYSQL_PASS 000000
 ---> Running in 9bf362382bd5
 ---> af92034d9dfe
Removing intermediate container 9bf362382bd5
Step 12 : ENV TERM linux
 ---> Running in c296fbf425a8
 ---> b7de86fbfb90
Removing intermediate container c296fbf425a8
Step 13 : ENV LC_ALL en_US.UTF-8
```

```
    ---> Running in 9edaf187d8ff
    ---> 88dd2a34fe5d
Removing intermediate container 9edaf187d8ff
Step 14 : COPY test.php /var/www/html/test.php
    ---> 60b906fa7a97
Removing intermediate container 35281d40d5ba
Step 15 : EXPOSE 80
    ---> Running in 8db8c2fc6f61
    ---> c32590e041ba
Removing intermediate container 8db8c2fc6f61
Step 16 : COPY run.sh /root/run.sh
    ---> f9978c7a71bf
Removing intermediate container dd8aae45198a
Step 17 : RUN chmod u+x /root/run.sh
    ---> Running in d0767c76b18e
    --->a ffa6db16465d
Removing intermediate container d0767c76b18e
Step 18 : CMD /root/run.sh
    ---> Running in 3bb9957795d0
    ---> c16ad1036f85
Removing intermediate container 3bb9957795d0
Successfully built c16ad1036f85
```

④ 查看本地镜像列表。

```
# docker images
REPOSITORY        TAG       IMAGE ID        CREATED         SIZE
james/php_web     latest    c16ad1036f85    2 minutes ago   292.8 MB
```

⑤ 运行镜像。

已经有这个镜像了，下面运行此镜像测试在数据中创建的表能否在 Web 界面显示出来：

```
[root@docker ~]# docker run -itd --name php_web -P james/php_web
2ef0bc685a4e9c615d6045ff60898c0e2adedaac81d7d108163c179fe2633226
[root@docker ~]# docker ps -a
CONTAINER ID    IMAGE           COMMAND               CREATED         STATUS      PORTS                    NAMES
2ef0bc685a4e    james/php_web   "/bin/sh -c /root/run" 2 minutes ago   Up 2 minutes 0.0.0.0:32770->80/tcp   php_web
[root@docker ~]# curl http://192.168.200.102:32770/test.php
<table border='1'>
  <tr>
    <th>NAME</th>
    <th>AGE</th>
    <th>SEX</th>   </tr><tr><td>zhangsan</td><td>22</td><td>man</td></tr><tr><td>lisi</td><td>21</td><td>man</td></tr><tr><td>wangwu</td><td>18</td><td>women</td></tr></table>
```

通过浏览器 Web 查询数据库页面，如图 8-3 所示，查询上述插入的数据库信息。

图 8-3 Web 查询表内数据

8.3 Docker Registry

8.3.1 Docker 仓库简介

镜像构建完成后，可以很容易地在当前宿主机上运行。但是，如果需要在其他服务器上使用这个镜像，就需要一个集中的存储、分发镜像的服务器，Docker Registry（镜像注册）就是这样的服务。一个 Docker Registry 中可以包含多个仓库（Registry）；每个仓库可以包含多个标签（Tag）；每个标签对应一个镜像。

通常，一个仓库会包含一个软件不同版本的镜像，标签常用于对应该软件的各个版本。开发者可以通过<仓库名>:<标签>的格式来指定具体是这个软件哪个版本的镜像。如果不给出标签，则以 Latest 作为默认标签。

仓库名经常以两段式路径形式出现，如 james/php_web，前者往往是 Docker Registry 多用户环境下的用户名，后者则往往是对应的软件名。但这并非是绝对的，取决于所使用的具体 Docker Registry 的软件或服务。

Docker Registry 服务可以分为两种。一种为公开并开放给所有的用户使用，包含用户的搜索、拉取，镜像提交时更新，还可以免费保管用户镜像数据。这类服务受制于网络带宽的限制，并不能及时、快速地获取所需要的资源，但是优点是可以获取大部分且可以立即使用的镜像，减少镜像的制作时间。另外一种服务是在一定范围对特定的用户提供 Registry 服务，一般存在于学校内部、企业内部的服务管理和研发等环境，这在一定程度上保证了镜像拉取的速度，对内部核心镜像数据有保护作用，但是也存在镜像内容不丰富的问题。

8.3.2 私有仓库

1. 私有仓库的特点

仓库（Registry）是集中存放镜像的地方，在上面已经说明了 Docker 仓库分为公有仓库和私有仓库，然而公有仓库在某些情况下并不适用于公司内部传输。通过对比两种仓库的特点，大致可以得出私有仓库有以下优点：

（1）节省带宽；
（2）传输速度快；
（3）方便存储。

2. Docker Registry 的工作方式

Docker Registry 是 Image 的仓库，当开发者编译完成一个 Image 时，就可以推送到公共的 Registry，如 Docker Hub，也可以推送到自己的私有 Registry。使用 Docker Client，开发者可以搜索已经发布的 Image，从中拉取 Image 到本地，并在容器中运行。

Docker Hub 提供了公有和私有的 Registry。所有人都可以搜索和下载公共镜像，私有仓库只有私有用户才能查询和下载。

【实验 32】 Docker Registry 的搭建和使用

（一）实验目的
- 掌握在 CentOS 7 系统下搭建 Docker Registry 私有镜像仓库。
- 了解 Docker Registry 私有镜像仓库的运行原理。
- 掌握 Docker API 的使用。

（二）实验内容
将 Docker Hub 上面的 Registry 镜像拉取到本地，运行并上传本机镜像测试是否可用，另外，简单介绍 Docker API 的基本使用。

（三）实验步骤
（1）准备环境

操作系统为 CentOS 7.1，内核大版本为 3.10，Docker 版本为 1.12.6。

```
[root@docker ~]# uname -a
Linux docker 3.10.0-229.el7.x86_64 #1 SMP Fri Mar 6 11:36:42 UTC 2015 x86_64 x86_64 x86_64 GNU/Linux
[root@docker ~]# docker version
Client:
 Version:         1.12.6
 API version:     1.24
 Package version: docker-1.12.6-71.git3e8e77d.el7.centos.1.x86_64
 Go version:      go1.8.3
 Git commit:      3e8e77d/1.12.6
 Built:           Tue Jan 30 09:17:00 2018
 OS/Arch:         linux/amd64

Server:
 Version:         1.12.6
 API version:     1.24
 Package version: docker-1.12.6-71.git3e8e77d.el7.centos.1.x86_64
 Go version:      go1.8.3
 Git commit:      3e8e77d/1.12.6
 Built:           Tue Jan 30 09:17:00 2018
 OS/Arch:         linux/amd64
```

（2）部署与使用 Docker 镜像仓库

① 从 Docker Hub 上将 Registry 镜像拉下来并运行。

```
[root@docker ~]# docker pull registry
Using default tag: latest
Trying to pull repository docker.io/library/registry ...
latest: Pulling from docker.io/library/registry
81033e7c1d6a: Pull complete
b235084c2315: Pull complete
```

```
c692f3a6894b: Pull complete
ba2177f3a70e: Pull complete
a8d793620947: Pull complete
Digest: sha256:672d519d7fd7bbc7a448d17956ebeefe225d5eb27509d8dc5ce67ecb4a0bce54
[root@docker ~]# docker run -d -p 5000:5000 --restart=always --name registry registry:latest
b69495c8da6dde3121b4921ddee0763f7ade7f393215a93dd087abf7e5156003
```

② 查看本机已有镜像。

```
[root@docker ~]# docker images
REPOSITORY                          TAG        IMAGE ID        CREATED            SIZE
james/php_web                       v1.0       8d2cf8468f7b    58 minutes ago     292.8 MB
james/php_web                       latest     c16ad1036f85    About an hour ago  292.8 MB
test/ubuntu                         v1.0       22a012d83069    5 hours ago        69.76 MB
docker.io/ubuntu                    14.04      578c3e61a98c    7 days ago         223.3 MB
docker.io/ubuntu                    latest     113a43faa138    7 days ago         81.15 MB
docker.io/centos                    latest     49f7960eb7e4    8 days ago         199.7 MB
docker.io/rancher/server            latest     85b3b338d0be    11 days ago        1.084 GB
192.168.200.102:5000/tomcat         latest     a92c139758db    4 months ago       557.4 MB
tomcat                              latest     a92c139758db    4 months  ago      557.4 MB
docker.io/registry                  latest     d1fd7d86a825    5 months ago       33.26 MB
```

③ 上传本地资源到私有仓库。

修改默认监听端口，启用 Docker API 功能。

对于 Docker 仓库结点，修改 Docker 默认进程绑定端口为 2375 端口，编辑配置文件 /etc/sysconfig/docker，添加配置项 ADD_REGISTRY 和 INSECURE_REGISTRY，添加一条 Option，内容为：-H tcp://0.0.0.0:2375 -H unix:///var/run/docker.sock，完成后重启 Docker 服务：

```
[root@docker ~]# vi /etc/sysconfig/docker
ADD_REGISTRY='--add-registry 192.168.200.102:5000'
INSECURE_REGISTRY='--insecure-registry 192.168.200.102:5000'
OPTIONS='-H tcp://0.0.0.0:2375 -H unix:///var/run/docker.sock'
[root@docker ~]# systemctl restart docker
```

接下来将前面使用 Dockerfile 制作的镜像 james/php_web 上传到 Docker 仓库中。

```
[root@docker ~]# docker push james/php_web:latest
The push refers to a repository [192.168.200.102:5000/james/php_web]
f066ac91dfb6: Pushed
f3eeff1c0f2d: Pushed
1225cc083bc3: Pushed
c3c5cbbcac9e: Pushed
de89dd45f0ca: Pushed
c8d56f9d6f16: Pushed
bcc97fbfc9e1: Pushed
latest: digest: sha256:263476f9eb733352b5d0e80cb686493d1d2b6641fb39d4f89e4296de1175ff15 size: 1776
```

（3）在客户端下载私有仓库的镜像

① 修改仓库地址。

对于客户端结点，首先要修改本机的 Docker 配置文件/etc/sysconfig/docker，添加仓库地址，添加配置项 ADD_REGISTRY='--add-registry 192.168.200.102:5000'和 INSECURE_REGISTRY='--insecure-registry 192.168.200.102:5000'，完成后重启 Docker 服务。

```
[root@client ~]# vi /etc/sysconfig/docker
# /etc/sysconfig/docker
ADD_REGISTRY='--add-registry 192.168.200.102:5000'
INSECURE_REGISTRY='--insecure-registry 192.168.200.102:5000'
[root@client ~]# systemctl restart docker
```

② 获取私有仓库镜像。

```
[root@client ~]# docker pull james/php_web:latest
Trying to pull repository 192.168.200.102:5000/james/php_web ...
latest: Pulling from 192.168.200.102:5000/james/php_web
7dc0dca2b151: Pull complete
b7ff7eff927d: Pull complete
ce2082d641a3: Pull complete
8a1022c9afcc: Pull complete
1b46ec17d1d2: Pull complete
61e3afe7f2c1: Pull complete
95211f128548: Pull complete
Digest: sha256:263476f9eb733352b5d0e80cb686493d1d2b6641fb39d4f89e4296de1175ff15
```

③ 通过 Docker API 查看仓库中的镜像。

```
[root@client ~]# curl http://192.168.200.102:2375/images/json | python -m json.tool
  % Total    % Received % Xferd  Average Speed   Time    Time     Time  Current
                                 Dload  Upload   Total   Spent    Left  Speed
100  3337    0  3337    0     0   109k      0 --:--:-- --:--:-- --:--:--  112k
[
    {
        "Created": 1528892342,
        "Id": "sha256:8d2cf8468f7b460b838bf0f8163c852bca5b39531bd92ced2eaa1a5a308816f6",
        "Labels": {
            "org.label-schema.schema-version": "= 1.0    org.label-schema.name=CentOS Base Image    org.label-schema.vendor=CentOS    org.label-schema.license=GPLv2    org.label-schema.build-date=20180531"
        },
        "ParentId": "sha256:304607806935e4d57590490a4affd73d2206b52ba4189567742e182216339256",
        "RePODigests": null,
        "RepoTags": [
            "james/php_web:v1.0"
        ],
        "Size": 292759313,
```

```
            "VirtualSize": 292759313
        },
        {
            "Created": 1528891698,
            "Id":
"sha256:c16ad1036f85d22e155dea70801a44f496a68e0d9b844854472e0c48694678eb",
            "Labels": {
                "org.label-schema.schema-version": "= 1.0     org.label-schema.name=CentOS Base
Image    org.label-schema.vendor=CentOS    org.label-schema.license=GPLv2    org.label-
schema.build-date=20180531"
            },
            "ParentId":
"sha256:ffa6db16465dedf8043a471760890e3951ad46f635f450c50670557e289b4595",
            "RePODigests": [
                "james/php_web@sha256:
263476f9eb733352b5d0e80cb686493d1d2b6641fb39d4f89e4296de1175ff15"
            ],
            "RepoTags": [
                "james/php_web:latest"
            ],
            "Size": 292759264,
            "VirtualSize": 292759264
        },
        {
            "Created": 1528876184,
            "Id":
"sha256:22a012d83069934a30e68ccff82f2a3368b73e858ef42086254c6b962836ede6",
            "Labels": null,
            "ParentId": "",
            "RePODigests": null,
            "RepoTags": [
                "test/ubuntu:v1.0"
            ],
            "Size": 69762183,
            "VirtualSize": 69762183
        }
]
```

④ 通过 Docker API 查看仓库结点的容器列表。

```
[root@client ~]# curl http://192.168.200.102:2375/containers/json | python -m json.tool
  % Total    % Received % Xferd  Average Speed   Time    Time     Time  Current
                                 Dload  Upload   Total   Spent    Left  Speed
100  1151  100  1151    0     0   103k      0 --:--:-- --:--:-- --:--:--  112k
[
    {
```

```
            "Command": "/entrypoint.sh /etc/docker/registry/config.yml",
            "Created": 1528895730,
            "HostConfig": {
                "NetworkMode": "default"
            },
            "Id": "b69495c8da6dde3121b4921ddee0763f7ade7f393215a93dd087abf7e5156003",
            "Image": "registry:latest",
            "ImageID": "sha256:d1fd7d86a8257f3404f92c4474fb3353076883062d64a09232d95d940627459d",
            "Labels": {},
            "Mounts": [
                {
                    "Destination": "/var/lib/registry",
                    "Driver": "local",
                    "Mode": "",
                    "Name": "48290add30a05976a4af30818b3eab06d599f0fde14b4c53bff92acce57a767d",
                    "Propagation": "",
                    "RW": true,
                    "Source": "/var/lib/docker/volumes/48290add30a05976a4af30818b3eab06d599f0fde14b4c53bff92acce57a767d/_data"
                }
            ],
            "Names": [
                "/registry"
            ],
            "NetworkSettings": {
                "Networks": {
                    "bridge": {
                        "Aliases": null,
                        "EndpointID": "805ff3457272894d7fc8ef5c1e21313375784e95077e921e56c9877222331835",
                        "Gateway": "172.17.0.1",
                        "GlobalIPv6Address": "",
                        "GlobalIPv6PrefixLen": 0,
                        "IPAMConfig": null,
                        "IPAddress": "172.17.0.2",
                        "IPPrefixLen": 16,
                        "IPv6Gateway": "",
                        "Links": null,
                        "MacAddress": "02:42:ac:11:00:02",
                        "NetworkID":
```

```
"111ef909d57675a8649174487e085a78f37bba745b30751f6567cdc897d38906"
                    }
                }
            },
            "Ports": [
                {
                    "IP": "0.0.0.0",
                    "PrivatePort": 5000,
                    "PublicPort": 5000,
                    "Type": "tcp"
                }
            ],
            "State": "running",
            "Status": "Up 11 minutes"
        }
]
```

⑤ 通过 Docker V2 版本的 API 查看镜像仓库已有的镜像名称。

[root@client ~]# curl http://192.168.200.102:5000/v2/_catalog
{"repositories":["james/php_web"]}

8.4 Kubernetes 容器云

8.4.1 Kubernetes 简介

Kubernetes 是一个开源的、用于管理云平台中多个主机上的容器化的应用，Kubernetes 的目标是让部署容器化的应用简单并且高效（Powerful），Kubernetes 提供了应用部署、规划、更新、维护的一种机制。

Kubernetes 一个核心的特点就是能够自主地管理容器来保证云平台中的容器按照用户的期望状态运行着（如用户想让 Apache 一直运行，不需要关心怎么去做，Kubernetes 会自动去监控，然后去重启、新建，总之，让 Apache 一直提供服务），管理员可以加载一个微型服务，让规划器来找到合适的位置，同时，Kubernetes 也系统提升工具性能以及促进服务的人性化，让用户能够方便地部署自己的应用。

在 Kubenetes 中，所有的容器均在 POD 中运行，一个 POD 可以承载一个或者多个相关的容器，在后边的案例中，同一个 POD 中的容器会部署在同一个物理机器上并且能够共享资源。一个 POD 也可以包含 0 个或者多个硬盘卷组（Volumes），这些卷组将会以目录的形式提供给一个容器，或者被所有 POD 中的容器共享，对于用户创建的每个 POD，系统会自动选择那个健康并且有足够容量的机器，然后创建类似容器的容器，当容器创建失败的时候，容器会被 Node Agent 自动地重启，这个 Node Agent 叫 Kubelet。但是，如果是 POD 失败，它不会自动地转移并且启动，除非用户定义了 Replication Controller。

Kubernetes 对计算资源进行了更高层次的抽象，通过对容器进行细致的组合，将最终的应用服务交给用户。Kubernetes 在模型建立之初就考虑了容器跨机连接的要求，支持多种网络解决方案，同时在 Service 层次构建集群范围的 SDN 网络。其目的是将服务发现和负载均衡放置到容器可达的范围，这种透明的方式便利了各个服务间的通信，并为微服务架构的实践提供了平台基础。而在 POD 层次上，作为 Kubernetes 可操作的最小对象，其特征是对微服务架构的原生支持。

8.4.2 Kubernetes 的核心概念

1. POD

POD 是 Kubernetes 的基本操作单元，由相关的一个或多个容器构成，共同对外提供服务。POD 是一个统一管理及调度的基本单元，不可分割。POD 中的容器运行在同一个 Node（Host）上，共享 Network 与 Volumes 命名空间。

2. Replication Controller

Replication Controller（RC）确保任何时候 Kubernetes 集群中有指定数量的 POD 副本（Replicas）在运行，如果多于指定数量的 POD 副本在运行，Replication Controller 会"杀死"多余的 POD；反之会启动新的 POD，以保证 POD 副本数量不变。因此可以直接通过部署 Replication Controller 来创建 POD。Replication Controller 使用其配置中的 POD 模板创建 POD，新创建的 POD 在创建成功后与 POD 模板将无任何关联，修改 POD 模板只会影响之后创建的 POD，而不会对已创建的 POD 有任何影响。

3. Service

Service 也是 Kubernetes 的基本操作单元，每一个服务后面都有多个对应的 POD 提供支持。服务是一个抽象的概念，通过 Service 的 Label Selector 将访问请求传递给后端提供服务的 POD，对外只需使用 Service 的 IP 和端口即可访问服务，不需要了解后端运行状况，类似做了一层反向代理，这有利于后端的扩展或维护。为了实现服务这一抽象的概念，Kubernetes 集群在每个工作结点上都运行了一个服务代理（Kube Proxy），该代理通过监听 Master 结点服务及端点的变动，生成并存储有一个服务到端点列表的映射，使外部可以通过 IP 地址和端口访问到服务。它为每个服务在本地结点上打开一个端口，并将发往服务端口的流量通过 Iptables 规则转发到打开的本地端口上，然后将该端口上的所有流量依据轮转调度及黏性会话策略转发到后端。

4. Label

Label 是用于筛选 POD、Service、Replication Controller 的 Key/Value 键值对，POD、Service、Replication Controller 可以有多个 Label，但是每个 Label 的 Key 只能对应一个 Value。Label 是 Replication Controller 与 Service 实现的基础，Service 通过 Label 来选择提供服务的多个 POD 并将访问 Service 的流量转发给后端；Replication Controller 也使用 Label 来管理 POD，这样 Replication Controller 可以更加容易和方便地管理多个 POD。

8.4.3 Kubernetes 架构

Kubernetes 集群包含所有结点代理 Kubelet 和 Master 组件（APIS、Scheduler、ETC），一切都基于分布式的存储系统。Kubernetes 架构图如图 8-4 所示。

在这张系统架构图中，服务分为运行在工作结点上的服务和组成集群级别控制板的服务。Kubernetes 结点有运行应用容器必备的服务，而这些都受 Master 的控制。每个结点上当然都要运行 Docker。Docker 负责所有具体的镜像下载和容器运行。

Kubernetes 主要由以下几个核心组件组成：

（1）ETCD 保存了整个集群的状态；

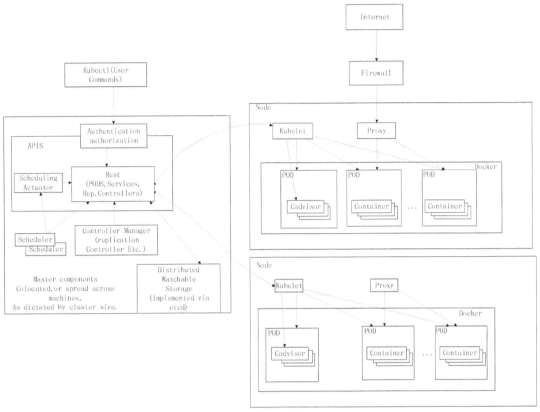

图 8-4　Kubernetes 架构图

（2）APIServer 提供了资源操作的唯一入口，并提供认证、授权、访问控制、API 注册和发现等机制；

（3）Controller Manager 负责维护集群的状态，如故障检测、自动扩展、滚动更新等；

（4）Scheduler 负责资源的调度，按照预定的调度策略将 POD 调度到相应的机器上；

（5）Kubelet 负责维护容器的生命周期，同时也负责 Volume（CVI）和网络（CNI）的管理；

（6）Container Runtime 负责镜像管理以及 POD 和容器的真正运行（CRI）；

（7）Kube-Proxy 负责为 Service 提供 Cluster 内部的服务发现和负载均衡。

【实验 33】 Kubernetes 搭建和使用

（一）实验目的

- 了解 Kubernetes 的组成。
- 掌握在 CentOS 7 上部署安装 Kubernetes。
- 掌握使用 POD YAML 文件创建容器。

（二）实验内容

在 master 结点部署 Kubernetes-Master 服务并配置，在 node-1 结点上部署 Kubernetes-Node 服务，并对 Kubernetes 的基本命令做简单介绍。通过编写 POD 的 YAML 文件来创建容器，并在 Master

结点对 Node 结点的容器进行管理。

（三）实验步骤

详见北京西普阳光教育科技股份有限公司提供的本书配套产品资源。

8.5　本章小结

本章主要介绍了 Docker 技术的基本原理，在 CentOS 7 系统下安装 Docker 环境，并对 Docker 的基本命令做了详细的介绍；本章简单介绍了 Dockerfile 的基本命令，通过编写 Dockerfile 创建 PHP 镜像，加深对 Dockerfile 命令的理解；本章还介绍了如何创建私有镜像仓库以及 Docker API 的基本使用。最后，本章扩展介绍了 Kubernetes 容器云的环境搭建及基本使用。本章的内容能够让读者有比较清晰的路径来学习 Docker 技术。

思考题

（1）画出 Docker 架构图并解释其主要实现技术。

（2）写出内核转发参数。

（3）如果在一台主机上已经安装并运行了 Docker 私有镜像仓库，想要在其他机器上拉取私有镜像仓库的镜像，需要在 Docker 的配置文件中添加什么语句？

（4）写出实现 Docker API 的两条 Option。

（5）简单介绍 Dockerfile 中 ADD 与 COPY 的区别。